中西方遗传伦理的理论与实践

THE THEORY AND PRACTICE ON THE ETHICS OF GENETICS
IN WEST AND EAST COUNTRIES

王延光 ● 主编

WANG YANGUANG

中国社会科学出版社

图书在版编目（CIP）数据

中西方遗传伦理的理论与实践／王延光主编 . —北京：
中国社会科学出版社，2011.6
ISBN 978-7-5004-9873-5

Ⅰ.①中…　Ⅱ.①王…　Ⅲ.①遗传学：伦理学-
研究-中国、西方国家　Ⅳ.①B82-057

中国版本图书馆 CIP 数据核字（2011）第 112337 号

责任编辑　徐　申
责任校对　李　莉
封面设计　郭蕾蕾
技术编辑　王炳图

出版发行　**中国社会科学出版社**
社　　址　北京鼓楼西大街甲 158 号　　　　邮　编　100720
电　　话　010—84029450（邮购）
网　　址　http：// www. csspw. cn
经　　销　新华书店
印　　刷　北京君升印刷有限公司　　　　装　订　广增装订厂
版　　次　2011 年 6 月第 1 版　　　　　　印　次　2011 年 6 月第 1 次印刷
开　　本　710×1000　1/16
印　　张　18.75　　　　　　　　　　　　插　页　2
字　　数　310 千字
定　　价　39.00 元

目　录

Contents

导　言

一

　　在中西方的遗传伦理迅速发展的情况下，为避免中国生命伦理学领域仅限于提出问题和简单套用西方遗传伦理理论，本人于2002—2004年进行了中国遗传伦理理论和实践的研究，并得到了国家社科基金的资助。课题的前期成果是本人撰写的国内第一本中国遗传伦理研究的专著《中国当代遗传伦理研究》，主要探讨的是基因时代最初几年的热点问题，已于2003年底出版。《中国当代遗传伦理研究》的基本内容包括：中国人对遗传病诊断治疗及信息处理的伦理观；人类基因组计划及中国面临的伦理挑战；中美遗传学研究国际合作及相关伦理问题；中国有关克隆人的伦理论争；人类胚胎干细胞研究与中国的伦理学探究；中国的优生思想实践与伦理争议；辅助生殖技术在中国应用的伦理规范与探讨。

　　国家社科基金课题的前期成果完成后，课题的后期研究成果《中国遗传伦理的探索和争鸣》于2005年底完成并于2006年年底由科学出版社出版。第二本书不但在专题上对上一本书进行了补充，还侧重于中国古代遗传思想和相关教育、心理学等交叉学科伦理问题的拓宽研究，专题不但包括中国遗传学基础研究中的伦理问题，还着重于遗传学临床应用中的伦理问题。它的主要内容包括：中国伦理思想中的遗传伦理观；西方行为心理遗传观及在中国的伦理争鸣；转基因技术与食品在中国的伦理审视；中国产前遗传检测及其伦理探析；遗传病筛查和咨询在中国的伦理问题；基因工程及中国相关的伦理争议；中国人体实验中若干伦理难题与理论辩护；遗传学实验动物的权利及在中国的实现。

　　以上两本书在依据西方遗传伦理思想和实践的背景下，调查、探讨和研究的仅是现代遗传科学和技术给中国带来的一些伦理难题，并没有包括所有问题。当时还没有进行研究的中国遗传伦理的问题有：西方及中国"代孕母亲"的伦理问题；西方与中国"亲子鉴定"的伦理问题；国际与中国"遗传数据库"的伦理原则和管理建议；西方及中国"胚胎研究"的伦理问题；宗教对西方遗传观念的影响；女性主义的遗传伦理观；中西方现代遗传伦理思想的比较等。这些问题是近几年出现引起人们关注的前沿问题。为此，作者申请并得到了中国社会科学院重点课题"中国遗传伦理前沿问题研究"，与课题组成员于2005年8月至2009年3月间进行了努力的研究，进行了大量的实践调查，仔细研究了中西方遗传伦理思想和实践，使相应专题在理论上和实践应用上有很大的突破。

二

本书研究的主要内容和重要观点及对策建议如下：

（一）人类遗传数据库的伦理问题与对策

我国人口占世界总人数的1/5，疾病谱系广泛，人类遗传资源丰富，建立人类遗传数据库是开发和保护中国人类遗传资源的重要手段，是参与国际竞争与合作的主要技术平台。但我国尚无遗传数据库的伦理原则和管理法则，我国人类遗传数据库也存在着一系列棘手的伦理问题，这些问题具体体现在：采集样本和整理缺乏统一的标准，储存、管理和使用不规范，样本和数据资料不完整；部门和条块分割，人类遗传资源浪费现象严重，国内同行样本和数据分享机制不健全；获取数据时，国家耗费了巨额资金和可观的人力物力，但不少样本在研究项目结束后就销毁了，没有考虑到再次使用。对于这些难题不少国家政府通过立法或伦理准则来解决，我国科技部和卫生部联合颁布了《人类遗传资源管理暂行办法》，在制度层面给遗传样本采集和使用提供一定的法规保障，但缺乏操作性。为了了解中国人在建库中的伦理观点和管理对策的建议，作者进行了两次国情调研。基于两项问卷调研的伦理分析，作者提出了适合中国国情的伦理原则和管理建议。文章重点讨论的伦理管理问题有：采集样本的同意的方式、再次同意、样本和数据的所有权、利益的公正分配、商业化和利益冲突等。对这些问题的深入讨论将有利于我国人类遗传数据库的健康发展。

（二）代孕母亲及其伦理问题辨析

我国现有的法规规定不允许"代孕母亲"，但在我国已有多个"代孕母亲"的案例出现，代孕中介、代孕网、代孕母亲层出不穷，由此引发了一系列法律伦理难题。预期在适当的时候，有关部门将对现行的有关政策做出改革和调整。我国应不应该开展代孕？应该开展什么样的代孕？西方社会中的"代孕母亲"案例较多，伦理争议也较多，但一直没有介绍到中国。有必要梳理西方社会中的有关"代理母亲"的伦理争议，结合中国国情，考虑更深层的伦理道德问题。为了借鉴国外的代孕伦理、立法和实践，文章的前半部，对国外及国内的代孕情况给予了较全面的梳理，发现有些国家、地区的法律法规允许限制性代孕，有些则完全禁止任何形式的代孕，有些国家未作规定。这种情况的出现是由于相关的伦理问题没有解决。因此文章在后大半部重点分析了涉及代孕各方的利弊，肯定了开展代孕的益处，提出以孩子的利益为主的伦理观点。之后，面对已有和将要有的反对意见，文章进行了全面的分析，提出了因利他而导致的"子宫工具化"在伦理学上是能够辩护的。基于这些观点作者提出了在国内可以开展"限制性代孕"的观点，并提出了制定政策可以参考的伦理原则和建议。

（三）亲子鉴定及伦理分析

亲子鉴定的应用及伦理问题是中国近年遇到的尚未有人系统研究的问题。本课题论述了中国的亲子鉴定的应用及伦理问题并与西方亲子鉴定的应用及伦理问题进行了比较。发现，亲子鉴定应用中的中西方的价值理念和法律选择不同。由于亲子鉴定关涉到假定父亲、生父、母亲和孩子这些角色，当假定父亲的知情权与相关的经济利益、母亲的隐私权及尊严、孩子的利益、家庭的安定性不可协调时，美国是以子女最佳利益至上，而中国多不关心孩子的利益，只顾成年人，尤其是父亲的利益。在法律上，由于西方的"婚生推定"法的实行，大大确保了孩子和家庭的和谐，而中国实行的是，用亲子鉴定结果来做"婚生否定"，导致孩子和家庭的利益都受到损害。在讨论了中国的亲子鉴定的原因及伦理、法律问题后，成果认为中国家庭中的血缘思想是婚生事实确定亲子关系的思想根源；个人怀疑、社会舆论及家庭成员的压力型的亲子鉴定，亟须进行规范。同时，应该像西方一些国家一样，亲子鉴定的知情同意应是涉及相关各方当事人的全部同意。

（四）胚胎研究的伦理问题探究

"胚胎研究"已在中国广泛开展，但经常遭到西方生命伦理学学者的批评。与胚胎研究的相关伦理问题可包括人工流产、干细胞研究和克隆人研究，因此本章由这三部分的伦理辨析组成。作者认为，流产胎儿干细胞移植在国内国外都在进行，除了应用流产后的胎儿或胚胎开展新技术研究和应用以外，在临床上，产前筛查后异常胎儿的人工流产时有发生；在社会上，未婚青少年流产日益增多。无论学术界还是在公众中，对于人工流产的利弊、伦理问题和道德意义在国内很少讨论。面对不同原因的人工流产不断增加的状况，在学理上，作者首先应用中西方的伦理思想确定了流产胎儿的道德地位，对人工流产的伦理争论进行了梳理和分析，提出西方的哲学家和伦理学家对人工流产有两个极端的观点和一个中间的观点。作者认为人工流产的中间主义观点最有道理，尽管妇女可以控制自己的身体，并可以做出流产的决定，但流产的决定一定要以很强的理由去支持。作者进而分析了在遗传咨询与人工流产中有利原则和尊重求咨询者自主原则的矛盾，阐述了父母的自主权要让位于胎儿开放性将来权利等观点。在中国干细胞研究和应用的伦理管理这一节中，作者首先对中国近几年干细胞研究和应用的伦理管理状况和问题进行了细致的调查，重点讨论了干细胞研究中胚胎的道德地位，并为干细胞研究中应用14天前的胚胎给予了伦理辩护，提出要在研究和实践中尊重干细胞研究中的胚胎干细胞；指出干细胞研究的伦理问题主要包括利益冲突、知情同意和实验性治疗问题，提出要在两个国内已出台的相关法规的指导下才能做好中国干细胞研究和应用的伦理管理。在对克隆人伦理的讨论中作者发现，国际社会普遍认为克隆人目前必须禁止，但禁止的大前提和主要原因是由于技术的不成熟可能带来的伤害。作者在克隆技术已经成熟的假设下，更深一步的有目的地讨论克隆人的伦理问题，把克隆人的目的缩减在较合理的医疗范围中，提出了与众不同的允许"条件克隆人"的伦理观点。

（五）西方的宗教遗传伦理初探

西方社会的遗传伦理由世俗和宗教思想两方面合成，了解西方宗教的遗传伦理，探知宗教伦理与遗传伦理的关系，获得宗教的遗传伦理的历史方法和特点，有利于全面把握西方遗传伦理和思想。作者在宗教遗传伦理概论中讨论了宗教遗传伦理的基本伦理概念，梳理了基督教的技术观、宗教的辅助生殖观、宗教的基因专利观等宗教的遗传伦理观点；对宗教神学的干细胞研究伦理和宗教对克隆人的立场和观点也给予了探讨。

（六）女性主义遗传伦理观

作者在研究中发现，女性主义理论提供了一个理解遗传伦理和前沿问题的多视角，女性主义在对相关遗传伦理问题的探索中与其他伦理学理论有很多交叉，在认识到女性主义理论在相关遗传伦理问题的作用和多方理论视角的重要性后，作者研究探讨了西方女性主义和中国女性主义的观点和视角；了解到当代女性主义关怀伦理学也使用权利语言，但更关注社会情境；女性主义肯定女性独特的道德体验，强调人与人的情感，关系以及相互关怀。作者发现了女性主义独特的人工流产观、代孕母亲观、生殖和生育观。作者继而用女性主义观点分析讨论了中国现实存在的性别歧视和处女膜修复术的原因、伦理和对策。

三

上述研究的理论意义与现实意义在于：所有研究的前沿问题都是近年来生命伦理学研究中未曾深入研究过的重要问题。这些问题不但是国际生命伦理学领域的热点问题，也是目前争议最大、关注最多的伦理、法律、社会问题。对这些问题的思考和解决，会指导诸如中国"胚胎研究"的技术发展、研究和应用走向正确的方向；为中国遗传数据库形成和使用提供伦理指导原则和管理建议；对"代孕母亲"、"亲子鉴定"等生殖技术在中国的应用提供参考；女性主义独特的人工流产观、代孕母亲观、生殖和生育观可对遗传伦理研究带来新的启发。有关宗教思想对中西方遗传观念影响的研究是前人没有触及过的遗传理论研究难题，会对遗传伦理理论的研究增添重要的一笔，为创造和谐社会出一份力。

第一章 人类遗传数据库的伦理问题与对策

人类遗传样本包含的大量有用数据信息是科技创新的主要源泉，基于遗传数据的后续分析有助于阐明"基因—环境"间复杂的相互作用关系，有利于开展对常见疾病的早期诊断和预防，为个体化医学开辟道路，促进基因药物和疗法的研发，还可以为亲子鉴定、死亡身份确认创造条件。建设人类遗传数据库的重大意义已经成为不少国家政府的共识。20世纪90年代以来，英国、冰岛、加拿大、美国、爱沙尼亚等国加快了人类遗传样本和数据的采集、存储和使用，并致力于构建相关数据库。同样，在科学家的不懈努力下，我国也初步形成了一批人类遗传样本采集、储存和使用的研发基地。然而，在建库过程中也引发了一系列的伦理、社会和管理问题，如：知情同意、隐私保密、利益分享、样本和数据的归属、商业化和利益冲突，等等。对于中国而言，假若忽视了对这些相互交织的社会性问题的认识和解决，则可能使得样本提供者的权益受损，人类遗传资源的可持续开发和利用将打折扣，我国科研机构在国际合作研究中将可能处于不利地位。

第一节 人类遗传数据库

一 "人类遗传数据"的含义

在过去一百年的生命科学发展史中，一条主要的科研线索是对"基因"（gene）的概念给予阐释、结构分析和功能定位。"基因"是生物体内一段携带遗传信息的 DNA 序列。基因通过调控蛋白质的合成来影响生物遗传性状的表达。20世纪七八十年代以来，对人类基因结构和功能的研究开始加速进行。1990年以来的国际人类基因组计划（Human Geneome Project），更是为揭示人类自身基因组的奥秘提供了组织保障。在这样的背景下，大规模地采集、储存和使用人类遗传数据有了现实的必要性和可行性。

"人类遗传数据"（human genetic data）有广义和狭义之分。在狭义上，它等同于人类基因组数据（human genomic data），是指人类细胞核染色体中和细胞线粒体中的遗传密码（DNA，RNA 和蛋白质序列），以及染色体的数量和状态等有关信息。这些数据决定了个体的遗传身份，并能代代相传。在广义上，人类遗传数据还包括任何与人类遗传有关的生物材料/数据和临床资料，如家族史、基因表型和分析已表达的蛋白质所获得的资料、生物样本和临床信息，以及实验分析所得的与遗传相关数据，等等。这些数据信息可以来自对正常人或病人家族史的询问，对病人临床表型的直接观察，也可以源自对体内基因或蛋白质的分析。

人类遗传资源数据库（human genetic database）是人类遗传样本和数据的集合。这种数据集合的是有关核苷酸或氨基酸的序列、正常多态性（包括 SNPs）、突变、单体型、药理基因组信息、疾病联系、人群频率、基因—基因、基因—环境相互作用或连锁关系等。人类遗传资源数据库的价值，取决于入库数据和维持工作的质量，包括储存、注解、校正和验证。"建库"包括了对人类遗传样本和数据的系统采集、处理、保存和利用。搜集的遗传数据有多种用途，如：临床应用、科学研究和商业开发。[1] 遗传数据库有助于识别众多疾病的病因和机理。[2] 通过人类遗传资源平台的建立和完善，将有效地促进我国人类遗传资源的合理保护、科学管理和高效共享。[3]

二　人类遗传数据库的类型

20 世纪 90 年代以前，人类遗传样本的采集和使用是零散的，科研目的是单一的，而当今各国所致力的遗传数据库建设对遗传样本的采集标准、数量有较高的要求，因而也出现了不同类型的数据库。

人类遗传数据库在区域上可划分为地区性的、国家级的和国际性的

---

[1] Godard, B., Schmidtke, J., Cassiman, J. J., Aymé, S., "Data storage and DNA banking for biomedical research: informed consent, confidentiality, quality issues, ownership, return of benefits. A professional perspective." *J. Hum Genet*, 11, 2003.

[2] Beyleveld D., "Law, ethics and research ethics committees", *Med Law* 21 (1), 2002.

[3] 曹宗富、曹彦荣和马立广等：《中国人类遗传资源共享利用的标准化研究》，《遗传》2008 年第 30 卷（1）。

数据库，从内容可划分为综合性的和专门的数据库。一些国家建立了专门数据库，如美国的针对老年痴呆病和帕金森病研究的 DNA 库，而国际单体型图研究计划成果（International HapMap Project）则建立了著名的国际性的遗传数据库。目前，在国际社会上有影响的综合性数据库有：冰岛的医疗保健数据库（Icelandic Health Sector Database）、英国的生物信息库（UK BioBank）、爱沙尼亚的人类基因组计划等。由于疾病、基因和环境间存在复杂的非线性关系，为了保证针对常见病的"基因—环境"研究的有效性，采集的遗传样本要足够大，一般需要采集数万份样本。为获得有统计学价值的数据，反映健康状况的差异性，样本要包括从婴儿到老年的广泛年龄组，一定量的样本应来自少数群体。为了检测和比较基因和环境间的联系和互动，还应广泛采集有关遗传背景和环境风险方面的信息，广泛的采集临床和实验信息，不应拘泥于任何单一疾病。

人口不足 30 万的冰岛是一个人群相对隔离，世代医疗记录保存完善的国家。1998 年经全民公决，冰岛议会决定授权 deCODE 公司建立涵盖全民的冰岛医疗保健数据库，由此，冰岛也成为第一个建立人类遗传数据库的国家。2000 年冰岛出台了《生物信息库法》，第二年又制定了《生物信息库中人类遗传样本的保存和使用条例》。对于如此重大的科学研究决策的公开、广泛的讨论是集思广益和民主决策的基础。建库中，deCODE公司负责在全国范围内采集、处理、储存和分析志愿提供者的遗传样本，并寻找心脏病、糖尿病、哮喘病等常见病与相关基因的内在联系，从而有利于开发新的基因检测手段和基因药物。

1998 年，由英国医学研究委员会（MRC）出资来开展国家血样和医疗信息采集计划。随后，MRC 与英国最大的慈善机构 Welcome Trust 合作建立了英国生物数据库。该数据库预计采集 50 万志愿者的样本，并进行长期随访。英国在全国 13 个地区构建了针对英国常见病的专门的 DNA 数据库。这些数据库涵盖了一些常见病数据，如：白血病、哮喘、湿疹、老年痴呆症、乳腺癌、结肠直肠癌、冠心病、肾炎、高血压、多发性硬化、帕金森病、二型糖尿病和抑郁症，等等。与冰岛不同，英国议会并不直接介入医学研究，对医学研究的监管主要参照卫生部、医学研究委员会和专业团体提供的法规和研究准则。这意味着专业团体要自律、要对研究负责。

三　我国的人类遗传数据库

我国的"建库"工作始于 20 世纪 90 年代。目前我国初步形成了一批采集和保存数据的基地。完成了南、北两个汉族人群和西南、东北地区多个少数民族永生细胞系的采集，建立了高血压、糖尿病等慢性疾病的遗传样本和数据库，建立了健康疾病遗传资料库。我国还建立了针对中华民族的基因组数据库（GPCEG），该数据库包括了我国 56 个民族的遗传信息和相关联的地域分布、人口数量、使用语言、宗教信仰和体质特征等信息。1998 年由国家科技部牵头创建了国家人类基因组研究的北方（北京）和南方中心（上海），采集、储存和使用遗传样本/数据是国家人类基因组研究北方和南方中心的一项重要任务。2001 年"南方中心"建立了高血压数据库，2002 年"北方中心"着手建立了心脏病数据库、中国人基因差异性数据库等。目前，这些专门的数据库已初见规模，在基础医学和临床医学研究中发挥了重要作用。

2001 年以来，北京宣武医院联合全国 10 家医院，完成了中国脑血管病遗传资源库的建立。截至 2004 年，该资源库已经采集到脑卒中病人的 DNA 样本 800 多份，对照者的 DNA 样本 680 份以及 10 个家系，为脑血管临床治疗和流行病学研究提供了宝贵的依据。[①] 在国家"863 计划"的资助下，上海第二医科大学附属瑞金医院和上海市高血压研究所于 2000 年开始建立中国人高血压遗传数据库及 DNA 样本库。截至 2005 年 10 月份，该课题组已经收集了 5165 例高血压 DNA 样本和相关的临床资料。

第二节　人类遗传数据库的伦理问题概述

遗传信息可以被视为一种全球公共财产（global public goods），但关键的问题是：国际社会能否对这些新的信息、知识加以有效地管制。[②]

---

① 中国医学科学院等主编：《中国医药卫生科技发展报告：2004》，中国协和医科大学出版社 2005 年版，第 45—47 页。

② Adele Langlois, "The Governance of Genomic Information: Will it Come of Age?", *Genomics Society and Policy*, Vol. 2, No. 3, 2006.

一　国外人类遗传数据库的伦理挑战

建设和管理人类遗传数据库面临诸多伦理挑战。[①] 国外社会各界对人类遗传数据库的广泛关注始于 20 世纪 90 年代末，而引发国际社会热烈争论的是北欧小国冰岛。1998 年，最早酝酿建库的冰岛议会授权 deCODE 公司进行全国性的遗传数据采集和分析后，这样一项规模宏大的采集项目，在冰岛国内和国际社会引起了不断的批评，遭到一些国内团体尤其是医疗卫生界的抵制，国际社会也有强烈的质疑。质疑者一部分人从技术、管理和立法方面抨击建库中的不完善之处，更多的批评来自"知情同意"、"隐私保密"和"利益的不公正分配"等伦理议题。

冰岛 deCODE 公司采集个人医疗数据信息时采用的是"推定同意"（presumed consent），即：除非个人明确表示反对将自己的数据加入到该数据库，否则就假定同意。有少数人反对推定同意，认为推定同意侵犯了个人的知情权并背离了自愿同意原则。另外，当这些样本和数据被用于未来的其他研究时，还涉及是否需要样本提供者的再次同意问题。有些人还担心，由 deCODE 公司这样一家私人高技术公司负责人体遗传样本的采集、储存和使用，更容易泄露样本提供者的个人隐私。与知情同意相关的伦理问题还有：在样本和数据的采集、储存和使用中，泄露个人可识别信息的可能途径有哪些？防范措施是什么？谁来监管？准入制度是什么？

冰岛在建库中所碰到的难题具有普遍性。以基因隐私为例，大规模采集人类遗传样本的主要用途之一就是要开展基因和疾病相关性的研究，包括：隔离人群对常见病的易感性、异质性人群之间的基因差异、个体和群体对疾病的易感性、个体和群体对药物和食品的反应差异。这样就涉及个体和群体基因识别问题，即，个体或群体的遗传基因信息被识别和公开化。由此引发的一个伦理问题将是，在就业、就学、医疗保险等方面，对样本个人和群体的侮辱和歧视。因此，在设计和开展人类基因组研究时，社区同意和隐私保密是十分必要的。

尽管人类遗传数据库可以广泛地用来为人类造福，但也存在着滥用的可能性。因此，不少国家政府通过立法或政策声明来防止可能的滥用。例

[①]　Christiane Auray – Blais1 and Johane Patenaude，"A biobank management model applicable to biomedical research"，*BMC Medical Ethics*，7，2006.

如，爱沙尼亚的《人类基因研究法》（2000 年）规定，基因库只能用于
科学研究和治疗疾病，不得用于民事、刑事程序或调查中采集证据。《人
类基因研究法》还规定：在基因库的建立和运行与组织必要的基因研究
中，保证基因捐献的自愿性质，基因提供者身份的保密，保护人体的基因
数据不被滥用，防止基因歧视和其他的风险。

　　对于这些难题不少国家政府通过制定法律或伦理准则来解决。1999
年美国国家生命伦理学顾问委员会（NBAC）制定了针对遗传数据库的伦
理准则。2003 年联合国教科文卫组织（UNESCO）发表了《人类遗传数
据国际宣言纲要》。爱沙尼亚制定了《人类基因研究法》（2000 年）。但
《赫尔辛基宣言》（2000 年）和《涉及到人的生物医学研究国际伦理准
则》（2002 年）等影响较大的国际准则还没有专门阐释人类遗传数据库相
关的伦理问题。

二　中国人类遗传数据库的伦理难题

　　我国人口占世界总人数的 1/5，疾病谱系广泛，人类遗传资源丰富。
建立人类遗传数据库是开发和保护中国人类遗传资源的重要手段，也是参
与国际竞争与合作的主要技术平台。当然，建立和管理数据库是一项长期
的、动态的工作，需要社会各界的共同参与，个人、家庭、社群和社会都
有责任促进人类遗传数据库的健康发展。我国人类遗传数据库也存在着一
系列棘手的伦理问题：采集样本的同意的方式、再次同意、样本和数据的
所有权、利益的公正分配、商业化和利益冲突等。[①]

　　当前，我国现有政策法规和伦理准则没有针对样本采集、使用和转移
中的伦理难题进行专门的研究和制定规范。忽视这些伦理问题的一个后果
是：在建库中的伦理管理问题很突出，但没有得到很好解决。在我国，管
理问题具体体现在下列方面：其一，采集整理缺乏统一的标准，储存、管
理和使用不规范，样本和数据资料不完整;[②] 其二，部门和条块分割，人
类遗传资源浪费现象严重，国内同行样本和数据分享机制不健全;最后，

[①] Cambon - Thomsen A, "The social and ethical issues of post - genomic human biobanks", *Nat Rev Genet*, 5（11）, 2004;Strobl, J., Cave, E., Walley, T., "Data Protection legislation: Interpretation and barriers to research", *BMJ*, 321.

[②] 张新庆:《遗传数据库在中国:伦理问题和科学家的态度》,《科学》2007 年第 59 卷第 2 期。

获取这些数据时，国家耗费了巨额资金和可观的人力物力，但不少样本在一些研究项目结束后就销毁了，没有考虑到再次使用。这些管理瓶颈限制了我国建库的整体可持续发展。

造成遗传样本和数据浪费的原因是多方面的。例如，部分科研人员的开发和保护意识差，缺乏专业的采集、保存和管理的队伍，缺乏高素质的专业人才，大多数样本信息管理系统缺乏网络环境下的综合管理和协同工作功能，网上共享的数据信息较少。在这些表象的背后是伦理问题探讨的缺失。例如，利益分配不公正就是一个重要的伦理问题，如果形成有效的利益分享机制，中外合作往往能整合在研发资金、样本提供、数据分析、临床应用等各个方面的优势。

按理，建库的初衷是要实现人类遗传样本和数据的共享，但由于存在利益冲突和缺乏合理的利益分享机制，人类遗传样本和数据难以实现共享。同样，如果合作双方在利益分享机制，各自的权利和义务，知识产权的分配方面包括署名权、专利等方面没有明确的规定，国际合作研究就很难进行下去。

因此，忽视了对这些相互交织的伦理和管理问题的认识和解决，则可能使得样本提供者的权益受损，人类遗传资源的可持续开发和利用将打折扣，科研机构在国际合作研究中将可能处于被动地位。如果在建库和管理中的伦理问题得到较好的认识和解决，则相应的管理和政策法规问题也就在相当大的程度上得到了解决。这也是为什么我们需要讨论建库中伦理难题的重要原因。20 世纪 90 年代，我国人类遗传资源的研发项目急剧增多，所有基于该数据库的研究项目都必须经过严格的科学的和伦理的审查，这在制度层面给予建库工作一定的组织保障，但仍有诸多理论上的问题尚有待深入探讨。若不慎重对待那些来自伦理方面的挑战，建立和管理基因库的工作将进展缓慢，甚至在社会压力面前裹足不前。1998 年我国科技部和卫生部联合颁布了《人类遗传资源管理暂行办法》，在制度层面给遗传样本采集和使用提供一定的法规保障，但缺乏操作性。因此，对这些问题的深入讨论将有利于我国人类遗传数据库的健康发展。

三　中国人在建库中的伦理观点

中国人在建库中的伦理观点基于两项问卷调研的伦理分析。第一次调研在 2005 年底至 2006 年初进行。在美国哈佛大学公共卫生学院的资助下，笔者对国家人类基因组研究中心（北京和上海）和其他 10 多个人类遗传基因研究机构的研究者和伦理审查委员会委员进行了一次问卷调查。在 300 份有效问卷（回收率为 77%）中，男性 166 人，女性 134 人。曾经在国外学习和工作过的人占 37.8%，拥有博士学位的人占 35.8%。81% 的被调查者是生命科学和医学研究者，其余的是科研管理和社会科学工作者。74% 的被调查者使用过人类遗传样本，54.7% 的人直接参与了人类遗传样本的采集。

在 2005—2006 年的问卷调查中，在伦理意识和伦理培训方面，被调查的科学家群体的回答并不乐观。有 52.7% 的被调查者认为在“建库”中要考虑伦理问题；31.3% 的人认为解决伦理问题是建库过程中的当务之急，12% 的人认为伦理问题与建库相关性不大；有 5% 的人认为伦理学研究太超前了。有 54.7% 的人从来没有参加过任何生命伦理学课程培训，34% 参加过短期培训，11.3% 系统地学习过生命伦理学课程。被调查群体对国外建库引发的伦理问题了解较少。

2005—2006 年问卷调查的主要结论是：1. 中国在建库中也会碰到一系列潜在的伦理问题，包括：知情同意、隐私和保密、商业化的负面影响、利益分配不公、伦理审查不严等；2. 被调查群体对样本提供者的权益有较一致的保护意识，但在如何做的问题上有分歧；3. 在知情同意方式上，并非多数人赞同家庭同意；4. 在标本/数据的所有权、商业资本的介入等问题上，被调查群体内部的分歧严重；5. 被调查者普遍意识到加强伦理审查能力建设的重要性，但在管理举措上存在认识分歧。

在 2006 年 10 月到 2007 年 2 月间，在美国国立卫生研究院（NIH）的资助下，笔者在中国又开展了一项“涉及人体生物样本研究中伦理问题”的问卷调查。这是与人类遗传数据库相关的第二次调研，这项调研在中国、埃及、印度和日本同时展开。调查问卷由 NIH 的瑞达·雷（Reidar Lie）教授和被调查国家的课题组成员共同设计。在中国，被调查的机构为中国医学科学院基础医学研究所、北京协和医院、北京大学医学部、中国科学院上海生命科学院、复旦大学医学院、上海交通大学医学院、浙江大学医学院和苏州大学医学院等。被调查者为上述机构中涉及人类生物样本的研究者，科研管理者，伦理委员会委员，与人体生物样本转移协议有关人员。笔者通过电话联系到所在机构的科研或伦理委员会的负责人，向上述每个机构发放不记名的问卷 15—25 份。问卷共发放了 180 份，收回有效问卷 154 份，回收率为 85.5%。①

在 2006—2007 年调研回收到的 154 份有效问卷中，男性 93 名
（60.4%），女性 61 名（39.6%）；年龄 27—35 岁者 32 名（20.8%），
36—45 岁 77 名（50%），46—67 岁 45 名（29.2%）。在当前工作领域方
面，从事临床医学工作者 80 名（52.0%），从事科学研究工作者 63 名
（40.9%），其他（管理、卫生政策、哲学等）11 名（7.1%）。在目前岗
位的工作年限方面，1—10 年者 57 名（37.3%），11—20 年 57 人
（37.2%），20 年者 40 名（26.5%）。在工作单位方面，公共研究机构
140 名（90.9%），医院或诊所 92 名（59.7%），大学 70 名（45.5%）
伦理委员会 44 名（28.6%），私人研究机构 12 名（7.8%）。在学历方
面，学士学位者 36 名（23.4%），硕士学位 46 名（30.0%），有博士学
位者 71 名（46.1%），其他 1 名（6.5%）。在调查中，有 50 人
（32.5%）参与了有关人类生物样本使用的政策制定或提供了建议；有
138 人（89.6%）从事的工作与人类生物样本有关；92 人（59.7%）正
在采集人类生物样本以备未来研究；69 人（44.8%）与其他国家进行过
合作研究，58 人（37.7%）有国外学习或工作经历。

2006—2007 年问卷调查的主要结论是：1. 被调查者对与"再次
同意"相关的诸多问题上存在认知上的分歧。鉴于涉及人体生物样本
的研究已经广泛开展，为有效保护样本提供者的权益，笔者认为有必
要在知情同意过程中充分考虑"再次同意"的内容和表述形式。假若
现在采集的样本可能用于未来的其他研究，那么在再次同意书中应至
少提供"授权"或"拒绝"这两个选项，以便样本提供者能有效地
控制样本的未来使用。这样做，也有利于伦理委员会的监督检查，会
在一定程度上防止研究者对样本的滥用。2. 原则上，我国医疗科研机
构采集的人体生物样本应存放在本国医疗科研机构，或国内其他具备
保存条件的医疗科研机构。涉及人体样本跨境转移的项目要经过伦理
委员会的严格审查，对合作双方的权利和责任要有明确的界定，即使
人体生物样本出境，国内仍应保存部分样本以备未来研究之用。任何
单位和个人未经批准不得将标本携带出境。对违反相关法律法规和本暂

---

① 2003 年在北京举办的第 48 届生命科学前沿系列研讨会中，我国科学家针对人类遗传资
源数据库中的伦理和管理问题进行了专门的研讨。见 www.newlife.com。

行规定，造成严重后果的单位和个人取消三年的申报生物医学研究项目资格，并依法追究法律责任。3. 在人体样本采集、储存、使用和转移之前，签订"生物样本转移协议"是保障利益分享机制实现的关键一环。

在这两次问卷调查基础上，结合中国国情，以下将讨论人类遗传数据库的主要的伦理和管理问题，以及解决这些问题的思路。本文将结合两项问卷调查的结果分析，深入探讨若干伦理问题，并提出相关的伦理建议。①②

第三节　人类遗传数据库的知情同意问题

一　告知和理解

2003 年在北京举办了第 48 届生命科学前沿系列研讨会，专家学者就人类遗传资源数据库中的伦理和管理问题进行了专门的研讨。与会专家指出：在采集和使用人类遗传样本和数据时，"知情同意"是尊重样本提供者权益的基本要求，并提出了具体的伦理和管理要求：其一，采集人类遗传数据前必须详细制订采集计划，包括如何向样本提供者进行知情同意工作要求和程序，并制订专人负责此项工作；其二，必须用合适的方式和语言向可能的样本提供者充分说明，如果样本提供者是文盲、半文盲或在少数民族地区采集遗传数据，则必须在说明后，进行测试，证实样本提供者确实知情后才能采集样本。这些要求反映了我国科学家在知情同意方面的考虑，但在具体的研究项目实施中，还存在如下一些实际问题：标准的知情同意程序是什么？研究者应该以什么样方式告知？告知的内容应该包括哪些？向谁告知？要做出知情选择的个体在决策时是否会受到不恰当的诱导或胁迫？是否有独立的第三方来监督研究者的知情同意过程？③

在国内外的伦理准则中都要求在知情同意书中提供下列内容：采集样本的目的、潜在的受益和可能的风险、资助的来源、样本采集和储存的方法，

---

① 张新庆：《涉及到人体生物样本研究中的"再次同意"问题》，《中国医药生物技术》2007 年第 2 期。

② 张新庆：《人体生物样本跨境转移中的伦理和管理问题》，《中国医药生物技术》2007 年第 3 期。

③ O'Neill, O., "Some limits of informed consent", J. Med Ethics, 2003, 29；Caulfield, T., Upshur, R. E., Daar, A., "DNA databanks and consent: a suggested policy option involving an authorization model", *BMC Med Ethics*, 4 (1), 2003.

等等。正如《纽伦堡法典》（1947 年）规定的那样：个人的自愿同意是绝对的。采集遗传样本前必须计划周密，专人负责，并随时接受伦理审查委员会的监督。采集者应用合适的方式和语言向潜在的提供者充分告知：采集样本的目的；采集样本对个人或社会有无益处；资助研究的来源；采集方法；采集程序对样本提供者可能会有（无）或实际存在哪些风险、不适或不便；采集到的样本以何种方式储存和储存何处；储存的样本会有哪些用途。

以"告知研究之目的"为例，通常采集遗传数据的目的有如下几种：第一，用于基础医学研究，包括：确定人类基因组序列，明确某基因与特定疾病的关系，阐明某些基因与环境因素间的相互作用；第二，用于临床医学研究和应用，如：如遗传病的诊断性试验，迟发性遗传病症状出现前的早期发现，遗传病易感基因携带者的检出等；第三，为法律许可的社会目的：如亲子鉴定，意外事故或战争死亡的身份确认，刑事案件等；最后，保险公司或雇主的商业目的。当样本提供者被告知真实的研究目的时，他们可以做出自己的判断，而研究者故意隐瞒研究目的，则潜在的样本提供者会被误导，做出不利于自己的抉择。有时由于研究本身目的的不确定性和模糊性，会带来告知目的难题。比如，知情同意书中应不应该包括样本的未来其他使用？对这个问题，2006—2007 年的问卷调查显示：我国被调查者在认识上有较大的分歧（表1）。

表1　　　2007 年被调查者对知情同意书中选项的态度［人数（%）］

知情同意书中的备选内容	应该包括	不应包括	不置可否
只要伦理审查委员会批准，提供者将同意样本的任何未来使用	108（70.1）	43（27.9）	3（1.9）
若与提供者健康有关，样本可用于未来其他研究	76（49.4）	72（46.8）	6（3.8）
若可自由撤出样本，样本可用于未来其他研究	66（42.9）	77（50.0）	11（7.1）
若研究由非营利性机构资助，样本可用于未来的其他研究	85（55.2）	60（39.0）	8（5.8）
若限于某疾病研究，样本可用于未来的其他研究	97（63.0）	56（36.4）	1（0.6）
若样本不出境，可用于未来的其他研究	67（43.5）	79（51.3）	8（5.2）

表1显示：超过70%的人主张：只要得到伦理审查委员会的批准，提供者将同意样本的任何未来使用，63%的人认为，若限于某疾病研究，样本可用于未来的其他研究。在其他问题上，被调查者的分歧较大。

在知情同意过程中，样本提供者是否理解被告知内容的关键是：告知的方式，以及研究本身的复杂程度。在不少情形下，尽管研究者已经全面、真实地告知了相关的信息，但这并不等于说，样本提供者就准确无误地理解了这些可能包含了许多晦涩术语的信息。这就需要伦理委员会对知情同意过程的有效监督，甚至可以抽查部分样本提供者是否理解了同意书的内容，这样做是为了保证样本提供者没有误解或受到不适当的引诱。

在样本采集者或研究者与样本提供者间建立一种信任关系尤为重要。因此，在建库中还涉及对社会公众的告知、理解和支持问题。一般人认为：科学家处于主导地位，公众只能被动地理解和接受科学，而无法影响科学研究的设计、贯彻。但这种对科学的狭隘的认识模式忽视了科学的社会建构过程。实际上，公众理解和参与是推动公众监督、建立伦理审查机制、促进科学决策的基础。2005—2006年开展的问卷调查显示：76.7%的人认为，在建库前要通过一定途径告知公众；56.7%的人认为需要获得公众的同意；65.3%的人认为建库需要公众的参与。结果显示：被调查群体积极评价公众理解和参与对人类遗传数据库的意义。如果得不到多数社会成员的关心和支持（如捐献样本），建库工作将失去源泉。

二　同意方式的选择

获得样本提供者的知情同意是建库和管理的基础，在同意的方式上，虽然《纽伦堡法典》和《赫尔辛基宣言》等国际准则倡导个人的知情同意，但在实际建库中研究者的做法有多种，有"个人同意"、"家庭同意"和"社区同意"（community consent）之分。按照表达同意的方式不同，知情同意也有"书面同意"和"口头同意"之别。出于多种原因，相当比例的人并不乐意捐赠遗传样本，同时，为了在有限的资金和规定的时间内完成样本的采集，一些研究者会不适当地影响、诱导或胁迫潜在的参与者，拒绝捐献样本也有可能使潜在参与者蒙受其他不良后果。因此，采取措施保证样本提供者的自愿参加就显得格外重要。研究者必须保证样本提供者的自愿参加。为此，知情同意过程应计划周密，专人负责，并接受伦理审查委员会的监督，防止不适当的影响、诱导或胁迫。在遗传样本的采集和使用中，采集者应使用合适的方式和语言向潜在的提供者充分告知采集目的、潜在的风险、受益以及采集方法、储存方式和资助来源等。

各国的伦理准则或法律文件都要求以书面方式表达同意。澳大利亚《基因隐私和非歧视法案》规定，在采集、储存和分析 DNA 样本时，必须获得样本提供者的书面授权。那么，是否可以采用口头同意的方式呢？例如，在中国实施临床试验的"良好临床实践"标准（GCP 标准）前，获得受试者的"口头同意"是常见的同意方式。在 2006—2007 年的问卷调查中，68.8% 的被调查者反对用口头同意代替书面同意，赞同者的比例是 19.8%，这反映了知情同意过程在逐步规范化。同时，笔者认为也不应完全排除在特定的文化背景下使用口头同意的可能性。为尊重当地习俗或个人习惯，研究者也可以采用口头同意的方式，但需由独立于样本采集单位的第三者（如当地的医生、村长或族长）签字证明这是一个真实可靠的同意过程，当然口头同意应得到伦理委员会的审查和认可。①

按照表达同意的主体划分，知情同意可分为个人同意、家庭同意和社区同意三种。英国和冰岛在采集自愿者的血样时采用的是个人的知情同意。在尊重家庭的文化氛围中，"基于家庭协助的同意"或"推定同意"也时常碰到。在大规模地开展基于人群的生物医学研究前，获得样本提供者所在的社区同意也是十分必要的。如果要采集的是特定地区的罕见的人类遗传样本，也应鼓励征求该群体的同意。在中国，有人认为"家庭同意"比"个人同意"更符合国情，但在 2005—2006 年的调查中，赞同家庭同意的人仅占 24.2%，反对者占 56%，19.8% 难以在"个人同意"和"家庭同意"间抉择。鉴于被调查群体在同意方式上的态度差异，在设计知情同意书时要考虑到这种差异，伦理委员会也应充分考虑到样本提供者的自身情况，更好地保护他们的权益。

可见，知情同意过程是充满复杂性和多样性的。不同的同意方式也反映了建库和管理是一个复杂的系统工程。尽管在特定文化环境下同意方式可能不止一种，但一个基本的评判标准是如何更好地保护样本提供者的权益不受侵犯。大量的个案研究显示：知情同意原则并非万能，有时并不能有效地保障样本提供者的权益。在具体操作中，笔者认为应该坚持"家庭协助下的

---

① Lu Yuan, "Clinical trials in China: protection of subjects' rights and interests", *The Journal of Clinical Ethics*, Spring, 15, No. 1, 2004.

个人同意"，但也不排除选择其他同意方式。在特定文化环境下同意方式可能不止一种，一个基本的评判标准是如何更好地保护样本提供者的权益不受侵犯。不论何种同意方式，都需要接受伦理审查委员会的审批和监督。

三　知情同意的再次同意

目前，国内外的不少医疗机构，尤其是医院、医学院和医学研究所，都采集和储存了大量的遗传样本和数据。这些过去搜集的遗传样本一般是服务于特定目的的研究，并获得了提供者的知情同意。在研究结束后，这些遗传材料将在特定时限内，在伦理审查委员会的监督下销毁。可是，不少科学家在后来的研究中发现：过去采集的遗传样本可以用于其他目的的研究。由此产生的问题是：当已采集的可识别样本用于未来研究之前，是否应获得最初样本提供者的"再次同意"（re – consent）①

尽管国家科学技术部颁布的《人类遗传资源管理暂行办法》（1998年）和卫生部、质检总局颁发的《关于加强医用特殊物品出入境卫生检疫管理的通知》（2003年）对人类生物样本的跨境转移和研究有较明确的规定，但均未涉及"再次同意"方面的问题。实际上，《赫尔辛基宣言》（2000年）和《涉及到人体的医学研究国际准则》（2002年）等国际准则也未讨论"再次同意"问题。不过，我们可以从一些国家的相关规定中寻找线索。

为预防研究人员对人体生物样本的滥用，英国的医学研究委员会（Medical Research Council）主张：当现有的样本用于新研究时，必须经伦理委员会的审批。但美国人体研究保护办公室（OHRP）在"涉及编码的私人信息或生物样本的研究指南"（2004年）中却建议：那些涉及匿名化样本的研究无须经伦理委员会的再次审批。日本《人类基因/基因组分析研究的伦理指导原则》（2000年）主张：是否再次同意的问题要考虑到样本已保存的时间和提供者的情况，并得到伦理审查委员会批准。印度医学研究委员会的《人体材料的生物伦理指导原则》（2000年）规定：再次使用样本应获得伦理审查委员会的批准，样本的二次使用应是匿名的。可见，英美国家在再次同意问题上也存在分歧。在国际范围内，因为获得样

---

① Medical Research Council, *Report: human tissue and biological samples for use in research. Operational and ethical guidelines*, Medical Research Council, 2001.

本提供者的再次同意有些困难，相当多的伦理委员会就默许了那些过去采集的样本用于新的研究。国内学界也很少讨论遗传样本采集和使用中的再次同意问题。下面，笔者结合国际社会关于再次同意的正反观点和论证，探讨我国在建库和管理中如何应对再次同意的难题。

支撑再次同意的理由有：它体现了对样本提供者自主权的尊重，减轻了对样本提供者的潜在伤害，减少了他们的精神压力，一定程度上可以预防研究者对遗传样本和数据的滥用。由于样本提供者难以控制样本的未来使用，当涉及样本的未来使用时，知情同意书应尽可能给样本提供者以再次同意的机会。反对再次同意的人认为：第一，在不少情况下，研究者本人也无法预知遗传样本的未来使用情况，让提供者对未来不确定的研究做出选择是不现实的，也给样本提供者带来诸多不便；第二，由于研究经费是有限的，若再次联系样本提供者，将会给研究者增加额外的经济负担；第三，若样本提供者不同意样本的再次使用，则延误科研进度，危及研究数据的有效性，降低了研究效率。按此，一种简便的方法是：在首次采集样本时，采用"一揽子同意方式"（blanket consent form），即：只要提供者同意捐赠样本，研究者就有了无限制使用这些样本的权利，无论这些样本用于何种其他目的，都不再征求提供者的意见。

在 2005—2006 年的问卷调查中，我国被调查的科学家对此问题的看法是，被调查群体在"再次同意"问题上 59.7% 的科学家赞同再次同意；而 32.7% 的人反对；7.7% 的人说不清。在 2006—2007 年的问卷调查显示：被调查者在是否与样本提供者再次联系问题上存在严重分歧（见表 2）。在所有三项备选项中，同意（或不同意）的被调查者均没有一项得到超过半数。值得注意的是：有超过 20% 的人没有表明态度。一种可能是：他们因没有深入思考过而不知如何选择。

表 2　　2007 年被调查者对再次联系样本提供者的看法 ［人数（%）］

再次同意的选项	强烈反对	反对	折中态度	同意	强烈同意
给研究者增加难以承受的负担	19（12.3）	41（26.6）	33（21.4）	48（31.2）	13（8.4）
研究费用高，无法接受	10（6.5）	42（27.3）	38（24.7）	57（37.0）	7（4.5）
给提供者带来不便	15（9.7）	41（26.6）	50（32.5）	42（27.3）	6（3.9）

　　实际上，这里存在一个两难的选择，一方面，"再次同意"给研究带来诸多现实的困难，另一方面，不采取"再次同意"，那么样本提供者的权益得不到尊重。为此，我们需要区分对待不同类型的遗传样本，明确再次同意的条件，尽可能兼顾"保护样本提供者的权益"和"充分挖掘人类遗传数据的内在价值"。

　　在提供者对样本的未来研究做选择时，也会有潜在的问题，被调查者对再次同意中潜在问题的态度（见表3）。

表3　　　　　　　2007 年被调查者对再次同意问题的态度［人数（％）］

再次同意选项	强烈反对	反对	折中态度	同意	强烈同意
若信息不全，同意无效	5 (3.0)	18 (10.7)	30 (17.9)	92 (54.8)	23 (13.7)
未充分尊重样本提供者	8 (5.2)	33 (21.6)	53 (34.6)	43 (28.1)	16 (10.5)
未保护样本提供者的权益	8 (5.2)	30 (19.5)	46 (29.9)	51 (33.1)	19 (12.3)
提供者难以控制样本的未来使用	4 (2.6)	18 (11.7)	47 (30.5)	70 (45.5)	15 (9.7)

　　从表中所见：有四分之三（74.5%）的被调查者赞同下列说法："若信息不全，同意无效"。有不足四成的被调查者认为，不征求再次同意，则是不尊重样本提供者的表现，有四分之一的人不认为此举是对样本提供者的不敬。有 45.4% 的人认为，不开展再次同意将侵犯样本提供者的权益。

　　为此，笔者对解决再次同意问题的基本策略提出自己的一些看法：研究者要考虑下列三种情形：其一，知情同意书上应提供两种选择："要么同意，要么不同意。"如果提供者同意把自己的样本用于未来的其他研究，那么这个样本将可以用于其他研究。否则，研究者没有再次使用的权利。对于这种尊重提供者权益的做法不少研究者不仅觉得很麻烦，而且会担心自己辛辛苦苦采集到的样本不能被充分利用。在制定政策时要充分考虑到这种现实的顾虑。其二，有人主张，提供多种选择的机会对样本提供者有利，样本提供者可以决定未来的何种用途的研究，如：只能用于某种疾病的研究。这种同意方式当然更能体现对提供者的尊重，但过度的细化会给样本提供者带来不必要的麻烦和困惑。其三，为有效保护样本提供者的权益，笔者认为有必要在知情同意过程中充分考虑"再次同意"的内容和表述形式。假若现在采集的样本可能用于未来的其他研究，那么在再次同意书中应至少应提供"授权"或"拒绝"这两个选项，以便样本提供者能有效地控制样本的未来使用。这样做，也有利于伦理审查委员会的监督检查，会在一定程度上防止研究者对样本的滥用。在实际的研究方案中采取哪种同意方式由伦理审查委员会来决定。在2006—2007年的调查中，当问及样本提供者对样本的未来使用态度时，56.5%主张同意书应包括样本未来使用的方式、条件等方面的详细选项；39.0%认为仅仅包括两个选择：要么同意，要么不同意；另外的4.5%不知道或没有思考过。可见，尽管绝大多数被调查者承认样本提供者应有再次选择的权利，但在具体的操作层面仍有认识上的分歧。

需要指出的是，在一些情况下，提供者无法对样本的未来使用做出预先选择，因此在特定条件下研究者无须获得再次同意。即使在样本编码的情况下，"再次同意"也可以被放弃。1991年美国保护受试者的联邦法规规定了"免除同意的要求"（Waiver of Consent）的条件：对参与者的最低风险，伤害的可能性以及严重程度不大于日常生活中遇到的风险，放弃同意不会对参加者的权利和福利有不良影响，研究实际上无法完成。在特定情形下，不再征求提供者的再次同意是可以得到伦理辩护的。1999年美国国家生命伦理顾问委员会（NBAC）发表的涉及人体生物材料的研究的报告建议：在特定条件下可以降低对知情同意的严格要求，但需要伦理审查委员会的批准。如果遗传样本被匿名化了，对提供者造成的潜在风险较小，此时，在伦理审查委员会的批准下，再次同意可以免除。在多数情形下匿名化样本的科研价值不大，不征求提供者再次同意的条件是：1. 如果样本是匿名的，而且不与任何其他可识别的信息相联系；2. 如果样本提供者有机会自由撤回样本；3. 不征求再次同意对提供者更有利。即使满足这些条件，也要获得伦理审查委员会的审查和批准。

第四节 人类遗传数据库中基因隐私的泄露与保护

一 人类遗传基因隐私的泄露和途径

人类遗传数据不同于一般的医疗数据，它包含了家庭成员共性的遗传信息和基因隐私。①

　　基于一个遗传样本提供者的遗传检测手段或基因药物对其他家庭成员有积极意义，但遗传样本提供者的可识别信息被不恰当泄露，可能使整个家庭或群体遭受歧视。那么，子女是否有权知道父母基因中包含的病变？可见，基因资料库内的资料如何传送给个人会涉及不少复杂的问题，包括有关的个人是否有权知道或有权不去知道资料中不为人知的部分？同时，基因信息具有不确定性，携带了致病基因也不等于将来一定会发展为疾病。很多国家在这方面都没有清楚地界定资料库对家庭成员的责任，而若要执行这些责任会对保密原则造成多大的冲击亦不甚清楚。总之，人类遗传信息的最大特点是同特定个人或群体可识别性的联系，因此，建库中的一项关键任务就是：保护基因隐私，防止基因隐私的不恰当泄露。但实际上，在建库的各个环节上，都有泄露基因隐私的隐患。

　　人体遗传样本和数据的处理和储存的方式有：1. 样本集体贴标签，样本和源自样本的数据被鉴定为属于某个特定的人。样本可按捐赠者的意愿销毁或保存，也可用当地文化可接受的方法销毁。2. 样本不集体贴标签。3. 样本集体编码，与编码相连的那个人的身份与样本及数据分别储存。样本以当地文化可接受的方式销毁或经捐赠者同意保存。4. 样本匿名采集。捐赠者与遗传数据没有联系。当人类遗传数据去身份或匿名化，捐赠者就会丧失获得检测结果的机会。有时，即使数据已经去身份或匿名化，人的群体身份仍与数据一起保留。因此，对于遗传信息的保密需要给予特别认真细致的考虑和对待，要充分尊重个人隐私和个人对遗传信息处理的自主选择，充分尊重社区的权利。在采集遗传样本和数据时要进行匿名化或编码，以保护这些人的基因隐私，并对个人的基因信息严格保密。

　　在建库时，为解决隐私和保密问题，首要的是要识别那些可能的泄漏个人可识别信息的途径。在采集和使用人类遗传信息时泄漏隐私的途径有：采集遗传样本的规范性、编码保存的方式等。在问到泄露个人隐私的原因是什么时，我国 2005—2006 年的问卷调查显示：81.1% 的被调查者认为是样本采集过程不规范；67.8% 认为是编码保存不妥；68.9% 的人认为是有意无意地向其他研究者泄漏；59.5% 的人认为是计算机网络黑客入

---

　　① Hoeyer, K., Olofsson, B. O., Mjorndal, T., Lynoe, N., "The ethics of research using biobanks: reason to question the importance attributed to informed consent", *Arch Intern Med*, 165 (1), 2005.

侵。在这项多选题中，有 33.7% 的被调查者选择了上述所有选项。针对这些泄漏个人信息的途径，样本采集要统一规范，在得到授权的前提下其他研究者或机构才可以使用样本。

以计算机安全为例。人类遗传样本的采集和数据处理越来越依赖于计算机技术所提供的工具，绝大多数的遗传数据信息储存在基于计算机的遗传数据库中。在计算机联网的遗传数据库中，密码要保护好，计算机升级和更换时要保护好程序。在建库中管理员担负着重大的保密责任，应加强安全责任意识，有关设备的安全措施应及时加强。未经授权其他人员不得以猎奇的心态或在其他利益驱动下非法进入计算机网络系统，窃取患者的个人信息。局域网中有关提供者的资料应分类储存，建立密码系统，未经授权不得随意提调、阅览。局域网与外部网络的接口处应建立防火墙等安全措施，对网络内部所储存的病历资料实施隔离保存，以防止外部人员非法窃取、篡改信息。

二　国外保护基因隐私的理论探讨和立法实践

日本《人类基因/基因组分析研究的伦理指导原则》（2000 年）规定：研究负责人应遵守承诺，按照规定的期限销毁样本，在分享样本和数据时应隐去提供者的身份。澳大利亚《基因隐私和非歧视法案》（1998 年）规定了披露遗传数据的条件：被提供者授权；法律授权披露；不披露将危及提供者或他人健康生命。英国的生物信息库（biobank）的基因样本采样来自 50 万名 45—69 岁的自愿参与者，取得的样本跟由医生定期更新的医疗资讯关联起来。目的是要研究对导致成人受到常见的疾病感染具有风险的基因及环境因素。在英国生物信息库中，一些包括健康状况或生活方式的敏感资料会跟能辨认参与人的资讯分开，两者只能通过密码联系。只有那些能取得密码钥匙的人才能将辨认参与人的资讯跟那些敏感资料联系起来。做研究的人只能取得那些匿名的资讯及样本。有关一些资料可能需要被重新认出来，重新辨认的审批人员的指派、重新辨认程序，以及解密钥匙的保护与使用等情况，当局会小心考量有关的政策。有能力重新辨认这些资料及样本的人员的数目要保持最低。[①]

---

① 叶保强：《儒家文化与基因资料库治理——落实真正同意文化的局限》，载李瑞全主编《健康照护之生命伦理学国际研讨会论文集》，台湾中研院 2006 年版，第 5 页。

私人资本介入的数据库也可能会很好地保护隐私，在政府有可能以"国家"或"社会"的名义获得这些可识别个人的数据，甚至侵犯个人的隐私时，冰岛人相信一个私人的公司能保护他们的医疗保健信息。在冰岛数据保护委员会的监督下，储存在数据库的病例材料被编了号，它们可以与特定的个体相联系，所有的被录入到数据库的数据来自于不同的医疗保健机构，包含了个人的姓名和社会保险编号的病案材料。这些医疗记录很容易被医疗机构所获得。但如果 deCODE 这样的私人公司被发现侵犯了个人隐私，则它马上就会在社会强大的压力面前倒闭。事实上，根据冰岛的隐私法，一旦侵犯个人隐私的情形发生，则 deCODE 公司将失去从业资格，同时还会被判罚款或坐牢。冰岛立法决定，个人隐私权的保护优于对个人立即的利益的获得。

三　我国人类遗传数据库的保密和解密问题

虽然我国最高人民法院《关于贯彻执行〈中华人民共和国民法通则〉若干问题的意见（试行）》（1990 年）把隐私权视为一项重要的人格权，但我国的宪法与民法尚未明确"基因隐私权"和"基因人格权"等的含义和适用范围。但我国科技部的《人类遗传资源管理暂行办法》（1998 年）规定："人类遗传资源及有关信息、资料，属于国家科学技术秘密的，必须遵守《科学技术保密规定》。"可见，国家已经充分考虑到建库中保护隐私和保守机密的重要性和必要性，不过缺乏具体的保护细则。

为了医学研究目的，对于不能确认身份的遗传数据和标本可以不经本人同意进行存档，但能确认身份的数据和标本则必须经提供者同意后才能存档，需要时应作匿名化处理以保护遗传病病人的利益。在披露和公布属于群体的遗传资料时，需持慎重态度，并充分考虑对社区、群体的心理社会影响和伦理学后果。遗传数据库应该进行严格管理，对于调阅和利用遗传数据的权限和授权须有明确规定，不允许未经授权的个人或第三方接触和查阅。有的专家建议应该成立一个独立机构来负责对遗传数据库的利用进行监督和审查。

为保护人类遗传样本提供者的隐私，尽可能将有关信息匿名化或编码。人类遗传样本应专门存储，并专人保管。没有征得提供者的允许，管理人员没有权利泄露样本提供者个人可识别的信息。人类遗传资源库中的资源及有关信息、资料，属于国家科学技术秘密的，必须遵守《科学技术保密规定》。并确定密级，同时确定其保密期限和保密要点。对人类遗传资源库中的资源所产生的相关科学技术成果难以确定其是否属于国家秘密和属于何种密级的，由产生单位按照《科技成果国家秘密密级评价方法》，及时确定密级。如秘密技术在国内转让，应当经技术完成单位的上级主管部门批准，并在合同中明确该项技术的密级、保密期限及受让方承担的保密义务。

人类遗传资源库中的资源信息，包括重要遗传家系和特定地区遗传资源及其数据、资料、生物标本等，我国研究开发机构享有专属持有权，未经许可，不得向其他单位转让。获得上述信息的外方合作单位和个人未经许可不得公开、发表、申请专利或以其他形式向他人披露。在人类遗传资源库管理中，涉及绝密级国家秘密技术的，在保密期限内不得申请专利或者保密专利。涉及已规定保密期的内容，保密期限届满的，可自行解密。发表相关研究结果时，要首先征得伦理审查委员会的批准，并需要隐匿提供者的身份和姓名。

遗传信息应该向本人完全披露，除非本人选择使用"不知道的权利"，或者信息来自无法确认身份的匿名资料和标本。由于遗传信息不仅属于样本提供者本人，也属于其血缘亲属，当家族其他成员患病几率很高时，他们有权了解有关的遗传信息，向这些亲属隐瞒遗传信息是不合适的，但在告知中不得把属于样本提供者本人隐私的资料披露给亲属。当然，其他家族成员也可选择不被告知。因此，在建库中是否恰当地保护了利益相关者的隐私，涉及了两种权利："知道的权利"（right to know）和"不知道的权利"（right not to know）。作为一个新颖的概念，"不知道的权利"应得到应有的尊重；告知结果的必要性论证应基于这些遗传数据的临床有效性。

在人类遗传资源库管理中，涉及以下情况时可考虑进行解密：技术趋向陈旧，失去保密价值的；为使我国占领国际市场，且已有接替技术或者国外即将研究成功的；已经扩散而很难采取补救措施的；已在大范围试验使用，可保性较差的；可以从公开产品中获得的。在人类遗传资源库管理中，涉及对外科学技术交流合作，确需对外提供秘密资源的，应当按照国家有关规定办理审批手续。

第五节　人类遗传数据库遗传样本和数据的利益分享

一　遗传样本的所有权问题

在储存、使用人类组织样本问题上，患者、研究人员、管理部门、医疗界等利益攸关者的价值判断是有区别的。[①] 建库中的利益相关者有研究者、科研机构、政府、样本提供者、社区等，那么谁应该拥有被采集的遗传样本和数据呢？在英国，人类遗传数据库由 MRC 和 Welcome Trust 共同出资，遗传样本和数据归国家所有。冰岛的样本和数据由资助者 deCODE公司占有。爱沙尼亚的《人类基因研究法》（2000 年）规定了基因库负责人对采集的组织样本和数据享有所有权，样本的提供是无偿的。日本的《人类基因组研究的基本原则》（2000 年）对人类遗传样本和数据的实物共享方面似乎没有明确的规定。人类基因组组织（HUGO）的《关于利益分享的声明》（2000 年）指出：人类遗传样本和数据是全球公共财产（global public goods），样本不属于任何人或群体。美国的 NIH 和英国Wellcome Trust 声称人类基因组或遗传数据具有公共占有性。

人类遗传样本和数据负载有关人类遗传的信息，这些信息和知识有益于人类健康，它是公共资源，属于全人类，而不属于样本的提供者、采集者和出资者。由于人类遗传数据具有公有性，不具排他性，应该设法使人类遗传信息能够自由流动；所有人都应该分享且获得数据库的利益。"捐献者"（donor）和"提供者"（provider）的含义不同。"捐献"意味着无私奉献，完全的利他行为。此时的遗传样本更像是一种为科学进步贡献的"礼物"。

爱沙尼亚的《人类基因研究法》（2000 年）除第 15 条规定了组织样本的所有权——基因库负责人对采集的组织样本和数据享有所有权——之外，第 19 条规定，除了样本的提供是无偿的，授权处理人或基因研究者应无条件将基因图谱交给基因库负责人，基因库负责人可以批准授权处理人或基因研究者付费或免费使用基因图谱，课题负责人应允许公共法下的法人研究机构或国家机构无偿使用基因图谱。

---

① Hansson, M., *The use of human biobanks – Report 1. Ethical, Social, Economical and Legal Aspects*, Uppsala University, 2001; http://www.ethique.gouv.qc.ca/.

2000 年日本生命伦理审查委员会制定了《人类基因组研究的基本原则》有部分条款做了人类遗传信息共享的一般性规定。第 17 条"免费及相关原则"规定：所有由人类基因组研究运用到生物、遗传、医学领域的研究成果都应回归社会，向社会公开。对人类遗传样本和数据的实物共享方面似乎没有明确的规定。第 9 条"已存在的样本"规定已授权委托给专门储存机构——如人体材料库——的样本，按科学研究的一般样本处理。

印度国家生物伦理审查委员会 2001 年发表《人类基因组、基因研究和服务的伦理政策》规定：本着自主、隐私、公正、平等的精神，知识产权和利益共享，人类基因组、人体的部分或任何人体材料在自然状态下不能成为直接获得经济利益的主体。所有印度或国外登记的专利，如生物材料，必须揭示材料的来源，相关的信息，以保护来源国的经济利益。国家和国际赢利机构应把每年从使用人类基因材料而获得的赢利的一部分返还给社区和个人。研究及进一步科研、实验评价都应在公共领域公开，通过科学的途径或发表的形式使研究人员可共享信息。在国际协作方面，《人类基因组、基因研究和服务的伦理政策》鼓励人类基因研究，加强与国外的科学文化协作、合作，恰当保护知识产权。为保护国家利益，所有涉及国际协作的人类基因研究必须经国家批准，这也包括其国内的私立组织、机构。如果构成国际科研协作的基础的基因材料主要来自印度，那么印度应保护知识产权，应拥有专利权的一部分，至少专利的 10% 应被用于改善对样本提供人群的服务。任何国际协作中的印度机构组织应至少拥有 10% 的知识产权。

我国的科学家群体对遗传样本和数据所有权归属问题上存在分歧。假设在国家 863 计划的资助下，一个国家级科研机构和某医院联合建立中国人高血压遗传数据库并共同采集相关样本，那么，所获得的样本和数据的所有权归谁呢？2006—2007 年的问卷调查显示：40.7% 的人认为样本和数据的所有权应归国家；37.2% 的人认为这些样本和数据是人类共有财产，不应归于任何人或机构；20.3% 的人主张所有权应归该医院和研究所；只有 7.5% 的人主张所有权归样本提供者本人。

2006—2007 年的问卷调查显示：当人体生物样本进行跨国转移时，35.7% 认为样本应归属于采集国的政府，29.9% 认为样本应归属于研究者所属的机构，10.4% 认为样本应归属于样本提供者，10.4% 认为样本不属于任何人，9.1%认为样本应归属于研究者，而认为样本应归属于样本接受国政府的仅占4.5%。显然，被调查者在所有权问题上仍存在较大分歧。

笔者认为，人类遗传样本的所有权问题的实质是个人、社群、国家和全人类之间利益的平衡问题。建立数据库涉及多方面利益，问题的关键是如何协调各个利益相关者之间的冲突。在所有权归属问题上一般要考虑"样本提供者的个人利益"、"集体或国家利益"和"人类整体利益"三者之间要协调。结合我国实际，对于那些政府资助的项目而言，样本和数据的所有权应是国家或受资助的研究单位。借鉴国外的经验，在所有权问题上应区分资助与合同者两种形式。在资助形式下，研究机构对样本和数据有控制权，而在合同形式下，研究机构则要把样本或服务给政府，此后由政府所有和控制。

二　如何达到利益分享

在人类遗传资源的利益分享方面，国际组织已有若干伦理准则。国际人类基因组组织（HUGO）伦理审查委员会先后发表了《关于惠益分享的声明》（2000年）、《关于DNA样本控制与获取的声明》（1998年），以及《关于人类基因组数据库的声明》（2002年）。[①] 联合国教科文组织发表了《世界人类基因组与人权宣言》（1993年）。

国际人类基因组组织（HUGO）关于"人类基因组数据库的声明"中指出：人类遗传数据是全球公共财产。教科文组织在它的"关于人类基因组和人权的普遍宣言"中指出"人类基因组是人类的共同遗产"。人类遗传数据负载有关人类遗传的信息，这些信息和知识有益于人类健康，是公共资源，属于全人类。在采集、储存、管理人类遗传数据的过程中，许多人作出了贡献，如遗传学家、流行病学家和生物信息学家，专业的数据采集、分析人员，包括投资数据库的资助者或商业实体，因此人类遗传数据具有集体性。人类遗传数据与有些物品不同，并不是一次使用就消耗掉并排斥其他人使用，因此它不具有排他性。所有人都应该而且也可能分享且获得数据库的利益。

"人类共同遗产"意味着存在着超越个人、家庭或种族的共同利益。对于这部分遗传资源，在理论上讲人人都有分享此类科研带来的好处的权

---

① http：//www.hugo - international.org/comm_ hugoethicscommittee.php.

利。人人都应从研究、开发和利用人类遗传资源的实际活动中获益。人类基因组研究应有益于和促进全人类的健康。事实上，任何一个涉及人类遗传样本的研究中有会涉及具体的利益分享问题。人类遗传资源和特定的个体和人群相联系，除了共性之外，还有个性问题。

在利益分享过程中要坚持"公正"和"团结互助"。"公正"（justice）有三层含义：1. 作出贡献的个人、人群或社区应该得到回报的补偿公正；2. 程序公正：做出补偿和分配的决定的程序应该是不偏不倚的和包括一切的；3. 分配公正（distributive justice）：资源和好处的公平分配和获得；4. 代际公正：风险和受益在不同世代之间的分配公正问题。以国际合作研究为例。知识产权的公正分配原则要求：双方应从基于样本的研究中公平地分享荣誉、专利和知识产权。当涉及样本跨境转移时，本国科学家应对未来的成果有署名权。我国科学家应对未来的首次出版成果有署名权。我国科学家应有足够的机会展示才智，在国际合作中提高科研能力，我国政府或民众应优先获得源于样本研究的物质成果（如药品）。在样本向境外转移过程中本国科学家被迫接受不利条款时，应及时出台强制性法规，以确保本国科学家的权益。

20世纪90年代，国际社会尚没有有关人类遗传资源采集和利益分享方面的国际准则。遗传资源拥有者时常得不到公正的利益回报。1993年12月举办的世界生物多样性大会提议建立一种新的国际法律框架。大会重申了国家对本国人类遗传资源的自主性，并提出了要求公正合理地分享利益的框架。如果当地的遗传资源拥有者能得到公平的利益回报，他们参与建库的积极性会更大。每个国家也应该遵照国际准则，根据本国的实际情况制定相应的遗传资源开发准则。菲律宾、南非等国做了些有益的探索，也提出了政策、法律、管理和体制化等方面的问题。但整体而言，国家层面缺乏具体的管理细则。当需要国际间合作时，应遵循平等互惠的原则。国家也不应当在利益的驱使下，不遵循国内民众的意见签立协议。

三　遗传样本跨国转移中的利益分享

近年来，涉及中国人生物样本采集、储存、分析和使用的国际合作研究项目在剧增。在国际合作中，人体生物样本会在一个国家采集而被送到国外存放和进行后续分析，规定样本的提供方和接受方应公平地分享合作带来的益处，包括署名权、荣誉、专利和知识产权，等等。但是，在世界医学协会 2000 年修订的《赫尔辛基宣言》和国际医学科学组织理事会 2002 年修订的《涉及到人体的医学研究国际准则》等国际准则中遗传样本跨国转移中的利益分享尚未被涉及。

不过，国内外一些科研机构从自身科研工作的实际需要出发，不断探索可操作的管理方法。美国哈佛大学的做法对我国认识和解决此类问题有启发意义。哈佛大学技术发展办公室规定：在哈佛大学和其他机构发生生物材料转移时，双方要签署材料转移协议（MTA）。哈佛大学认为，一个公正合理的 MTA 应充分考虑如下方面：1. 尽快公开报道研究结果并促进材料和数据的公正分享；2. 对这些人体生物样本的未来可获得性、知识产权的范围是否规定合理；3. 是否违背了哈佛大学和美国联邦政府的政策法规。该校主张：人体生物样本应归属于提供这些样本的科研单位，但这些样本应以一定的方式为同行提供服务，样本的提供应该是免费的或仅仅征收样本转移过程中所需的费用；在没有提供者书面同意的情况下，样本采集者不得擅自将样本转让给他人。

我国政府也很重视人体生物样本的跨境转移问题，并出台了相关的管理法规。例如，《人类遗传资源管理暂行办法》规定：涉及人类遗传资源的人体物质出境，须到中国人类遗传资源管理办公室办理准出境证明。2003 年卫生部和国家质检总局颁发的《关于加强医用特殊物品出入境卫生检疫管理的通知》规定：对于那些不涉及人类遗传资源的医用特殊物品出入境时，要填写"人体物质出入境申请表"、"科研样品出入境申请表"等，并到卫生部和省级卫生行政部门办理准出入境证明。这些管理法规有效地规范了人体生物样本（遗传的和非遗传的）的进出境。

同时应该看到，人体生物样本的跨境转移涉及相当多的伦理和管理问题，不是制订几个法规可以解决的。假设某发达国家提出一项遗传资源共享计划，向中国的某科研机构提供技术服务和人员培训，共同在中国采集遗传样本并建立数据库，在 2006 年的问卷调查中，37.3% 的被调查者主张中国政府应该禁止此类国际合作研究，39.7% 的人赞同此类研究，另外 23.1% 的人难以判断。这表明，被调查群体对此类跨国合作研究的态度存在一定分歧。事实上，绝对禁止和自由开放都是极端做法。把握好"度"的关键在于探索国际合作中利益分享的有效机制。这提示我国科学家和相关管理部门尚需就此开展广泛而深入的讨论，以利于研究我国人体生物资源的妥善保护和合理开发。

国内外的经验表明：在涉及遗传样本跨境转移时，合作双方酝酿和签署"材料转移协议"是十分必要的，它能细化不同合作者在样本和数据采集与使用中的权利与责任，公平地分享数据和利益。材料转移协议是一种规范学术机构之间、学术机构和商业机构之间生物样本研究材料的转移或交换的协议。在 MTA 的格式上，美国 NIH 采用的是简便协议（Simple Letter Agreement）或标准生物材料转移协议（Uniform Biological Material Transfer Agreement）。国内相关科研单位可以借鉴 NIH 的做法，对此，笔者建议：

第一，在国际合作中把握好"度"。建库牵涉到国际间的科研合作，对于发展中国家而言，绝对禁止跨国合作或放任自流的做法都是片面的，不能有效保护和开发本国的人类遗传资源。把握好"度"的关键是要探索国际合作中利益分享的有效机制。我国《人类遗传资源管理暂行办法》规定：我国研发机构对本国重要的遗传家系和特定地区遗传资源及其数据、资料、样本等享有专属持有权，外方合作单位和个人未经许可不得公开、发表、申请专利或以其他形式向他人披露。这个法律文件兼顾了保护和开发，考虑到了权利和义务间的平衡，但缺乏可操作性的实施细则。在遗传样本跨境转移时，材料转移协议应细化。《材料转移协议》应规定样本采集、转移和使用中的各项责任和权利。不同的合作者在样本和数据采集和使用中的权利和责任，应公平地分享数据和利益。我国的《人类遗传资源管理暂行办法》规定了国际合作要遵循的原则：平等互利、诚实信用、共同参与、共享成果等。但《人类遗传资源管理暂行办法》没有明确中方和外方的权利和义务。这些原则为我们设计《生物材料转移协议》提供了参照。

第二，知识产权的公正分配。有关知识产权的分配是《材料转移协议》的核心内容。《人类遗传资源管理暂行办法》第十九条中外机构就我国人类遗传资源进行合作研究开发，其知识产权按下列原则处理：1. 合作研究开发成果属于专利保护范围的，应由双方共同申请专利，专利权归双方共有。双方可根据协议共同实施或分别在本国境内实施该项专利，但向第三方转让或者许可第三方实施，必须经过双方同意，按双方贡献大小分享所获利益；2. 合作研究开发产生的其他科技成果，其使用权、转让权和利益分享办法由双方通过合作协议约定。协议没有约定的，双方都有使用的权利，但向第三方转让须经双方同意。2006—2007 年的问卷调查显示：在涉及到研究成果的署名权问题上，有 42.2% 的人坚持我国科学家应对基于出境样本的任何研究成果享有署名权；主张我国科学家应对首次出版成果享有署名权或只有做出贡献才能享有署名权者各占 60.4%。在涉及跨境转移人体生物样本产出的荣誉、专利和知识产权问题上，六成以上的被调查者赞同我国政府和民众同外国科学家一道分享荣誉、专利和知识产权；76.6% 的人主张尽早出台相关管理法规以保障我国科学家的权益。这些考虑同人类基因组组织（HUGO）伦理审查委员会 2000 年发布的《关于利益分享的声明》和联合国教科文卫组织（UNESCO）2003 年发布的《关于人类遗传数据的国际声明》的基本精神没有大的出入。

第三，遗传样本出境管理问题。2006—2007 年的问卷调查显示：被调查者对材料转移协议涉及的人体生物样本向境外转移中诸多问题的认知和态度存在一定的差异。假若涉及到我国人体生物样本向境外转移时，被调查者中 38.9% 的人主张样本只能存放在国内；59.1% 的人主张只有当我国不具备研究条件时，样本才能被送到国外；92.8% 的人不反对我国科学家保留部分样本用于未来研究。尽管超过七成的被调查者赞同我国科学家参与那些基于人体样本的其他研究，但只有 39.6% 的人认为我国科学家对样本的任何新研究都拥有否决权。（见表4）

表4　2007 年被调查者对我国人体生物样本向境外转移问题的态度［人数（%）］

选项	强烈反对	反对	折中	赞同	强烈同意
样本只能放在国内	6（3.9）	40（26.0）	48（31.2）	39（25.3）	21（13.6）
我国不具备研究条件时样本才被送到国外	6（3.9）	25（16.2）	32（20.8）	74（48.1）	17（11.0）
部分样本存留国内以便未来研究	3（1.9）	8（5.2）	21（13.6）	71（46.1）	51（33.1）
样本用于新研究前国内外专家应共同磋商	2（1.3）	4（2.6）	10（6.5）	89（57.8）	49（31.8）
由国内外专家组成的委员会决定样本的未来使用	5（3.2）	8（5.2）	31（20.1）	73（47.4）	37（24.0）
我国专家对样本的任何新研究都拥有否决权	2（1.7）	22（18.8）	32（27.4）	60（51.3）	1（0.9）
我国专家应参与样本在境外的研究	2（1.3）	6（3.9）	16（10.4）	90（58.4）	40（26.0）

笔者的看法是：原则上，我国医疗科研机构采集的人体生物样本应存放在本医疗科研机构，或国内其他具备保存条件的医疗科研机构。如果真的需要样本入境研究，按照《生物材料转移协议》，应有一部分样本留在本国。这些备份的样本将有利于我国科学家当前的和未来的研究。当境外的科学家希望样本用于其他任何新的研究前，外国科学家都须和本国科学家磋商，我国科学家对样本的未来使用有一定的决定权或否决权，最好成立一个由国内外科学家参与的学术委员会共同决定样本的未来使用。境外科学家应尽可能创造条件让我国科学家参与样本未来使用的研究过程。

第六节　商业化的人类遗传数据库

有一种流行的说法：为了实现研究利益最大化的目标，我们应该允许所有感兴趣的人或部门免费进入遗传数据库。但20世纪90年代末以来，商业团体的介入使得这种正统的观点遭到置疑，主要原因是资金的短缺和公共数据库的效率不高。

世界上不少公共研究机构（美国的NIH、中国的科技部）或非赢利的资助者（英国的Wellcome Trust）都声称：数据库具有公共属性，要保证数据的共享。而但在实际中，由于基因组序列是生物工程公司和制药公司获利的潜在源泉，许多参与建库的私人公司不愿意其他科学家或科研机构获取这些信息，在一定程度上阻碍了数据的自由流动和分享。同私人数据库相比，公共数据库对国内外学术机构是免费或低费用开放的，这样更有益于数据的流动和分享。但公共数据库的数据更新较慢，难以适应科学研究的需要。因此，在大量数据库的私人占有和遗传数据的普遍共享之间存在张力。

20世纪90年代以来，巨大的商业利益驱动着大量私人遗传数据库的建立、维持和更新。在欧美国家的建库过程中，商业资本大量介入。数据库信息的私有化能募集到巨额研发资金。在国际社会，私人公司和商业资本越来越多地参与建库工作。商业化加剧了利益冲突（conflict of interest），利益冲突主要表达了一种对商业利益的追求和其他研究目标，如新的疗法或科学知识的增长之间冲突的情景。利益冲突本身不一定违法或不道德，关键是如何避免冲突带来的潜在恶果。公开资助来源是避免利益冲突的一种有效手段，这样做尽管并未根本解决商业化对建库的冲击，但便于伦理审查委员会的监督管理，也有利于样本提供者做理性选择。①

　　如何对待商业化的人类遗传数据库已成为一个无法回避的问题。有人认为商业化阻碍了遗传数据的自由流动，另一些人则主张数据库信息的私有化能募集到巨额研发资金。对于人类基因研究而言，"私人资金"和"基因信息的共享"缺一不可，双方妥协是必要的，因此必须协调私人和公共的利益，促进各利益攸关方之间的对话，从而确保基因科学和医学的可持续发展。由于为商业目的和为纯粹科研目的利用遗传资源所带来的收益是不同的，因此人类遗传资源的商业化遵循的伦理原则也具有特殊性，即：这种商业化应以行善和救人为前提。人类遗传资源提供者及其家属具有知情同意权，事先的知情同意必不可少，特别是对于经生物技术改变的人类遗传资源可能产生不利影响的商业化转让、处理和使用。人类遗传资源采集者对该遗传资源的后续流通负有法律上的责任，因此必须在对方签署相同使用条件的前提下，才可将该遗传材料用于商业化目的，转让他人。即必须在他人亦承诺相同的利益分享原则下才可提供商业使用，并完善供分享的收益和分享这些收益的机制。如果拟用于商业化目的的人类遗传资源有被大量复制繁衍之可能，应对资源的利用、惠益分享予以详尽的考虑。人类遗传资源的经济价值将因多样化需求而提高。因此，要以遗传资源供求双方在资金补偿、技术合作和知识产权保护方面达成双边协议为目标，鼓励有关各方建立良好的行为规范和信赖关系，互相成为优先合作伙伴，促进国际合作，公平分享科研成果和经济利益。

　　中国在建库中是否允许私人的商业资本介入呢？2006 年的问卷调查显示：49.3%的被调查者认为，为缓解研究资金短缺，应鼓励商业资本的介入；37.7%的人主张应严格限制以防止中国遗传数据库建设的畸形发展；还有 13%的人不置可否。在建立国家级的数据库过程中，应该慎重思考数据库的定位问题，即：它到底应该公共的，还是私人的，或者二者兼而有之。实际上，商业机构的资金来源和遗传数据的共享并非水火不容，而是可以相得益彰的。因此，要促进各利益相关者的对话，探索一种商业数据库和

---

① Rothstein, M. A., "The role of IRBs in research involving commercial biobanks", J. *Law Med Ethics*, 30 (1), 2002, pp. 105 – 108; Moutel, G., de Montgolfier, S., Duchange, N., Sharara, L., Beaumont, C., Herve, C., "Study of the involvement of research ethics committees in the constitution and use of biobanks in France", *Pharmacogenetics*, 14 (3), 2004, pp. 195 – 198.

公共数据库互相促进的局面，确保人类遗传数据库的可持续发展。由于代价昂贵，发展中国家建立类似英国生物信息库或冰岛健康数据库的做法并不可取，与西方发达国家跨国合作倒是一条值得探索的途径。但不要忘记对此类国际合作应全面考虑、广泛商议、量力而行。生物信息库的商业化问题是全新的，伦理审查委员会在监管方面应扮演重要角色。

第七节　对我国人类遗传数据库伦理审查机制的探讨

一　伦理审查机制的必要性

作为一个人类遗传资源大国，我国数据库建设和管理正在加速进行。在遗传样本采集、储存、使用中也碰到了诸多伦理和管理问题，如：缺乏伦理准则和明确的法律法规、伦理审查走过场、审查程序不规范、保护受试者权益的意识较差。这些问题若得不到妥善解决，势必会影响中国建库工作的健康发展。例如，《人类遗传资源管理暂行办法》（1998 年）第十一条规定："凡涉及我国人类遗传资源的国际合作项目，须由中方合作单位（中央的或地方的）办理报批手续。审查同意后，向中国人类遗传资源管理办公室提出申请，经审核批准后方可正式签约。"建立健全伦理审查制度可以有效解决这些问题。我国科学家对伦理审查的意义似乎也较为清楚，关于为什么要进行伦理审查，在进行与中国人遗传资源相关的调研中，2006 年的调研显示：85.6% 认为是保护受试者的权益，66.9% 认为是合理地保护和利用我国的人类遗传资源，42.8% 认为是防止发达国家对我国的遗传资源的掠夺，41.0% 认为是与国际接轨的需要。

伦理审查委员会应制定伦理准则，对涉及的储存的生物材料给予评判。[①] 我国医学界和伦理学界于 20 世纪 80 年代的中期就提出了建立伦理审查委员会的建议。中华医学会医学伦理学会于 1989 年起草了《医院伦理审查委员会组织规划》（草案）卫生部于 1999 也成立了医学伦理专家委员会。20 世纪 90 年代以来，伦理审查委员会（Institutional Review Board，简称 IRB）制度也逐渐成为负责任医学研究的制度保证之一。2007 年年初，我国卫生部发布的《涉及人的生物医学研究伦理审查办法

---

① Wolf, L. E., Lo, B., "Untapped potential, IRB guidance for the ethical research use of stored biological materials", *IRB*, 26 (4), 2004, pp. 1 – 8.

（试行）》也为我国政府加强伦理审查制度建设提供了理论依据。美国保护人类受试者办公室规定：建立 DNA 库和数据管理应接受 IRB 的审查；同时规定了批准样本采集方案的条件：样本和数据分享；并提出了保护隐私的措施，以及对知情同意书的要求。

对于伦理审查委员会应如何审查涉及人类遗传样本的采集和储存的研究项目，我国缺乏清晰的有关储存、获得样本，以及有关样本的隐私和保密的政策，伦理审查的依据。① 我国《人类遗传资源管理暂行办法》第十三条规定了不批准研究项目的条件：1. 缺乏明确的工作目的和方向；2. 外方合作单位无较强的研究开发实力和优势；3. 中方合作单位不具备合作研究的基础和条件；4. 知识产权归属和分享的安排不合理、不明确；5. 工作范围过宽，合作期限过长；6. 无人类遗传资源材料提供者及其亲属的知情同意证明材料；7. 违反我国有关法律、法规的规定。换言之，《人类遗传资源管理暂行办法》列出的审批项目的主要参考标准是：明确的研究目的、合作双方有较强的科研资质、利益分配公正合理、尊重样本提供者的权益，以及符合国家法律。

然而，这些"批准"和"不批准"的标准在指导实际工作时困难重重。其一，相当多的涉及人类遗传样本的研究并没有确定的研究目的，此类样本很可能用于未来的其他研究，一旦此类情形发生，《人类遗传资源管理暂行办法》没有给出批准与否的具体规定；其二，《人类遗传资源管理暂行办法》要求合作双方有科研基础是对的，这样可以预防中方一些单位仅仅"出售"珍贵的遗传样本，也有利于得到国外先进的人才和技术支持，但《人类遗传资源管理暂行办法》没有提到，当我国科研机构具备后续的数据分析和处理能力时，该怎么办？笔者建议，这种情况如果发生，国家应该鼓励"以我为主，自主研发"，一般情况下样本不得出境，即使需要出境，在知识产权方面也要有严格的规定。其三，《人类遗传资源管理暂行办法》第十三条的第 4 点和第十九条有关知识产权部分的表述都过于宽泛，缺乏针对性。基于 1998 年制定的《人类遗传资源管理暂行办法》有诸多待完善之处，我们认为：应该结合外国政府在监管

---

① Moutel, G., de Montgolfier, S., Duchange, N., Sharara, L., Beaumont, C., Herve C., "Study of the involvement of research ethics committees in the constitution and use of biobanks in France", *Pharmacogenetics*, 14（3）, 2004, pp. 195 – 198.

人类遗传数据库方面的经验和教训，在制度上和机制上做相应的调整，适应我国新形式下对建库工作的要求。

二　伦理审查的原则

尽管《赫尔辛基宣言》（2000 年）和《涉及到人的生物医学研究国际伦理准则》（2002 年）等国际准则尚未专门阐释与建库相关的管理问题，但冰岛、英国、加拿大和美国等国在建库之初就同步性地制定和更新了伦理准则，确定了管理和立法的道德底线，并制订了有效的政策法规。1999 年美国国家生命伦理学顾问委员会（NBAC）制定了针对遗传数据库的伦理准则，2003 年联合国教科文卫组织（UNESCO）发表了《人类遗传数据国际宣言纲要》。印度医学研究委员会 2000 年《涉及到人体的生物医学研究伦理指导原则》提出的伦理指导原则是：1. 为了人类的利益而具有研究必要性；2. 自愿、知情同意、社区同意的原则；3. 非歧视；4. 隐私和保密；5. 谨慎和风险最小化；6. 专业；7. 可靠和透明；8. 公共利益最大化；9. 制度完善；10. 科研成果共享；11. 完全责任。在此基础上，印度国家生物伦理审查委员会发表了《人类基因组、基因研究和服务的伦理政策》（2001年），该文件提出了自主、隐私、公正、平等的基本原则。对这些问题的深入讨论将有利于我国人类遗传数据库的健康发展。

有人认为，只要参照外国的或国际的伦理准则，就可以正确认识和解决本国建库中的管理问题。这是一种过于简单化的理解。照搬国外的伦理准则和管理模式无助于本国复杂问题的解决。实际上，与快速成长的人类遗传数据库相比，我国对建库中管理问题的认识相对滞后。虽然 1998 年颁布的《人类遗传资源管理暂行办法》对于那些涉及人类遗传样本的国际合作研究有一定的规范作用，但它有两个严重缺陷：第一，它规范的范围主要在中外合作项目，而对国内项目没有特别说明；第二，它难以适应涉及人类遗传样本的研究发展的新形势。尽管新的《人类遗传资源管理暂行办法》会弥补许多管理上的缺憾，但它不能弥补"中国尚未出台全国性伦理准则和具体的伦理规章"带来的缺憾。

在我国各级科研机构纷纷采集、储存、使用遗传样本和数据时，我国政府应尽快识别和解决在建库中会碰到的伦理和管理问题，制订切合我国国情的伦理准则和管理规范，以便高效合理地保护和利用人类遗传资源。为更好地建设我国的人类遗传数据库，需要强化管理措施。在 2005—2006

年的调查中，被调查者对于下列举措表明了自己的态度。当问到问题：为更好地建设我国的人类遗传数据库，您认为应强化以下哪些方面的管理措施（多选）时，同意实现数据储存标准化，防止巨大的资源浪费为55.4%，同意探索国际合作中的利益分享为52.7%。此结果显示：超过半数的人更关心如何防止遗传资源的浪费，以及如何在国际合作研究中得到公平的利益。显然，我们不能等到严重的问题出现了再研究管理措施和制定法律法规。

为此，我们提出如下管理建议：首先，为适应我国新形式下对建库的要求，我国应建立健全有关遗传样本储存、获得，以及有关样本的隐私和保密方面的政策法规，完善或调整伦理审查机制和监管模式。凡涉及我国人类遗传样本的研究项目，要经相应科研机构伦理审查委员会的审批，并在上级主管部门备案。批准此类项目的条件是：1. 明确的研究目的和方向；2. 合作双方具备研发基础和优势；3. 知识产权归属和分享的安排合理、明确；4. 知情同意过程规范；5. 遵守相关的法律法规。只有审查依据明确，审查程序透明、规范，才能更好地保护受试者权益和国家利益。其次，努力建设跨部门、跨区域、多层次的国家人类遗传样本和数据中心，实现遗传样本和数据的采集、储存、使用和共享的技术平台。为了促进遗传样本和数据的自由流动和分享，国家应推进样本和数据采集和处理的数字化、标准化，并建立开放式的服务体系。明确遗传样本和数据的产权归属，鼓励研发单位在知识产权得到保护的前提下，将采集的遗传样本和数据的副本提供给国家遗传数据库。

三　生物样本跨境转移中的审查机制

进入20世纪90年代，生物医学研究越来越离不开人体样本的采集和使用。在国际合作研究中，一般会涉及中外两个伦理审查机构。由于科技体制、文化背景和伦理审查的制度不同，有时研究者不知道要采取什么样的伦理标准。例如，当样本向一个标准不同的国家转移时，研究者应遵守哪国的伦理标准？遵守样本接受国的标准，或样本采集国的标准，还是在两种不同的标准间找出一个最佳的折中标准？当两个国家的要求宽松程度不同时，应采取对研究限制最严格的标准，或是对研究限制最宽松的标准，还是在二者之间寻找平衡点？在很多情形下，采集的样本发生在过去，当时的伦理标准可能宽松，而目前的标准严格，研究者应遵循什么样的标准？随着伦理审查制度的不断完善，采集样本的伦理合格管理标准也会随时间推移而改变。当样本采集时的伦理标准与当前的标准不同时，应该遵循哪个标准？调查显示：主张研究者应遵循目前正在实行的标准者占34.4%；主张研究者采用样本采集时标准者有17.5%；主张应遵循更严格的标准者占30.6%；主张遵循较宽松的标准者占4.5%；13.0%认为最好在现有标准和过去标准间寻找到折中方案。

生物样本向一个标准不同的国家转移时，研究者应遵守哪国的伦理标准？这是样本所在科研机构伦理审查委员会必须考虑的现实问题。对此的调查中，有42.2%主张遵守样本采集国的标准，6.5%认为应遵守样本接受国的标准，19.5%认为在两种不同的标准间找出一个最佳的折中标准，24.7%主张采用对研究限制最严格的标准，3.9%主张采用对研究限制最宽松的标准，1.3%认为最好在现有标准和过去标准间寻找折中的标准。可见接受调查群体对伦理审查的标准问题有较大的认识分歧，这应引起我国科研机构和相关伦理审查委员会的高度重视，积极探索一种兼顾我国国情和国际规范的伦理标准。

涉及中国的研究者移民到国外并把在国内工作时采集到的样本带到国外的伦理审查问题，2006—2007年的问卷调查中被调查者的态度见表5。被调查者普遍认同伦理审查制度在人体样本跨境转移中的作用。尽管84.4%被调查者主张那些基于转移到境外的样本研究需得到我国伦理审查委员会的许可，但操作上难度很大，对于个别研究者非法携带出境的样本更是难以监管。

表5 2006—2007年被调查者对我国人体生物样本向境外转移的伦理审查的态度

[人数（%）]

选项	强烈反对	反对	折中	赞同	强烈同意
样本跨境转移前应得到我国伦理审查委员会的批准	2（1.3）	0（0.0）	17（11.0）	77（50.0）	58（37.7）
用跨境转移样本开展任何新研究前都应得到我国伦理审查委员会的许可	2（1.3）	3（1.9）	19（12.3）	88（57.1）	44（27.3）
样本出境前须得到我国政府的批准	3（1.9）	5（3.2）	24（15.6）	75（48.7）	47（30.5）

涉及人体样本跨境转移的项目要经过伦理审查委员会的严格审查，对合作双方的权利和责任要有明确的界定，并签署规范有效的 MTA。任何单位和个人未经批准不得将标本携带出境。即使人体生物样本出境，国内仍应保存部分样本以备未来研究之用。各级科研机构的伦理审查委员会在审查涉及人体生物样本的跨境研究项目时，应参考卫生部于 2007 年 1 月颁布的《生物医学研究伦理审查方法》（暂行）和其他相关伦理规范与法律法规，切实保护样本提供者、本国科学家和本国科研机构的正当权益。

第二章　代孕母亲及其伦理问题辨析

人类辅助生殖技术的出现为不孕夫妇带来了福音，但同时也带来了一些伦理与法律难题，其中争议最多的是代孕问题。由于存在着争议，有些国家、地区的法律法规允许限制性代孕，有些则完全禁止任何形式的代孕，有些国家未作规定。代孕成为了世界各国伦理学界、法学界、医学界、宗教界和民间争议未决的一个议题。

第一节　代孕母亲及代孕技术

代孕母亲诞生于代孕，而代孕又源于辅助生殖技术。除此之外，代孕母亲诞生于人类社会，源于人类延续生命、孕育后代的目的。

一　代孕与代孕母亲的内涵

目前对代孕（surrogacy）暂无权威的定义，综合各种说法，大体有两种不同的界定。一种认为，代孕是将夫妻双方的精子与卵子在试管中人工授精，再进行人工培育形成胚胎，植入另一位有正常子宫的女性子宫内，由该女性代替这对夫妻生下孩子。另一种认为，代孕是用现代医疗技术将丈夫的精子注入自愿代理妻子怀孕者的体内受精，或将人工培育成功的受精卵或胚胎植入代理妻子怀孕者的体内怀孕，待生育后由夫（妻）抚养。[①] 两种定义均表明代孕的基本特征是"借腹怀胎"与"借腹生子"，即由妻子以外的女性自愿代理怀孕分娩。第二种定义比第一种宽泛，更能涵盖现实中不同形式的代孕。[②]

代孕母亲（surrogate motherhood）是代孕的产物，也称代理孕母，

---

① 陈明侠：《亲子法基本问题研究》，载《民商法论》，法律出版社1997年版，第6页。
② 《什么是代孕技术》，《健康必读》2005年第8期。

指替他人怀孕生子的女性。不同的代孕方式，产生不同的代孕母亲。一是传统代孕（traditional surrogacy），也称借卵代孕或部分代孕，指替人怀孕的女性不仅提供子宫也提供卵子，通过人工授精技术与委托方丈夫的精子结合而受孕生子，因提供卵子而与所生子女有遗传学关系，所以也称遗传学代孕母亲（genetic surrogate motherhood）；二是妊娠代孕（gestational surrogacy），也称借腹代孕或完全代孕，指替人怀孕的女性不提供卵子只提供子宫，接受委托方夫妇经体外受精形成的胚胎并进行胚胎植入，怀孕生子，因与所生子女没有遗传学关系，所以称为妊娠代孕母亲（gestational surrogate motherhood）。还有一种类型是捐胚代孕，是指委托方夫妻使用他人捐赠的精子和卵子形成的胚胎委托代孕者孕育，代孕者和委托方夫妻都与孩子没有遗传学关系。① 但由于在捐胚代孕中，委托方夫妻既不提供精子或卵子又不亲自孕育胚胎，所以，该方法比较罕见。

另外，根据代孕母亲是否收取超过合理补偿的费用，代孕可以分为利他代孕、补偿性代孕（也称合理补偿代孕）和有偿代孕（也称商业性代孕）。利他代孕是指整个代孕过程中代孕者不收取任何费用，完全出于助人为乐的目的帮助委托方夫妻怀孕生孩子；补偿性代孕是指委托方须承担代孕者因代替怀孕分娩所需的相关费用，如医疗费、营养费、误工费等；有偿代孕是指代孕者以代孕赢得经济利益，从委托方获得超出合理补偿的费用。②

二　代孕母亲的技术背景

自然的人类生殖过程的前提条件是卵子和精子的成熟和产生，生殖过程由性交、输卵管受精、植入子宫、子宫内妊娠受孕、孕育、分娩等步骤组成。代孕母亲是代孕技术的产物，代孕技术是人类辅助生殖技术的一种。

人类辅助生殖技术（ART，assisted reproductive techniques）是指运用医学技术和方法对精子、卵子、受精卵、胚胎进行人工操作，以达到受孕

①　Van Niekerk, A., Van Zyl, L., "The ethics of surrogacy: Women's reproductive labour", *Journal of Medical Ethics*, 21, 1995, pp. 345 – 349.

②　张燕玲：《人工生殖法律问题研究》，法律出版社 2006 年版，第 24—25 页。

目的的技术，分为人工授精（AI，artificial insemination）和体外受精（IVF，in vitro fertilization）（俗称试管婴儿技术）及其各种衍生技术，如胚胎转移（ET，embryo transfer）、单精子胞浆内注射（ISCI，intracytoplasmic sperm injection）等技术。

代孕技术是建立在人工授精、体外受精和胚胎转移技术之上，是试管婴儿技术的延伸与发展，其中，完全代孕和部分代孕在技术上略有不同。完全代孕技术成功的关键之处，要使受精卵能够成活就必须让代孕母亲的子宫与提供卵子的妻子的子宫保持同步，因为排卵之后，子宫内膜逐渐增厚、变得松软，以便受精卵着床受孕，所以必须使代孕母亲的子宫厚度与提供卵子的妻子的子宫厚度一致，生理上同步，受精卵才能在代孕母亲子宫内着床成活。

代孕技术的开端可以追溯到试管婴儿技术的开展。1978年7月25日，在英国妇产科学家斯特普托（P. C. Stepton）和胚胎学家爱德华兹（E. G. Edwards）的共同努力下，世界上第一例试管婴儿路易斯·布朗（Louis Brown）诞生，开创了人类辅助生殖技术的新纪元，也开始了代孕技术的萌芽。试管婴儿技术为不孕不育的人带来了希望，因此，人们自然会为因子宫原因不能怀孕生育的女性寻求出路，于是，将体外受精后形成的胚胎移植入其他健康女性的子宫内代为怀孕分娩的代孕形式便出现了。1985年世界上首例妊娠代孕婴儿在美国诞生。

代孕技术可以帮助无子宫、子宫切除、子宫破裂或子宫严重粘连破坏的女性通过借助健康女性的子宫获得子女。然而，在目前可开展的辅助生殖技术中，唯有代孕技术的开展与否令许多国家举棋不定。

第二节　国外代孕母亲的社会背景与法律法规

代孕在技术上的可行性为不孕不育女性寻求生育子女提供可能，国外社会出现了寻求代孕者、代孕母亲、代孕合同、代孕所生子女、代孕机构（中介）等现象。同时，有些国家出台了法律法规以规范代孕技术的应用，就世界范围看，代孕经历了一个由被完全禁止到有条件接受的过程。但由于存在多种形式的代孕，其利益和风险的权衡结果也不尽相同，又由于各国文化背景和价值观念的差异，因此，各国甚至国家内部对代孕的法律法规也各不相同。

  国外对代孕的立法立场基本上有两种类型："完全禁止型"和"限制开放型"。①"完全禁止型"是指绝对禁止任何目的、方式的代孕行为，以避免伦理和法律问题，例如法国、瑞典、德国、意大利等。"限制开放型"是指代孕的合法化不是绝对的，而是在合法的基础上设置一些条件，例如仅开放治疗性代孕、妊娠代孕、非商业性代孕等，例如美国、英国、澳大利亚、比利时、荷兰、丹麦、匈牙利、罗马尼亚、芬兰和希腊等国家允许代孕母亲。②

  在国外，最早出现的代孕母亲并不具有商业性质，而是完全出自亲属之间的情谊，互相帮忙。但是，亲属之间代理怀孕的情况毕竟很少，再加上有的具有生育能力的夫妇为了免受怀孕和分娩痛苦的折磨，也想找代孕母亲替自己生孩子。面对巨大的潜在代孕需求，西方社会出现了一批"出租子宫"的妇女。③

一 美国代孕母亲的社会背景与法律法规

  早在 20 世纪 70 年代，美国已开始应用代孕技术，甚至出现了商业性代孕，是开展体外受精代孕技术最多的国家。美国联邦政府没有颁布规范代孕母的法律，美国各州对代孕的法律法规不同：纽约、新泽西和密歇根在内的 12 个州不承认代孕契约，但宾夕法尼亚州、马萨诸塞州以及加州等十多个州则承认代孕合法。2002 年以来，德州、伊利诺伊州、犹他州和佛州都已通过了代孕合法的相关法规，而且越来越多州加入到这一行列。④ 世界各地的不育夫妇都来到美国寻求帮忙，不仅不孕不育的夫妻寻求代孕，成功的时尚界女强人、女演员、女运动员和女模特也寻求代孕，现在，美国的同性恋患者也成为代孕母亲的服务对象，他们也很乐于通过代孕技术生育自己的孩子。⑤ 通过中介机构的介绍，不育夫妇找到愿意当代孕母亲的自愿者，公开支付整个过程中所需要的一切费用。30 年来，

---

  ① 潘荣华、杨芳：《英国"代孕"合法化二十年历史回顾》，《医学与哲学》（人文社会医学版）2006 年第 11 期，第 49—51 页。

  ② 赵念国：《法国地下代孕市场禁而不止》，《检察风云》2007 年第 8 期，第 32—34 页。

  ③ 高崇明、张爱琴：《生物伦理学十五讲》，北京大学出版社 2004 年版，第 113—116 页。

  ④ 美国去年约 1 千名代孕儿诞生，半数代孕母亲是军嫂。网易新闻 2008—4—6，http：//news. 163. com/08/0406/01/48QG3I5I0001121M. html.

  ⑤ Werb, J. , "Gay man seeks perfect woman", *Maclean's*, 120 (19), 2007, pp. 58 – 59.

美国约有 2.3 万个孩子诞生于代孕母亲。[①]

美国最早从密执安、肯塔基、加利福尼亚等州开始，后来在马里兰、亚利桑那等州，成立了代孕母亲中心，还出版一份代孕母亲通讯，组织了一个代孕母亲协会，名叫"白鹳"（The Stork）。西方传说婴儿是由白鹳送来的，象征代理母亲给人送来婴儿。中介的经纪人帮助委托方联系代孕母亲，有的双方不见面，有的来往密切，有的代理母亲拒绝放弃已怀孕的孩子，有的则约束自己不去看望孩子，只看照片。[②]

美国曾经发生轰动一时的"婴儿 M 事件"，也是人类历史上第一个签署正式合同的代孕母亲案例。1985 年 2 月，威廉·斯特恩（Stern）与理查德·怀特海（Whitehead）夫妇在美国纽约不育中心签署了一项代为生育的合同，以 10000 美元的代价请怀特海太太接受人工生殖技术，将斯特恩先生的精子注入怀特海太太的子宫内，将来出生的孩子属于斯特恩夫妇。但是，1986 年，代孕母亲怀特海太太在产下婴儿 M 后反悔，并拒绝履行原先协议中约定的事情和 10000 美元酬金，想留下孩子，于是斯特恩夫妇将怀特海太太告上法庭。经过几番法庭辩论后，1987 年 3 月，法庭宣判终止怀特海太太的母亲权利，斯特恩先生正式成为孩子的父亲，同时，斯特恩太太将孩子收养为女儿。对此，怀特海太太不服，上诉到新泽西最高法院。1988 年 2 月，新泽西最高法院推翻原判，认为，怀特海夫妇与斯特恩签署的合同无效，判给斯特恩先生孩子的监护权，恢复怀特海太太的母亲权利及经常探视孩子的权利，同时，取消斯特恩太太对孩子的收养权。[③]

1973 年，美国通过了《统一亲子法》（Uniform Parentage Act），其中规定了人工授精问题，但未规定代孕子女的问题。2000 年，修订了 1973 年通过的《统一亲子法》，其中增加了有关代孕的规定：代孕契约的效力及执行力依法院听证决定，经由司法权确定委托方夫妻与代孕子女的亲子关系；有偿代孕合法；契约的任一方可提出终止代孕契约。另外，如果代孕契约无效，委托方夫妻不能直接取得对子女的亲权，但法律仍赋予委托

---

①　赵念国：《法国地下代孕市场禁而不止》，《检察风云》2007 年第 8 期，第 32—34 页。

②　邱仁宗：《生命伦理学》，上海人民出版社 1987 年版，第 54—55 页。

③　Shannon, T. A., *Surrogate motherhood: The ethics of using human beings*, New York: Crossroad, 1988, pp. 137 – 141.

方夫妻对子女的抚养义务。①

1988 年 8 月，美国州法制定委员会会议（National Conference of Commissions on Uniform State Laws）通过《人工生殖子女法律地位统一法》，将其作为各州的立法参考，其中规定了代孕问题：委托方的妻子应有足够的医学证据证明其无法怀孕；委托方提供全部代孕的费用，有偿代孕不受禁止；委托方夫妻为代孕子女的法律父母，代孕母亲提供卵子的并主动终止代孕契约的，代孕母亲夫妻为代孕子女的法律父母。②

1988 年，美国律师公会中家庭法部门之收养法委员会及代孕母亲特别委员会研究起草了《代孕法范本草案》（Draft ABA Model S），并于 1988 年 8 月提交全美律师公会代表大会，但未获大会通过，该草案规定了有关代孕的问题：代孕母亲包括借腹代孕和借卵代孕；代孕母亲及其丈夫须依约定放弃亲权并履行交付子女的义务，委托方夫妻任何情况下享有对子女的亲权；有偿代孕合法；生殖细胞的捐赠者和代孕母亲均应接受医学检查及心理咨询；代孕母亲对于终止怀孕有独立决定权，但代孕费用的承担会因委托方夫妻是否同意终止怀孕而有所不同；为保障代孕母亲的利益，规定其在一定条件下可选择取得或经法院判决取得代孕子女的亲权。③

20 世纪 80 年代以来，美国各州开始有关代孕母亲的立法。1988 年，有 27 个州至少提出 59 个法案，其中有 27 个法案禁止代孕契约，18 个法案允许代孕，14 个法案主张成立研究委员会。有 11 个州通过有关代孕的法案，其中 4 个州全面禁止代孕契约，1 个州禁止商业性代孕，6 个州成立研究委员会。④ 90 年代初期，美国已有 30 个州提出关于代孕的法案，其中至少 17 个州认为代孕是一种有害的商业活动，并先后立法禁止，但至少在加利福尼亚等 5 个州认定代孕合法。⑤ 印第安纳州、康涅狄格州、伊利诺伊州、北卡罗来纳州、罗得岛州禁止任何形式的代孕；肯塔基州、路易斯安那州、内布拉斯加州、阿拉巴马州、明尼苏达州、纽约州禁止商业性代孕；阿肯色州允许代孕，堪萨斯州仅禁止

---

① 张燕玲：《人工生殖法律问题研究》，法律出版社 2006 年版，第 58—60 页。
② 同上书，第 61—62 页。
③ 同上书，第 62—64 页。
④ 同上书，第 62 页。
⑤ 刘学礼：《生命科学的伦理困惑》，上海科学技术出版社 2001 年版，第 65 页。

中介机构做代孕广告，内华达州禁止代孕婴儿的买卖。[1] 还有一些州没有对代孕立法，如加州、马萨诸塞州、新泽西依靠以往的判例对代孕案进行判决。

2000 年以来，一些州相继出台了有关代孕的法律法规：佛罗里达州（Florida Statutes Annotated，2004）只允许支付代孕母亲合理的生活和医疗费用，而禁止其他酬金的支付；华盛顿、路易斯安那、内布拉斯加州和肯塔基州不承认对代孕母亲有任何补偿的代孕合同。[2]

二　英国代孕母亲的社会背景与法律法规

英国是世界上第一例试管婴儿的诞生国，也是人工生殖和胚胎研究高度规范化的国家。采用人工生殖技术出生的子女不计其数，经由体外受精诞生的试管婴儿也达数万人，因代孕婴儿可腾（Baby Cotton）一案震惊全国，于是加强立法规范。英国率先于 1985 年颁布了《代孕安排法》（Surrogacy Arrangements Act），1990 年颁布了《人类授精与胚胎学法》（Human Fertilization and Embryology Act），加强了包括代孕在内的人工生殖和胚胎研究的法律规范。当前，英国代孕立法经历了一场深刻变革，包括《布雷热报告》（Brazier Report）、《人工生殖技术与法律》等研究报告。[3]

1982 年 7 月，英国设立了人类受精及胚胎研究调查委员会——沃诺克委员会，对与人类受精和胚胎学有关的医学和科学研究的发展前景及产生的伦理、法律和社会问题进行全面调查和综合评估。1984 年 7 月，沃诺克委员会发布了著名的对英国代孕立法产生深远影响的《沃诺克报告》（The Warnock Report on Human Fertiliazation & Embryology），认为代孕契约非法，任何中介代孕母亲的行为均应承担刑事责任。《沃诺克报告》的核心目标是借助法律手段遏制代孕协议和代孕中介活动，在一定程度上奠定

---

① Alta Charo, R. , "Legislative approaches to surrogate motherhood", L. Gostin（Ed. ）, *Surrogate motherhood*: *Politics and privacy*, Indianapolis: Indiana University Press, 1990, pp. 89 – 119.

② Ciccarelli, J. K. , Ciccarelli, J. C. , "The legal aspects of parental rights in assisted reproductive technology", *Journal of Social Issues*, 61（1）, 2005, pp. 127 – 137.

③ 潘荣华、杨芳：《英国"代孕"合法化二十年历史回顾》，《医学与哲学》（人文社会医学版）2006 年第 11 期，第 49—51 页。

了《代孕安排法》和《人类受精与胚胎学法》的基础和框架。①

《沃诺克报告》发布不久，1985 年，英国发生了一起跨国商业代孕案——婴儿可腾（Baby Cotton）案。一位英国妇女可腾太太通过美国一家商业中介机构，与一对美国夫妇签署代孕契约，由美国先生提供精子植入可腾太太子宫受孕，支付可腾太太酬金，并约定代孕子女为美国夫妇所有。依据英国法律，收养孩子不得附有任何代价，否则为违法行为。法官最终依据"子女最佳利益原则"判决提供精子的美国夫妇适合承担可腾的照顾和监护责任，并允许其将孩子带出英国。为了应对婴儿可腾案产生的道德恐慌和社会震荡，1985 年，英国政府仓促出台了《代孕安排法》，其中严禁商业性的代孕和代孕中介，而自愿性的代孕和酬金给付却得以合法化，即不禁止不孕夫妻自行寻找代孕母亲，或通过非营利性质的代孕中介寻找代孕母亲，这使得非商业性的代孕可以通过秘密交易的形式完成。②

1990 年，英国颁布实施了《人类授精与胚胎学法》，进一步重申了《代孕安排法》的立场，并加以补充和修正：规定了代孕契约当事人的资格条件、代孕契约的有效条件；规定委托方夫妻取得亲权的条件；允许借腹代孕和借卵代孕两种形式；不可进行有偿代孕，但代孕母亲可以收取一定代孕费用。另外，禁止委托方夫妻凭借代孕契约当然地成为代孕所生子女的法律父母，无论该子女与其有无遗传关系。依据"分娩者为母"的原则，代孕所生子女出生后，在出生登记时，首先要将代孕者（及其配偶）登记为孩子（父）母，然后由委托方夫妻向法院申请亲权令收养子女，从而突出了对子女利益的法律保护和无效代孕契约的法律救济。③

可见，英国并不鼓励代孕，但允许借腹代孕和借卵代孕，而禁止商业性代孕。基于此，1988 年，代孕中介组织（Childlessness Overcome Though Surrogate，简称 COTS）成立，是专门为不孕夫妻和有意成为代孕母亲的女性提供代孕经验与资讯的机构，属于非营利性组织，其运作的费用来自

① 潘荣华，杨芳：《英国"代孕"合法化二十年历史回顾》，《医学与哲学》（人文社会医学版）2006 年第 11 期，第 49—51 页；张燕玲：《人工生殖法律问题研究》，法律出版社 2006 年版，第 51—53 页。

② 同上书，第 53—54 页。

③ 同上书，第 55—56 页。

委托方夫妻交纳的会费和社会各界的捐款。COTS 向委托方夫妻和代孕母亲提供代孕备忘录（Memorandum of Agreement），作为正式签订代孕契约前的书面参考，不可作为正式的法律契约。其内容主要包括：不孕夫妇对子女的亲权获得方式；费用和报酬；代孕双方享有的权利及义务；代孕母亲受孕失败、流产或代孕子女有残缺时双方权利义务的处理。①

　　1997 年，英国卫生部组织了以玛格丽特·布雷热为首的调查团，对《代孕安排法》和《人类受精与胚胎学法》的实施情况进行调查和评估。经过近一年的调查，委员会发布了一份详细具体的长篇咨询报告——《布雷热报告》，其核心建议包括：有关代孕酬金的给付应限定在"合法有据"的"费用"范围内，任何超出合法界限的给付均导致亲权资格的丧失；卫生部应当对中介组织进行登记注册，制定详细的代孕操作规程，进一步规范代孕（协议），约束中介机构的行为；为确保代孕技术不被滥用，防止代孕者被剥削，政府应考虑废止《代孕安排法》和《人类受精与胚胎学法》，代之以新的适用于代孕的《代孕法》。②

　　然而，遗憾的是，由于种种原因，《布雷热报告》的改革建议在当时并未引起政府的足够重视。直至 2004 年，《布雷热报告》才进入有关部门的视野。2004 年 1 月 21 日，在英国人类受精和胚胎管理局（Human Fertilisation and Embryology Authority，简称 HFEA）年会上，卫生部宣布了重新评估《人类受精与胚胎学法》的决定，并承诺在 2005 年举行一次公众咨询，以决定《人类受精与胚胎学法》修订的范围和程度。2005 年，英国议会上议院科学技术专门委员会做出的《人工生殖技术与法律》占有十分重要的地位，一方面，它通过深入的调查研究和网上公众咨询，考察了英国公众对人工生殖立法的态度，客观公正地评价《布雷热报告》的价值；另一方面，它归纳总结了人工生殖技术与法律之间的紧张关系，提出了立法改革的具体方案和行动措施，归纳了八项议题和 104 条具体的立法建议。目前，这份报告已经引起英国社会的极大关注。对政府立法改

---

　　①　张燕玲：《人工生殖法律问题研究》，法律出版社 2006 年版，第 57—58 页。

　　②　Brazier, M., Golombok, S., Campbell, A., "Surrogacy: review for the UK Health Ministers of current arrangements for payments and regulation", *Human Reproduction Update*, 3（6），1997, pp. 623 – 628.

革也将产生深远影响。①

三　法国代孕母亲的社会背景与法律法规②

20 世纪 80 年代初，法国才开始有人寻求代孕母亲的方式解决不孕的问题。虽然，法国议会严格禁止代孕，但是，市场的需求使法国的地下代孕母亲市场兴盛不衰，禁而不止。

子宫缺损的女性、同性恋夫妇、独身男子，甚至更年期的老年妇女，都希望有个自己血缘的孩子，即使付出昂贵的代价。充满诱惑的市场使不少具有生育力的女性跃跃欲试。不少法国女性、比利时女性、魁北克女性和瑞士女性纷纷在网上登出广告，愿意将自己的肚子租给他人。自愿当代孕母亲的往往是 20—35 岁的女性，她们大多数有自己的职业，如兽医助手、小学教师和公务员，等等，她们都有自己的孩子，出于各种原因愿意帮助不孕夫妇生育子女。

1991 年，法国最高法院根据"人体不能随意支配"的原则，颁布了禁止代孕母亲的条例。1994 年，通过了生命伦理法，全面禁止代孕母亲的做法：任何涉嫌代孕母亲的夫妇都将受到法国检察机关的密切监控；如果有妻子提出收养丈夫孩子的请求，将受到严格调查；在国外的法国夫妇提出申请婴孩登记户口，同样将受到司法机关的严密监控；至于那些组织策划代孕母亲的协会或医生，都将面临 3 年监禁和 4.5 万欧元的罚款；那些需要代孕母亲帮忙的不育夫妇去那些法律并不禁止代孕母亲的国家生孩子，即使没受司法追究，也无法为出生在国外的孩子在法国使领馆登记户口。

但同时，1985 年，法国民间设立了代孕母亲协会，每年要帮助 200—400 对不育夫妇前往美国寻找代孕母亲，几乎所有的协会成员都希望对代孕立法。他们提议，寻求代孕母亲的不育夫妇必须出具医生证明，而作为代孕母亲的自愿者也必须是成年人，且曾经生育过孩子。虽然他们的主张得到许多医生和学者的支持，但是法国议会还是拒绝了这些建议，并以

---

① 潘荣华，杨芳：《英国"代孕"合法化二十年历史回顾》，《医学与哲学》（人文社会医学版）2006 年第 11 期，第 49—51 页；Freeman，M.，"Does surrogacy have a future after Brazier"？ *Medical Law Review*，3，7，1999，pp. 1 – 20。

② 赵念国：《法国地下代孕市场禁而不止》，《检察风云》2007 年第 8 期，第 32—34 页。

"孩子权利与家庭信息委员会"的名义起草了一份报告，再次声明将继续维持禁止代孕母亲做法的法律现状。

四 其他西方国家代孕母亲的社会背景和法律法规

在德国，一个专门提供代孕中介服务的中介公司于 1987 年在法兰克福宣告开业，但当地政府认为该公司的业务范围违反了《收养中介法》而令其关闭，公司不服并向法院起诉，经该州高等行政法院裁判，公司的业务属于《收养中介法》的禁止范围，确认其业务不合法。于是，1989年 12 月 1 日，德国开始实施修正后的《收养中介法》，其中增加了禁止代孕母亲的规定：（1）禁止代孕中介行为，中介介绍者处 1 年以下有期徒刑并判罚金，如因介绍而获得财产利益者处 2 年以下有期徒刑并判罚金，对于从事商业行为者，处 3 年以下有期徒刑并判罚金，但代孕母亲本人与不孕夫妇则不罚；（2）禁止以中介代孕母亲为目的进行广告及宣传。1991 年 1 月 1 日，德国颁布实施《胚胎保护法》，虽未明文禁止代孕，但已经在条文中间接表达了禁止代孕的立场。根据该法，虽然代理孕母不会直接受罚，但是为代孕母亲进行人工授精或胚胎移植的手术者将被处以有期徒刑或罚金，但代孕母亲在小孩出生后继续抚养的，手术者不在处罚之列。[①]

瑞典于 1988 年制定《体外授精法》，对体外授精进行严格规定：实施体外授精的对象限于已婚夫妇或同居的事实婚姻关系者，禁止捐精体外授精，禁止代孕。[②]

澳大利亚于 1989 年设立国家生殖伦理委员会（The National Bioethics Consultative Committee），明确禁止代孕的实施。但 2000 年 8 月，澳大利亚立法委员会修改了有关条例，允许非商业性借腹生子的父母成为合法父母，即承认了非商业性代孕行为的合法性。[③]

以色列 1996 年制定了独立的代孕法（The Surrogate Motherhood Agreements〔Approval of Agreement and Status of Newborn〕Law 5756 – 1996），依据犹太法律制定代孕契约，并且由政府监督代孕契约，其中要求代孕母亲

---

① 张燕玲：《人工生殖法律问题研究》，法律出版社 2006 年版，第 65—66 页。
② 同上书，第 69—70 页。
③ 李洪文：《论代孕之法禁》，《边疆经济与文化》2006 年第 6 期，第 80—82 页。

与委托方夫妻毫无关系，委托方夫妻是代孕子女的法律父母，允许向代孕母亲支付补偿金，不仅是对她们付出代价的补偿，还是对她们花费的时间、带来的不便和痛苦的补偿，这在理论上为商业性代孕敞开了大门。[①]

在新西兰，制定了有关代孕的政策，但还没有专门的代孕法。1995年，新西兰成立了人类辅助生殖的国家伦理委员会（National Ethics Committee on Assisted Human Reproduction，简称 NECAHR），1997 年，国家伦理委员会批准了一项通过体外授精技术进行的非商业性代孕申请，2001年，出台了《体外授精非商业性代孕规范（草案）》（Draft Guidelines for Non - commercial IVF Surrogacy），提出代孕契约必须由国家伦理委员会审批通过，明确规定委托方夫妻只能找自己的亲属或亲密朋友做代孕母亲，在委托方夫妻提出正式收养代孕子女之前，分娩母亲及其丈夫是代孕子女的法律父母。[②]

五　一些亚洲国家代孕母亲的社会背景与法律法规

日本虽然未对代孕以特别立法来管理，但在执法上明确禁止任何形式的代孕母亲。日本社会有一种观点认为，人工授精、代孕生子是对生命的亵渎，代孕生子还会带来很多社会问题。此外，代孕生子情况复杂，与代孕妈妈等人发生纠葛的可能性很大。但支持者认为，代孕生子在很多情况下是基于人类的奉献精神。日本不育夫妇代孕生子主要有三个渠道：一是在国内借腹生子。日本没有明确禁止代孕生子的法律，但日本妇产科学会认为，代孕在安全和伦理方面存在诸多问题，对这种做法不予认可，所以医院大多不开展这一业务。第二个渠道是在美国代孕生子。在美国，部分州允许借腹生子。不过，美国代孕生子费用很高，总共大约需要 10 多万美元。第三个渠道是韩国。在日本有专门的中介机构为希望在韩国代孕生子的日本夫妇办理相关业务。根据日本法律，生孩子的妇女是亲生妈妈，对于委托代孕者来说，有些代孕生下的孩子，虽然有的在遗传基因上完全是自己的孩子，但在法律上却是养子。[③] 2007 年，日本卫生、劳工和福利

---

① Michelle, C., "Review of the book Surrogate motherhood: International perspectives", *Law & Social Inquiry*, 29 (2), 2004, p. 508; "Book Reviews of the book Surrogate motherhood: International perspectives", *Medical Law Review*, 3 (13), 2005, pp. 116 – 135.

② Ibid. .

③ 《日本代孕生子》，《中国民航报》2007 年 7 月 30 日第 9 版。

部所作的一项民意调查表明，超过 50% 的人赞成有条件的借腹代孕。2007 年 3 月 23 日，最高裁判所推翻了日本东京高级法院的判决，命令东京市政务司办公室接受一对日本夫妇通过一位美国代孕母亲生下的双胞胎儿子的户口登记申请。① 现在，随着越来越多的夫妇到国外去寻找代孕母亲，日本政府也不得不考虑制定相应的法规，但由于反对呼声强劲，真正立法估计要再拖上几年。

　　新加坡则明订法律，不允许任何以人工生殖技术执行代孕行为。为了避免代理孕母及其后产生的纠纷，新加坡索性立法禁止"代理孕母"，谁生了孩子，孩子就归谁，为此过程进行手术操作的医生将被吊销行医执照一年。②

　　虽然韩国法律规定买卖卵子为非法，但是对代孕母亲没有任何规定。法律的不完善，使得用重金吸引经济困难的女性作代孕母亲的交易在韩国十分兴隆。日本 2003 年全面禁止了借腹生子和中介。日本的不孕女性在韩国借腹生子的情况逐渐增多。韩国的部分妇产科医院专门针对日本不孕夫妇进行代孕手术，目前已有两家专为日本人寻找代孕母亲的公司。根据韩国《国情监察》中公开的资料，2006 年 9 月在国内各个大型门户网站登记的借腹生子社区有 13 个，有关广告 65 个，成员共有 2295 名。韩国议员担心，如果不对借腹生子问题进行有力的监管和立法完善，那么韩国成为日本"子宫殖民地"的日子恐怕为时不远，这不仅关系到生命，还关系到韩国的国家尊严。③

　　近年来，在印度，生育外包（reproductive outsourcing）是一个新兴的但迅速成长的产业。但由于印度民风保守，代孕这种挣钱方式与社会传统观念格格不入，所以，代孕母亲往往不愿意他人知晓此事。由于印度有熟练的专业医务人员、代孕成功率高、法律相对宽松而且价格便宜，因此，美国和欧洲许多要求提供代孕服务的委托人纷纷来到印度寻求代孕服务。为解除后顾之忧，不允许卵子捐赠者、代孕母亲及委托代孕者之间有任何联系。同时，根据印度医学会发布的指导方针，代孕方和委托方要签署一

---

　　① 方金刚编译：《日本、美国热点法治事件——日本判决借腹生子户政部门应予登记户口》，《法制资讯》2008 年第 1 期，第 66 页。

　　② 星云：《"代孕生子"在国外》，《健康必读》2005 年第 8 期，第 12—13 页。

　　③ 王轶峰：《日本人到韩国找代孕妈妈》，《环球时报》2006 年 10 月 18 日，第 5 版。

份协议，协议规定由委托一方支付医护费用，而代孕一方将放弃与孩子的任何关系和权利。在受精卵由委托方夫妻提供、代孕者只提供子宫的情况下，孩子的出生证上只出现委托方夫妻的名字；如果卵子是由捐赠者提供的，那么出生证上就只有委托方丈夫的名字，没有卵子捐赠者的名字。这使得委托方夫妻带着代孕子女离开印度的程序比较容易。但对许多人来说，来印度寻求代孕服务的最大吸引力是价格。① 随着越来越多的欧美夫妇涌入印度，在印度医院里登记需要代孕母亲的人数在最近两年已经翻了两番。印度政府已开始考虑制定新的法律，以控制国内愈演愈烈的"代孕"行业，讨论如何保护代孕母亲以及她们所生的孩子的权利，也将考虑同性恋和单身女性是否可以使用代孕服务，以及客户是否有年龄限制等事宜。②

综上所述，当人类辅助生殖技术成为不孕不育夫妻实现生育后代的理想方式后，其中的代孕技术必然成为有代孕需求的人铤而走险去追求的目标。面对代孕的需求，国外许多国家对代孕母亲制定了相关法律法规，对代孕母亲的合法与否采取了不同的立场，或完全禁止、或限制性开放。在允许限制性开放代孕的国家大都禁止商业性代孕；许多国家经历了由完全禁止到限制性开放的过程。

第三节　中国代孕母亲的现状

中国大陆全面禁止医疗机构进行代孕，然而，人们对代孕的需求是无法禁止的，甚至已有供不应求之势，随之而来的是各种代孕中介、代孕网站、代孕小广告的应运而生。香港已经限制性地开放了代孕，台湾地区也在研究中。

一　大陆代孕母亲的社会背景及法律法规

在卫生部 2001 年出台的《人类辅助生殖技术管理办法》之前，中国大陆医院曾经做过几例代孕，在此之后，虽然代孕在医院消失了，但民间

---

① 阿迈列·贞韬曼著，王繁编译：《印度：生育外包产业勃兴》，《第一财经日报》2008 年 3 月 11 日，第 C07 版。

② 《印度要清理"代孕市场"》，《都市快报》2008 年 3 月 16 日，http://www.sina.com.cn。

的代孕却日益滋生，代孕中介、代孕网、代孕母亲层出不穷。近几年来，国内代孕的现象日益增多，由此引发了一系列法律伦理难题。

医院代孕是应用体外授精技术，多为借腹代孕。中国大陆首例代孕试管婴儿于 1996 年 9 月 8 日在北京大学第三附属医院妇产科诞生，2001 年后该院未再进行，至今共进行过 6 例，其中 5 例成功分娩。这 6 例的代孕者都是由不孕患者自己负责，大多是患者的亲友，医院及工作人员对此不介入，医院只负责代孕者的检查，决定她们是否合格，不孕夫妻与代孕夫妻都必须签字同意并明确出生婴儿的所有权。[①] 2000 年 1 月 16 日，湖北省首例"代孕母亲"生下的试管婴儿在湖北省同济医院生殖医学中心诞生，这是由不孕夫妻提供的受精卵，弟媳为代孕母亲。[②]

2001 年 2 月 20 日，中国卫生部颁布《人类辅助生殖技术管理办法》，主要考虑到实施人类辅助生殖技术中出现的一些问题，如受利益驱动，有些不符合条件的机构擅自开展人工授精、试管婴儿等技术，有些甚至已经出现商业化；在技术应用过程中也存在不符合规范或不合理的行为。在颁布的法规中提出："禁止以任何形式买卖配子、合子、胚胎；医疗机构和医务人员不得实施任何形式的代孕技术。"[③] 该条文仅禁止医疗机构和医务人员实施任何形式的代孕技术，因此从法规出台之日起，医院已不再实施代孕生殖技术，然而，该法规无法禁止非医疗机构进行代孕活动，也无法禁止有代孕需求者通过其他方式寻找代孕。随着社会的发展，不孕不育者的生育需求日益高涨，基于此，民间代孕应运而生。

民间代孕与医院代孕不同，由于缺乏医院的辅助生殖技术，委托方夫妻中的男方须与代孕者直接发生性关系怀孕，再由代孕者生下孩子交给委托方夫妻。[④] 在百度中输入"代孕"，可以搜到相关网页约 2800000 篇，其中的代孕网站有上百家，如 AA69 代孕网、Mybb 爱心孕育网、19292 爱心代孕网、新星代孕网、久久爱心代孕网、重庆爱心代孕网、知心孕育网

---

① 张丽珠：《赠卵试管婴儿和代孕试管婴儿工作的回顾，评价和管理》，《第一届中华医学会生殖医学分会、中国动物学会生殖生物学分会联合年会论文汇编》，2007 年，第 8—12 页。

② 张建华、彭国强主编：《两个妈妈共"孕"一子，同济医院首例"代孕"试管婴儿出生》，《1998—2000 年武汉卫生年鉴：诊疗技术与医事珍闻》，武汉出版社 2002 年版，第 398 页。

③ 《人类辅助生殖技术管理办法》，《生殖医学杂志》2001 年第 4 期，第 254—256 页。

④ 叶剑、吴敏：《代孕技术的伦理与法律反思》，《河南医学研究》2006 年第 2 期，第 178—180 页。

等等，其中一些还打着"合法正规专业代孕"的旗号。事实上，这些民间代孕中介皆属无照经营，游走于法律之外，通过收取中介费而牟利。代孕者被称为"代孕志愿者"，但由于以营利为目的，她们因容貌、学历的不同而被分为不同的等级，她们所获得的补偿也跟其等级挂钩。代孕网、代孕中介的利润多从需求者处获得。无论采取何种代孕方式，费用都在20万元之上。尽管价格不菲，但需求方依然趋之若鹜。我国第一家代孕网站开办代孕网4年多来，已成功代孕1000多例。①

据了解，目前仍活跃的这些"代孕网"，有的曾经被公安机关查禁，它们之所以能"死灰复燃"，警方的解释是由于其"徘徊于法律的边缘"，要经过研究之后方能处理；工商部门则认为"代孕网"属于中介性质，对于是否存在经营行为又无法判断，所以也无法查处。②

另外，面对广阔的市场需求和高额的经济利益，在成都、重庆、西安、广州、杭州、北京、上海等地不同程度地出现了一些女性自愿高价出租子宫代孕的广告，一时应征者众多，在社会上引起广泛争议。

目前，代孕技术已经成熟，但对于实施过程中可能出现的伦理、法律和社会问题的解决、医疗机构管理的相关规定却相对滞后，因此，需要在符合社会实际需求的基础上，进行有关代孕问题的研讨，制定相关规范，不断完善代孕技术的应用规范，使那些受不孕不育困扰、需要借助代孕技术生育的人早日实现梦想，使中国大陆也会像其他国家一样，经历一个由完全禁止代孕到限制性地开放代孕的过程。

二　香港、台湾地区代孕母亲的社会背景与法律法规

2002年6月香港特区立法会通过《人类生殖科技条例》，其中规定：代孕合法，但仅限于使用委托方夫妻的生殖细胞；禁止发布代孕广告，禁止商业性代孕，但可以依据代孕协议为怀孕生产向代孕母亲支付一定费用的补偿；不可强制执行代孕协议；以怀孕作为确定母子关系的基础；代孕子女有探源权，年满16岁之后，可以向人类生殖科技管理局请求查阅人

---

① 周斌：《代孕中介红火，代孕市场何去何从》，《西部法制报》，2008年9月18日，第005版；谢长艳，王萌，汤慧梅：《十万元可雇女大学生代孕？——警方称其徘徊法律边缘》，《法制生活报》2005年6月16日，第B06版。

② 佚名：《"代孕网"沉渣泛起，借腹生子底线何在》，《政府法制·半月刊》2006年第5期（下），第17—19页。

工生殖资料的权利。①

　　虽然辅助生殖技术已日新月异，但台湾地区对于该技术在临床医学上的应用仍采取较保守的政策，现行法规对于绝大多数具有争议性的当代生殖技术皆采取全面禁止的态度，包括代孕技术在内。自 20 世纪 80 年代以来，中国台湾先后颁布数个人工生殖技术法律规范。"卫生署" 1986 年颁发的《人工生殖技术伦理指导纲领》和 1994 年颁布的《人工协助生殖技术管理办法》均采取禁止立场，不允许实施任何形式的代孕技术。这种禁止模式受到现实社会状况和不孕不育者的不断挑战。为此，1999 年"卫生署" 经多次内部研讨最终确定《人工协助生殖法》草案，甲、乙两案并陈，甲案禁止代孕，乙案则有条件开放代孕，提报 "立法院"，但最终无果。② 2007 年 3 月 21 日，台湾地区公布《人工生殖法》，其中第二条第三款规定：对于适用本法之受术夫妻限定为 "妻能以其子宫孕育生产胎儿者"。③ 这表明台湾地区仍然禁止代孕。

第四节　代孕母亲的伦理问题辨析

　　代孕技术犹如一把双刃剑，它打破了人类传统的生育秩序和生育观念，也为人类带来了生育的革命和思维的变革。医学家们在研究代孕的医学问题，法学家们在研究代孕的法律问题，伦理学家们在探究代孕的伦理问题，希望更加科学、规范、合理地挥舞这把双刃剑，真正地造福人类。代孕技术产生了代孕行为，它所带来的道德冲突和伦理难题，不仅对人类的传统生育观念产生冲击，还对人类传统意义上的母亲内涵和家庭结构产生震荡，以及代孕产生的实质伦理和程序伦理问题值得我们深入地探讨。

一　代孕带来家庭生育的革命

　　代孕作为辅助生殖技术的产物，它直接导致了生育主体和生育方式的

---

① 张燕玲：《人工生殖法律问题研究》，法律出版社 2006 年版，第 64—65 页。
② 张永健、吴典伦：《代理孕母的法律经济分析》，《生物科技与法律研究通讯》2002 年第 13 卷，17—36 页。薛瑞元：《代理孕母的管制原则及措施》，《月旦法学杂志》1999 年第 52 期，第 40—45 页。
③ 吴志正：《女性主义法学观点下之人工生殖相关法议题》，《月旦法学杂志》2009 年第 168 期，第 139—154 页。

变革，从而打破了人类传统的生育秩序，冲击着人类传统的生育观念，还产生了复杂的亲子关系。此外，代孕又带给中国家庭结构的异化。

（一）代孕打破人类传统生育方式

生育是人类自身的生产，即种的繁衍，有狭义与广义之分，狭义的生育是指受孕、足月怀胎、生产的过程，即从受精到分娩的全过程；广义的生育是指孕育、生产和抚养教育的活动与过程，即生殖与养育。人类为了生存，就要不断地繁衍以延续自己的基因，不断壮大自己种属的数量。从原始社会至现代社会，无论是最初杂乱无章的群婚，还是主夫与主妻的对偶婚，或是一夫一妻的个体婚，人类都依靠两性结合的方式不断生产自己的后代。① 两性结合的方式被称为传统的生育方式，包括性交、输卵管受精、植入子宫、子宫内妊娠受孕、孕育、分娩等传统的生殖秩序。

然而，作为辅助生殖技术之一的代孕技术的生产扰乱了人类传统的生育方式和生育秩序。代孕可能造成了生育与性行为分离、生殖与养育分离、婚姻与生育分离。

1. 生育与性行为分离

传统的生育首先需通过男女两性的性交启动，才可能为精子与卵子的结合受精提供契机。通过辅助生殖技术的代孕则依靠人工的方式将精子与卵子在体内或体外结合受精，因此，用人工授精的方式替代了自然的受精，这也是所有辅助生殖技术给人类生育秩序造成的共同冲击。

2. 生殖与养育分离

传统的生育包括生殖与养育两个连续的过程，由一个女性连续完成，生殖是人类生命缔造的过程，而养育是人类生命发展与完善的过程。然而，在代孕中，生殖过程是由一个女性完成的，而养育的过程不是由生殖的女性完成的，因此，代孕造成了生殖与养育的分离，与其他辅助生殖技术相比，这是代孕所特有的。

3. 生育与婚姻分离

传统的生育依附于夫妻的婚姻，妻子为丈夫生育孩子，以巩固与完善婚姻家庭关系。然而，在代孕中，因妻子无法生育孩子，夫妻二人寻求代孕，代孕母亲为他们生育孩子，但是代孕母亲与想要生孩子的丈夫并无婚

---

① 国家人口和计划生育委员会宣传教育司编：《生育文明》，中国人口出版社 2005 年版，第 20—21 页。

姻关系，因此，代孕造成了生育与婚姻的分离，这也是代孕的特殊之处。

（二）代孕冲击人类传统生育主体，使亲子关系复杂化

传统的生育主体，即想要生育孩子的夫妻，其中妻子承担怀孕与生产的重要责任。然而，代孕已打破了传统的生育主体，产生了复杂的亲子关系，有可能同时产生四类父母身份：（1）想要孩子的父亲和母亲；（2）提供精子的遗传学父亲和提供卵子的遗传学母亲；（3）怀孕和分娩的妊娠孕育母亲；（4）养育的社会学父亲和社会学母亲。由于代孕中想要孩子的父母和社会学父母是统一的，所以这四类又可合并为三类，即（1）遗传学父母；（2）妊娠孕育母亲；（3）社会学父母。代孕的特殊之处在于代孕母亲介入生育，因此，人类传统意义的母亲内涵被解构，亲子关系，特别是母子关系被重塑。

传统意义上的母亲应是遗传物质的提供者、怀孕者、分娩者、哺育者和养育者的统一。然而，在传统代孕中，代孕母亲是代孕子女的遗传物质提供者、怀孕者和分娩者，委托方的妻子是代孕子女的哺育者和养育者；在妊娠代孕中，代孕母亲是代孕子女的怀孕者和分娩者，委托方的妻子是代孕子女的遗传物质提供者、哺育者和养育者。可见，代孕将传统的生（基因）、育（孕育）、养（养育）统一的生育方式分解，然而，代孕母亲和委托方妻子对于代孕子女而言都扮演着重要角色，如何评判她们与代孕子女的亲子关系也成为代孕母亲伦理难题之一。

根据女性在社会生育中所扮演的角色的不同，大致包括以下三种类型的母亲：遗传学母亲、妊娠孕育母亲和社会学母亲，每种类型的母亲分别对应着三种不同类型的母子关系认定学说：血缘说、分娩说、契约说和子女最佳利益说。①

1. 遗传学母亲与血缘说

遗传学母亲，也称生物学母亲，是提供卵细胞的女性，她将自己的遗传物质通过卵细胞传递给所生育的孩子，与之有遗传学关系。遗传关系即意味着血缘关系，因此，提供卵细胞的女性与因此生育的子女具有血缘关系。血缘说认为提供卵子的女性是真正的亲生母亲，强调血缘在亲子关系

---

① 朱川、谢建平：《代孕子女身份的法律认定》，《科技与法律》2001 年第 3 期，第 42—45 页；Shannon, T. A., *Surrogate motherhood: The ethics of using human beings*, New York: Crossroad, 1988, pp. 81 – 83。

中的伦理意义，这种学说也非常符合人类传宗接代的传统生育观念和生育目的。然而，在现代文化中，养育的伦理意义往往胜过血缘，良好亲子关系的建立也并不取决于血缘的作用，所以在亲子关系中不能把血缘的价值绝对化。代孕母亲并不养育代孕子女，因此，只凭遗传和血缘关系就判定她们是法律母亲，这对养育代孕子女的父母来说是极为不公平的。

2. 孕育母亲与分娩说

孕育母亲是指怀胎十月一朝分娩的女性。由于孕育母亲在怀孕过程中承受着生理、心理与精神的重负，并与胎儿血脉相连，孕母对胎儿产生的母爱不容忽视，所以分娩说认为"谁分娩，谁为母亲"，分娩事实决定代孕母亲为代孕子女的真正母亲。例如某些国家的法律肯定代孕母亲对代孕子女具有"优先权"，给予代孕母亲是否交付代孕子女的"犹豫期"；有些国家的法律给予代孕母亲对代孕子女的探视权。然而，分娩说虽然保证了母亲身份认定原则的稳定性，但却扭曲了代孕的初衷。在代孕中，代孕母亲并不想生育子女，代孕产生的初衷在于借代孕者之力为委托方生育属于委托方的子女，并在代孕契约将此目的加以表明和限定。因此，分娩说认定代孕母亲是法律母亲也是有些不恰当的。

3. 社会学母亲与契约说和子女最佳利益说

社会学母亲是指在子女出生后，承担哺育与养育子女义务的女性。在代孕中，委托方的妻子有生育孩子的意愿，并与代孕母亲签订契约，承诺承担养育代孕子女的义务，因此，她是代孕子女的社会学母亲。契约说基于代孕双方当事人的意愿与目的，双方自由签署契约，并履行契约中规定的权利与义务，其中委托方的妻子无论自己与代孕子女有无血缘关系都应是代孕子女的社会学母亲。契约说更符合代孕的初衷与目的，但这种学说的实现是建立在履行契约的基础上，一旦发生一些契约以外的意外事情（如代孕母亲故意流产、委托方夫妻离婚等），都容易造成代孕双方不履行契约，从而引发纠纷。这时，又应如何确定亲子关系？子女最佳利益为此提供了一个参考，即以代孕子女未来成长的最佳利益为原则来判断谁承担其养育义务，即谁是社会学母亲。

综上分析，笔者认为，子女最佳利益说是四种学说中唯一从代孕子女或未来人利益的角度来评判母子关系，其他三种学说是从父母或现在人的角度来评判母子关系。委托方为了生育子女而让代孕母亲生育代孕子女，也就是说，代孕子女是代孕委托方的目的，依据康德"应当把人当作目的，而不仅仅把人当做手段或工具"的观点，代孕子女不仅是他们具有父母身份的手段或标志，还是他们作为父母的目的，即一切为了子女。基于此，子女最佳利益说更符合亲子关系的伦理标准。

另外，"母亲"不是一个"生育符号"，"母亲"一词的真正意义在于女性"母性"中关爱的道德自觉，它不需要任何契约形式的约定，也不需要任何价值的权衡与计算，体现为自觉、自愿地承担和履行哺育和养育子女的义务，而不需要回报，这体现了德性论中非对等的价值诉求——关护原则。在子女的生命历程中，赋予子女生命固然重要，然而养育子女所付出的心血与艰辛对于一个孩子的成长则更为重要；另外，怀胎十月固然辛苦，而一朝分娩虽然结束了怀孕的艰辛，却带来了真正的、漫长的艰辛，即养育。所以，社会学母亲更能体现母亲的养育内涵，从而给予子女最佳的利益。

（三）代孕带来中国家庭结构的异化

代孕在干预人类传统的生育方式与生育主体的同时，也介入了家庭。基于中西文化的差异之一，即"中土道德以家族为本位，远西道德以个人为本位"①。也就是说，家庭本位是中国的传统特色文化之一，文献研究表明代孕给中西方带来的差异之一是代孕对中国家庭结构的影响大于西方，许多学者认为代孕母亲与其他辅助生殖技术相比，以夫妻之间第三者的实在身份介入到家庭生育中，以代孕子女妊娠分娩母亲的身份介入到家庭亲子关系中，破坏了传统家庭结构的完整性和独立性，在中国以血亲为家庭维系纽带的家庭观念下，很难接受代孕母亲。

古往今来，人们对家庭的定义已达数百种，虽然缺乏公认的家庭定义，但学界比较接受《中国大百科全书·社会学卷》中家庭的定义："家庭是由婚姻、血缘或收养关系所组成的社会生活的基本单位。"家庭通常由夫妻、妇女、子女、兄弟姐妹和其他近亲组成。历经几千年的家庭变迁，中国的家庭结构已从传统的大家族或大宗族家庭结构演变为当代的多样家庭结构，包括：（1）核心家庭：指一对夫妇或一对夫妇及其未婚子女组成的家庭；（2）主干家庭：指一个家庭中有两代以上，每一代只有一对夫妇，即祖父母（或外祖父母）、父母及其子女组成的三代人的家庭；（3）联合家庭：指一个家庭中至少有两代人，而同一代中有两对或

①　黄建中：《比较伦理学》，山东人民出版社1998年版，第85页。

两对以上的夫妇，此即传统的大家庭或大宗族家庭结构，由于其规模大、结构复杂，容易产生矛盾，给生产、生活带来诸多不便，因此，随着经济的发展、生产关系的变革以及人们文化教育水平的提高，联合家庭已逐渐失去其存在的基础，而分割为核心家庭或主干家庭。另外，中国社会也出现了忙于事业的夫妇倾向于"二人世界"小家庭生活的丁克家庭和独身自好的"单身贵族"的单人家庭。[①]

在以上几种家庭结构中，核心家庭和主干家庭是当代中国的主要家庭结构，它们在一定程度上体现了中国家庭本位的传统文化，也体现了建立在亲子关系基础上的道德互惠，即儒家的传统话语——"仁爱"与"孝"。在血缘的生物学基础上建立家庭，"父母"不仅仅是有认识论功能的名称，还是具有操作性功能的名称，即"父母"应关爱和照顾孩子，"子女"应孝顺和赡养父母。以这种血缘亲子关系为基础发展出信任、团结、互惠的家庭道德德性。[②] 那么，以此为基础进行价值判断，代孕母亲确实面临巨大的障碍。然而，儒家固然强调父子之亲，以朴素的生养关系来表达伦常关系。但是，孔孟所指的父慈子孝、兄友弟恭乃是在家庭的伦理关系范围内，孔子强调三年之丧是以子女之受多年养育为主，也不是单以血缘为依据的。孔孟也不可能意识不到家庭中可以有与血缘无直接关系的情况，如过继子女或养父母等，但并不因此而认为其中有伦理的差异，或亲子关系的不同。[③]

综上分析，笔者认为，在借卵代孕中，正是由于委托方夫妻有生孩子的意愿才寻求代孕母亲的，而且委托方妻子也认同自己未来的社会学母亲角色，这意味着她将接纳代孕子女，视如己出一样地养育；在借腹代孕中，委托方妻子提供了卵子，那么她将是孩子的遗传学母亲和社会学母亲，毋庸置疑，这比借卵代孕更容易接受代孕子女。因此，这种自主的代孕生育孩子的意愿将有助于委托方履行养育代孕子女的义务，而既然寻求代孕，自然也将接受代孕母亲介入的事实。同时，对于不孕不育家庭而言，不孕使他们的婚姻蒙上一层阴影，使家庭和睦受到影响，

---

① 戴叶林、徐椿梁、尤吾兵：《家庭道德与家庭结构》，《晋阳学刊》2005 年第 1 期，第 27—30 页。

② 陶黎宝华：《代孕母亲的功与过——中国女性主义视角》，Ruth Chadwick，邱仁宗主编，《生命伦理学——女性主义视角》，中国社会科学出版社 2006 年版，第 239—240 页。

③ 李瑞全：《儒家生命伦理学》，鹅湖出版社 1999 年版，第 107 页。

因此，家庭没有孩子的不完整性更甚于代孕母亲介入的冲击。另外，在中国社会，甚至传统社会里，收养子女的现象也是不乏存在的，《中国大百科全书·社会学卷》也已把收养关系作为家庭组成的内容之一。因此，我们更应当从不孕不育家庭的立场来思考代孕母亲的介入对家庭结构的冲击究竟在多大程度上影响着家庭组成关系，而不应单纯地从传统家庭观念出发。

二　对代孕牵涉主体的利弊辨析

代孕不仅影响到人类传统生育方式与家庭结构，还影响到代孕牵涉主体的利益，一般包括寻求代孕方（委托方）、代孕方、代孕子女。本节将对每一方的可能牵涉主体及相关动因进行详尽阐述，并且对代孕给他们带来的利弊进行伦理分析。

（一）代孕对寻求代孕方的利弊

1. 对寻求代孕方主体及其代孕动因的界定

在代孕行为中，寻求代孕方是首先发起代孕行为者，他们主要是为了生育自己的孩子而寻求代孕，那么寻求代孕方究竟是哪些人？寻求代孕方的代孕动因有哪些？如何从伦理上对这些主体及其动机进行评判呢？

中西方的寻求代孕者及其动因总体上相似，大致包括三个方面：（1）医学方面动因，即由于生殖系统疾病导致的不能怀孕，以及因怀孕危及生命的不可怀孕，如不孕不育的夫妻，先天性没有子宫、因病摘除子宫、子宫有瘢痕或因年龄太大等原因而无法妊娠者；（2）社会方面动因，不孕夫妻可能受社会制度或习俗的压力，因为对于男人而言，不生育是一种有失尊严的事情，[1]或者妻子由于担心影响工作、影响身材或害怕妊娠分娩疼痛而不愿意怀孕；（3）婚姻家庭方面动因，不孕夫妻承受家庭传宗接代的压力，[2]还有独身者和男同性恋者想拥有孩子的愿望。另外，中西方的不同之处是，由于在一些西方国家同性恋结婚是合法，所以同性恋者也会成为寻求代孕方，这在中国比较罕见。相对于医学动因的代孕，社

---

①　Shannon，T．，A．，*Surrogate motherhood：The ethics of using human beings*，New York：Crossroad，1988，pp. 58 – 61.

②　Shannon，T. A．，*Surrogate motherhood：The ethics of using human beings*，New York：Crossroad，1988，pp. 58 – 61.

会动因和婚姻家庭动因可归为非医学动因的代孕。

首先，寻求代孕者都希望通过代孕技术帮助自己生育孩子。代孕技术即辅助生殖技术的一种，所有的辅助生殖技术诞生的初衷，都是为了解决男性不育、女性不育或不孕的问题。代孕技术诞生的初衷是为了帮助因医学原因不能怀孕的女性，特别针对那些由于子宫结构或功能障碍原因而丧失怀孕能力的女性，它利用体外受精技术，让夫妻双方精卵结合形成受精卵或者胚胎，然后移植到代孕母亲的子宫内，由代孕母亲妊娠分娩，这即是妊娠代孕或借腹代孕。如果代孕技术存在的目的是为了帮助因子宫异常而不能怀孕的女性解决生育问题，那么子宫异常而不能怀孕的女性可以使用代孕技术解决生育问题，这样，对于这些女性而言，只需要探讨"应当如何使用代孕技术"的问题。

其次，在医学原因中，除了子宫结构或功能异常女性可以使用代孕技术，患有非子宫因素身体疾病的女性是否可以使用代孕技术？例如，因严重心脏病而不能怀孕的女性。因为，代孕技术的诞生不是为了这类女性，所以，这类人群不能使用代孕技术，这一论证是否成立？医学技术是为病人服务的，而患有非子宫因素身体疾病的女性是病人，医学技术为患有非子宫因素身体疾病的病人服务，代孕技术是医学技术的一种，所以，代孕技术也应为患有非子宫因素身体疾病的病人服务，患有非子宫因素身体疾病的女性可以使用代孕技术。

再次，基于代孕技术产生的医学基础，非医学动因的寻求代孕方显然不属于代孕技术的服务对象。其中，社会动因的寻求代孕者具备怀孕的能力，在怀孕生育方面，没有正当理由求助于代孕技术。

最后，依据代孕子女最佳利益原则，寻求代孕方应当是已婚夫妻，以利于代孕子女在完整的家庭结构中生活。当然，不能否认单亲家庭或同性恋家庭也可以很好地养育代孕子女，但这可能是从成人的立场出发的单向的价值判断。因为，婴幼儿或儿童阶段的孩子很难与成人的价值选择与价值判断一样，他们只能观察到自己只有父亲或母亲、或者自己的父母是同性别的，这与多数孩子的父母状况不同，他们是不同性别的父母，在他们还没有形成"单亲家庭或同性恋家庭也能很好地养育子女"的价值判断之前，他们可能已经意识到自己的家庭与多数孩子的家庭不同，这种观念对幼小孩子心理造成的影响从某些学术界研究和社会调查研究的结果看来是消极影响多于积极影响的。

综上分析，笔者认为，寻求代孕方应是已婚夫妻，且夫妻出于医学动因寻求代孕，妻子子宫结构或功能异常而丧失怀孕能力，或者妻子因患有其他严重疾病而不能承受怀孕造成的生理负荷，甚至危及生命，他们寻求使用代孕技术是正当的，而非医学动因的代孕是不正当的。此后，本文中的寻求代孕方与不孕夫妻互用。

2. 对代孕给寻求代孕方带来的利弊的辨析

代孕技术可以满足不孕夫妻生育孩子的需求，帮助寻求代孕的不孕夫妻实现拥有孩子的梦想，因此，代孕技术给不孕夫妻带来利益。但是，不孕夫妻在使用代孕技术的过程中，代孕技术这一客体已随之演变为一种生育方式，不孕夫妻在使用代孕技术的同时已置身于代孕中，代孕包含代孕技术，因此，也给不孕夫妻带来利益，但同时也带来伤害或风险。

一方面，代孕给不孕夫妻带来利益。没有孩子的不孕夫妻是不幸的，因为他们不仅自身忍受没有孩子欢声笑语的生活，还会受到大家庭延续生命的压力，以及"没有孩子家庭不完整"的社会舆论压力，这使得不孕者会因自己失去生育孩子的能力而感到愧疚与烦恼，自尊心受到伤害乃至绝望，甚至造成婚姻家庭的破裂。因此，不孕夫妻极想拥有一个孩子。弥补不育的传统方法是收养，但是收养不能完全满足不孕者的心理与精神需求，不能满足不孕家庭延续生命的需求。因为收养的子女与不孕夫妻完全没有遗传或血缘关系，而借腹代孕所生子女与不孕夫妻都有遗传或血缘关系，借卵代孕所生子女与不孕夫妻中的丈夫有遗传或血缘关系。因此，在遗传或血缘关系上，收养子女不如代孕子女与不孕夫妻关系亲近。因此，代孕比收养更接近自然生育，可以满足不孕夫妻拥有自己孩子的需求，同时，有助于稳定婚姻家庭关系。

另一方面，代孕也给不孕夫妻造成伤害或风险。不孕夫妻作为代孕子女的社会学父母，会困惑于如何向孩子解释他们的身份，甚至是否应该告诉孩子出生事实等问题。此外，大量国内外的事实证明，拥有一个由代孕母亲生育的子女会给家庭带来隐患。因为，代孕母亲的介入，会给夫妻双方的感情造成不可磨灭的阴影，特别是采用代孕母亲的卵子与丈夫精子结合生育孩子的借卵代孕，由于这个孩子在遗传或血缘上与养育他/她的不孕妻子（社会学母亲）没有任何关系，这个社会学母亲由于自身疾病的原因而不能生育，或者由于迫于父权制的压迫，不得不接受这个在事实上是自己丈夫与另一个女性的孩子，① 所以，她的心理很容易出现某种偏差，一旦无法攻克这个心理难关，那么这种偏差可能造成夫妻关系的隔阂和疏远，甚至家庭的破碎与解体。

代孕在给不孕夫妻带来利益的同时也带来了伤害或风险，尽管很难比较利益和伤害或风险孰轻孰重，但是，笔者认为，从不孕夫妻的立场出发，不孕夫妻作为理性的个体，在选择争议较大的代孕技术之前，必然要权衡代孕对他们的影响，也就是说，在代孕之初，不孕夫妻已认识到未来可能因代孕造成一些伤害或风险，即使不是全部预知。那么，不孕夫妻为什么明知山有虎还偏向虎山行呢？答案还需从不孕夫妻的价值判断去推断，他们明知代孕有伤害或风险但却选择了代孕，是因为他们在代孕之初认为代孕给他们带来的利益大于伤害或风险。当然，不能否认，存在以下可能：一是，不孕夫妻对于代孕带来的利益过于渴求，这种感性认识战胜理性的价值判断，以致错误地选择了代孕；二是，不孕夫妻对于代孕带来的伤害或风险缺乏理性认识或是轻视，以致错误地选择了代孕。但是，无论不孕夫妻在代孕之初基于何种价值判断，最终他们选择了代孕母亲，因为，他们判断代孕的利大于弊。仅从不孕夫妻以代孕作为生殖方式的选择结果看，代孕对于不孕夫妻而言，利大于弊。

（二）代孕对代孕方的利弊

1. 对代孕方主体及其代孕动因的界定

在代孕行为中，寻求代孕方寻求代孕技术帮助生育，代孕技术必然要寻找一位女性，即代孕女性完成代孕。因此，代孕方即指代孕女性，即代孕母亲。如果代孕母亲已婚，那么代孕方还包括代孕母亲的丈夫；如果代孕母亲已经生育，有子女，那么代孕方还包括代孕母亲的子女。在实际代孕中，对于代孕母亲的自然条件是否应该限定？如果"应该限定"，那么，应该限定哪些方面？另外，代孕母亲的代孕动因有哪些？如何对她们的代孕动因进行道德评判？

中介招聘代孕母亲或寻求代孕方确定代孕母亲，一般有所选择，主要根据代孕母亲的自然条件而定，主要包括以下五个方面：（1）身体状况：如健康、无遗传病等；（2）行为习惯：如无不良嗜好；（3）学历要求：

---

① Shannon, T. A., *Surrogate motherhood: The ethics of using human beings*, New York: Crossroad, 1988, pp. 55 – 56.

如高中或大学以上学历；（4）长相要求：如五官端正；（5）其他要求：如富有爱心。这些自然条件的限定既可能保障代孕成功，又迎合寻求代孕方获得健康孩子的需求，特别是针对同时提供卵子和子宫的借卵代孕母亲。如果仅从对代孕母亲做出条件限定看，这种制定代孕母亲准入条件的动机是合理的，因为这是基于代孕子女健康利益的遗传学考量。因此，从寻求代孕者和代孕子女的利益出发，有必要对作为怀孕与分娩的主体的代孕母亲的健康状况和行为习惯做出限定，即使存在陷入"设计婴儿"或"基因决定论"争议的可能。

另外，代孕母亲的代孕动因各种各样，主要包括以下四种：（1）利他动因，代孕母亲完全出于帮助别人的目的，不要酬金，多为亲属、好朋友等，此种代孕即利他代孕；（2）经济利益动因，代孕母亲主要出于赚取经济利益的目的，是否代孕建立在酬金的基础上；（3）弥补动因，代孕母亲曾经流产或失去孩子，为了弥补自己失去孩子的痛苦而代孕；（4）享乐动因，代孕母亲因为喜欢或享受怀孕的感觉与经历而代孕。[1] 在中国，经济动因的代孕较多，利他动因的代孕也不乏有之，后两种动因罕见；在西方，这四种动因均存在。

首先，利他动因是善的，是最佳动因，它体现了人类的善良品性，赞成代孕的人中，支持利他代孕者甚多。而且，现实社会中，利他代孕也屡有发生，如亲属代孕，姐姐帮妹妹代孕或者母亲帮女儿代孕等，但这容易引发家庭关系的伦理难题；又如好朋友的代孕，它不存在家庭关系的伦理难题，唯一的难题是寻找愿意帮助怀孕的女性好朋友。

其次，经济利益动因是在代孕的问题上争议较大的一种，因为它直接关系到女性通过子宫怀孕获取报酬的问题以及商业性代孕的问题。本文将在第三节对子宫物化和婴儿买卖问题的探讨来辨析经济利益动因的代孕是否符合伦理。

最后，弥补动因和享乐动因，与前两个动因不同。前两个动因引发的行动存在行动对象——他者，即利他动因是代孕母亲无私地帮助他者，经济利益动因是代孕母亲从他者获得经济利益；而弥补动因和享乐动因引发的行动不存在他者，前者是代孕母亲弥补自己的痛苦，后者是代孕母亲让

---

[1]　Edelmann, R. J., "Surrogacy: the psychological issues", *Journal of Reproductive and Infant Psychology*, 22 (2), 2004, pp. 123 – 136.

自己身心感觉舒服，行动的主体和客体都是代孕母亲自己。这种不涉及他者利益的代孕行为动因在规范伦理学的道德判断范畴之外，因此，无需道德评判。然而，在现实中，弥补动因和享乐动因往往不是孤立存在的，它们常常掺杂着利他动因或经济利益动因，这时即转化为对利他动因和经济利益动因的道德评判。

2. 对代孕给代孕方带来的利弊的辨析

代孕不仅给寻求代孕方的家庭生活带来影响，同时，也给代孕方的家庭生活带来影响，包括对代孕母亲自身、对代孕母亲丈夫以及对代孕母亲子女的影响。

首先，对代孕母亲自身的影响。无论代孕动因如何，代孕母亲通过代孕可以获得自身精神、经济或身体需求的满足，如帮助一个渴望拥有孩子的家庭实现了梦想，或者获得酬金，或者体验怀孕的美好感觉……这些都给代孕母亲带来了利益。然而，代孕也给代孕母亲带来了一些弊端，甚至风险或隐患。一方面，怀孕本身意味着孕母需承受怀孕周期带来的生理负荷（如行动不便、体重增加等），以及精神压力和潜在的风险（如担心流产或妊娠综合征等），① 另外，在中国，代孕的特殊性又使孕母承受着社会压力，社会舆论的诘难与鄙夷（如代孕可能被误解为卖淫，代孕母亲被误解为妓女）。另一方面，代孕还给代孕母亲带来隐患。② 一是代孕母亲的权益无法获得保障的隐患。代孕后产生畸形儿、先天性疾病，代孕母亲没有为不孕夫妻生育健康孩子，那么代孕母亲的权益就无法得到保障。二是，难以割舍亲子之情的隐患。代孕母亲在经历十月怀胎的孕育过程中与孕育胎儿产生了亲子之情，当代孕子女出生后，代孕母亲不忍割舍亲子之情，宁可违约也不愿意交出孩子，即使勉强交出孩子后，又要经常探望孩子，这种情形在美国曾发生，如婴儿 M 案。三是造成代孕母亲家庭不睦的隐患。虽然，在代孕之初，已婚代孕母亲的丈夫也应知情同意，然而，在代孕开始后，一些代孕母亲的丈夫可能后悔曾经同意自己的妻子代孕，但契约已签而且怀孕的事实已经发生，代孕母亲的丈夫在懊恼的同时可能给代孕母亲的家庭生活带来消极的影响，隔阂、纷争甚至导致二人离

---

① Shannon, T. A., *Surrogate motherhood*: *The ethics of using human beings*, New York: Crossroad, 1988, pp. 98 – 99.

② Ibid., p. 64.

婚。此外，代孕母亲自身还面临被社会视作商品，从而被转让或疏远的风险。本文将在第三节子宫物化的问题上来探讨代孕母亲面临的这个风险问题。

其次，对代孕母亲丈夫的影响。代孕母亲的丈夫也可能出于利他动因或经济利益动因等同意妻子为他人代孕，当自己的妻子为不孕夫妻生育孩子后，他可能会认为自己的妻子很伟大；但另一方面，他也可能承受着巨大的社会压力，如男人的尊严问题、社会对自己妻子的非议等。此外，如果代孕母亲的丈夫后悔同意妻子代孕，那么也会带来家庭不睦的影响，这与上文对代孕母亲的隐患一样。

最后，对代孕母亲子女的影响。代孕母亲的代孕行为会给自己的子女造成潜在的心理伤害，因为，在代孕母亲子女的眼中，母亲怀孕了，自己将拥有一个弟弟或妹妹，然而，当母亲生产后，自己却并没有得到一个弟弟或妹妹，这会给代孕母亲子女留下心理困惑。即使代孕母亲的代孕动因完全是利他的，代孕子女是否能够理解母亲善的动机呢？

综合上述利弊分析，笔者认为，代孕对代孕母亲及其家庭而言，在帮助他人获得孩子的同时，也为自己埋下了隐患的种子。在此，很难辨析利与弊孰轻孰重，因为，这些隐患的发生具有不确定性，若减少代孕母亲及其家庭风险的发生，可以通过爱的行动以及商谈达成共识的途径，代孕母亲以爱赢得丈夫的理解、以爱抚慰子女内心的伤害。

（三）代孕对代孕子女的利弊

代孕子女即指由代孕母亲通过代孕技术生育的孩子，产后交由寻求代孕方（不孕夫妻）。代孕子女无法参与代孕的动因与过程，他们只是代孕结果的内容之一。因此，代孕子女只能被动地承受代孕的利弊。

一方面，如果认可"拥有生命是一件美好的事情，即使拥有一个残缺的生命"这个观点，那么，代孕子女通过代孕技术获得生命，是幸福的，拥有生命即拥有了经历未来的机会，这对于代孕子女而言是利益。

另一方面，代孕子女也将面临代孕带来的弊端。一是，代孕给代孕子女带来了孕育分娩母亲与社会学母亲的分离，在"生者为母"的传统观念下，代孕子女会面对自己的身份认同问题。一旦他们获悉自己的身份，又可能陷入父母身份的困惑。二是，一旦代孕引发纠纷，代孕子女就可能被迫暴露在媒体面前，他们将面临社会传统生育家庭观念的压力，这会给他们的生活带来不便。① 另外，代孕子女在面临一切压力或困惑时，可能会认为自己遭受了错误的出生。② 他们可能一出生就陷入婴儿买卖的争议中，本文将在第三节探讨该问题。

因此，笔者认为，代孕子女作为被动承受代孕事实者，他们是最无辜的弱势群体，在代孕是否道德的争议上，代孕子女可能受到的伤害应该格外被关注，而代孕是否道德在一定程度上也取决于代孕子女的权益是否得到最大限度的保障，因为他们是代孕生育目的的直接结果。

三　无妊娠能力女性的生育权问题

生育子女，繁衍后代，是人的本能，生育权是人的自然权利之一，是人权之一。在探讨女性生育权的时候，应区分女性生育权的享有和女性生育权的实现，在生育权的享有层面，无妊娠能力的女性是否应享有生育权？在生育权的实现层面，无妊娠能力的女性是否可以通过代孕技术实现自己的生育权？

（一）无妊娠能力女性及其代孕的界定

女性是生育的主体之一，在人类的生育过程中，女性承担了大部分的生育活动，包括提供卵子、受孕、着床、怀孕、分娩等内容。女性正常排卵和子宫结构功能正常是女性实现生育的生物学基础，二者缺一不可。如果女性先天或后天解剖或生理方面有缺陷，存在无法纠正的排卵障碍或子宫有障碍而无法使受精卵在其子宫着床，那么，这意味着该女性无妊娠能力。

代孕技术已经从医学上基本解决了无妊娠能力女性的生育问题，具体可分为三种情况：一是仅排卵障碍，可以通过她者的捐卵生育一个与自己无遗传关系的后代；二是仅子宫结构或功能有障碍，可以通过她者代替怀孕和分娩（合称代孕）生育一个与自己有遗传关系的后代；三是排卵和子宫结构或功能都有障碍，只能依靠她者捐卵和代孕。后两种情况虽然病因不完全相同，但都涉及子宫结构或功能障碍问题，且都须采取代孕的方

---

① Shannon, T. A., *Surrogate motherhood: The ethics of using human beings*, New York: Crossroad, 1988, pp. 96 - 97.

② Steinbock, B., "Surrogate motherhood as prenatal adoption", L. Gostin (Ed.), *Surrogate motherhood: Politics and privacy*, Indianapolis: Indiana University Press, 1990, pp. 132 - 134.

式，才能实现无妊娠能力女性生育后代的愿望。因此，本文所探讨的无妊娠能力女性的生育权问题，主要对子宫结构或功能有障碍的女性进行探讨。

（二）无妊娠能力女性享有生育权的伦理辨析

生儿育女不仅是人类延续的基石，也是自然人最基本的生理需求和精神需求，生育权具有与人身密不可分的自然属性，它和身体权、生命权一样都是自然人所固有、专属、必备权利，是与生俱来的权利。从历史发展来看，生育权最早出现于 19 世纪后期，是当时女权主义者要求的"自愿成为母亲"的权利。1968 年 5 月德黑兰国际人权会议的《德黑兰宣言》中宣告"父母享有自由负责决定子女人数及其出生时距的基本人权"①。第一次承认了生育权是一项基本人权。1974 年，《世界人口行动计划》将生育权明确定义为："所有夫妻和个人享有负责地自由决定子女人数和生育间隔以及为达此目的而获得资料、教育与方法的基本人权。夫妻和个人在行使这一权利时，应考虑他们现有子女和将来子女的需要，以及他们对社会的责任。"② 考虑到通过辅助生殖技术所生后代的利益问题，本文探讨的生育权主要集中在已婚家庭。

然而，子宫结构或功能有障碍的无妊娠能力的女性是否拥有生育权？生育权是人权的内容之一。虽然，对于人权的认识世界各国不尽相同，甚至何谓人权，在世界范围内至今还没有一个标准的定论，也没有一致认同的定义，不过，人们还是达成了一个基本的共识，即人权是"作为人皆有的权利"也就是"作为人，人人都有的权利"。③

人权主要有三种存在方式和状态：应有权利、法定权利和实有权利。应有权利即按照人的本性基于人性、人格和人道基础上的自然属性所应当享有的权利，这是人之作为人在道德上所具有的标志和属性，是人与其他动物的根本区别，也是法定权利产生的主要依据和前提。法定权利是应有权利的法律化，即一个国家的宪法、法律和法规等将人们应当享有的权利用法律的形式规定下来，赋予它们以法律保护和实现的权威性、强制性和

---

① 国家计划生育委员会外事司编：《人口与发展国际文献汇编》，中国人口出版社 1995 年版，第 387 页。

② 同上书，第 9 页。

③ 卓泽渊主编：《法理学》，法律出版社 2000 年版，第 261 页。

规范性。实有权利是人权主体在现实生活中实际享有的权利。①

人权首先应是人的应有权利，是人在客观社会中，不以他人意志为转移而享有的权利，其内在因素是人的本性和本质，基于人的自然和社会属性的统一，与人的生存、发展和主体地位直接相关的，其核心是维护与巩固人的价值和尊严。生育是人类的生存和延续不可缺少的，延续后代是人的本能，生儿育女是人的精神需求，作为人权之一种的生育权，首先也是应有权利，基于人的自然属性和社会属性的统一，而女性的生育权则应基于女性的自然属性和社会属性的统一，体现了对女性价值和尊严的肯定与维护。

男女差异，最基本的是自然属性的差异。在自然属性上，男女两性的生理结构不同，特别是生殖系统的差别显著，生育是男女双方契合的结果，只是女性承担孕育后代的重要任务。女性生殖系统包括子宫、卵巢、输卵管等器官，具有妊娠、分娩等特有的生理功能。这些自然属性在生理上决定了女性与生俱来的生育权。毋庸置疑，无妊娠能力的女性不具备生育的生理结构，这意味着她们缺乏生育的能力，是否也意味着缺乏女性生育权的自然属性？缺乏生育的生理结构确实使女性丧失了生育的实然基础，然而，在男女两性之间，女性之称之为女性，不仅仅在于其生殖系统与男性不同，女性身体的其他结构与功能，如骨骼、肌肉、大脑、雌激素等也构成了其与男性不同的自然属性基础。进而，从基因角度看，真正将男性与女性区分的是染色体核型——"XY"还是"XX"，仅仅生殖器官的缺陷并不能否认无妊娠能力女性之为女性的生理基础。因此，无妊娠能力的女性生育权的自然属性并不能因其子宫结构或功能的异常而完全被抹杀。

20世纪五六十年代以前，女性曾备受生物决定论的不公正对待，把结婚生育、操持家务作为女人的唯一生活目的。六七十年代的女性主义者首先区分了生理性别和性别角色，指出，生理性别是解剖学角度的男性或女性，即人的自然性别，而性别角色是社会历史文化对男女两性不同的规范和期待，即人的社会性别。② 人的自然性别在生理基础上决定了"女性"，而人的社会性别才真正将"女性"塑造为"女人"，从而区分了

---

① 杨庚：《论人权与权利》，《南京社会科学》1997年第5期，第24—30页。

② 朱易安、柏桦著：《女性与社会性别》，上海教育出版社2003年版，第53页。

"男人"和"女人"。① 如果把生殖器官作为女性生理性别的一部分，那么女性的社会性别则涵盖了女性的其他特质，包括女性的心理、精神、身份、地位、文化等社会内涵，因此，无妊娠能力的女性仍然具备女性的社会属性。

人与动物的本质区别在于人的社会属性、人格生命，女性生育的意义应不仅仅是依赖生殖系统的生殖过程——自然属性，还应依赖女性的母性特质对子女的哺育与养育过程——社会属性。自然属性和社会属性对于女性生育而言是相互统一的，难分伯仲，然而，生育子女是人的最基本的普遍化需求，每个人都应平等地享有这种权利，生育权的基本人权地位是由生育的重要性决定的，是人类为确保其自身的生存和发展而理所当然享有的权利，体现着人的尊严。基于维护女性价值与尊严的立场，笔者更倾向于社会属性比自然属性对于女性价值与尊严的巩固与实现更重要，无妊娠能力女性应当享有生育权。

（三）无妊娠能力女性生育权实现的伦理辨析

无妊娠能力女性享有生育权只是对其价值与尊严的肯定，而生育权应不仅体现在应然的层面，还应表现在实然的层面，把生育的应有权利转化为实有权利，这才真正实现对女性价值与尊严的维护。无妊娠能力的女性无法自己怀孕生育子女，从医学技术上讲，对这一问题的解决只能通过代孕方式。也就是说，无妊娠能力的女性要实现其生育权只能依赖于其他女性的代孕，那么无妊娠能力的女性是否可以通过代孕的方式实现其生育权呢？这里需探讨两个层面的问题：一是生育方式是否可以自由选择；二是，代孕行为是否道德。

生育权属于权利的范畴，要明确生育权的价值内涵，需把握权利的要素。西方学者提出了权利的意志说、利益说、归属—控制说、法力说、自由说等学说理论，我国有学者提出权利的利益、自由、意志的三要素说，② 也有学者提出权利的利益、主张、资格、力量、自由的五要素说。③ 在各种权利要素说中，都蕴涵着权利的自由价值——由自由意志支配。追

---

① 沈奕斐：《被建构的女性——当代社会性别理论》，上海人民出版社 2005 年版，第 58 页。

② 李晓春：《论权利的要素与本质》，《广西政法管理干部学院学报》2006 年第 6 期，第 6—10 页。

③ 夏勇：《权利哲学基本问题》，《法学研究》2004 年第 3 期，第 3—26 页。

求生育权，也就是要实现生育自由。作为生育权的自由价值，其具体内容包括生育决定权和生育方式的选择权。生育决定权是指对生育时间和人数负责地自由决定的权利；生育方式的选择权是指自由选择传统的自然生殖方式、现代人工生殖技术方式（人工授精和体外受精）以及无性生殖方式的权利。[①] 无妊娠能力女性享有生育权，是生育的主体，具有自由意志，具有对自己的生育做出负责决定和知情选择的能力，因此，无妊娠能力女性在生育上应有属于自己的选择权和自由权，有权利选择代孕这种人工生殖技术方式。

　　然而，任何自由权利都不是绝对的、无限制的，生育权的自由也不是绝对的，因为享有权利不等于必然实现权利，从享有的应然权利到实现的实然权利，总是要受到客观或者主观因素的制约。因此，无妊娠能力女性的生育权的享有是绝对的，而生育权的实现却是相对的。对于无妊娠能力女性而言，其生育权的实现在很大程度上取决于所选择的生育方式——代孕——是否道德，而这正是本文正在探讨的问题。

四　子宫工具化的问题

　　有人提出，代孕的主要过程是代孕母亲用自己的子宫孕育一个孩子，然后把这个孩子交给不孕夫妻（委托代孕方）。这种代孕行为把生育孩子当做一种手段，而非一种目的，即产生子宫工具化（instrumentalist）的问题。当子宫被当做工具使用，为他人生育或者为了获取经济利益的目的时，产生两种情况：子宫作为"孵化器"和子宫商品化。子宫商业化易产生道德滑坡，导致女性身体和人格的疏离异化（alienation），[②] 即导致女性人格与尊严的贬抑，也可能导致处于社会弱势阶层的女性被剥削、被利用。

（一）子宫作为"孵化器"

　　代孕母亲把自己的子宫用于生育他人的孩子，子宫的作用相当于"孵化器"，是否道德？代孕母亲是否有权支配自己的子宫，把它用做"孵化器"？

---

① 姜玉梅：《中国生育权制度研究》，西南财经大学出版社 2006 年版，第 79—83 页。

② Shannon, T. A., *Surrogate motherhood: The ethics of using human beings*, New York: Crossroad, 1988, pp. 65 – 66.

代孕的伦理争议必然渗透着如何看待女性身体的伦理观念。因为身体可以无穷无尽地被操纵，所以，身体是文化的载体，它可以强有力地反映文化，并成为社会控制的中心，① 它承载着特定社会的哲学、经济、宗教等形成的伦理价值，有其社会意义。反对代孕的人认为代孕是不道德的，因为代孕是使用代孕母亲子宫孕育他人的孩子，把生育孩子当做工具，而不是把生育孩子当做目的，子宫被工具化，生育能力被工具化。②

然而，笔者认为，人的存在离不开身体各器官、组织、细胞的各行其职，女性子宫的结构与功能就是用于孕育胎儿，子宫的孕育功能即它被工具化的根本价值所在。如果子宫的工具化是不道德的，子宫孕育胎儿是将子宫工具化的行为，那么人用大脑进行脑力劳动，用手进行体力劳动，人的其他器官的使用是否也是工具化的表现？是否也不道德呢？有人也许依据康德的"人是目的，而不仅仅是手段或工具"的观点，提出人用大脑或手进行劳动，不仅仅把自己当做工具，同时更是为了自己生存的目的，这是道德的。代孕母亲把子宫作为孕育自己孩子的"孵化器"，如果是为了自己生存的目的，这是符合道德的。那么，代孕母亲把子宫作为孕育他人孩子的"孵化器"，如果是为了利他生存的目的，这也是符合道德的。因此，仅从子宫被工具化为"孵化器"的观点来反对代孕是不合理的。因为，物质的价值除了其内在价值，还有外在价值，可以满足人的欲望或需求等目的，也可为他人所用。如果对物质的价值进行道德判断，也是对物质的外在价值进行判断，以使用物质的人的动机、方式和结果为目标进行道德判断，也就是判断代孕母亲使用子宫进行代孕的动机、方式与结果是否道德。代孕母亲以子宫为工具，应用其生育能力，实现子宫的外在价值，如同使用其他器官，实现其他器官的外在价值，这些都应是被允许的。基于此，子宫作为代孕母亲的身体器官，为代孕母亲所有，并没有被"租借"或"出租"给他人。

另外，反对代孕的女性主义者认为代孕是父权社会下父权制压迫女性的产物，即无论何种文化、宗教和传统，总是根据女人要怀孕、生孩子来

---

① 沈奕斐：《被建构的女性——当代社会性别理论》，上海人民出版社 2005 年版，第 150—152 页。

② Van Niekerk, A., Van Zyl, L., "The ethics of surrogacy: Women's reproductive labour", *Journal of Medical Ethics*, 1995, 21, pp. 345–349.

限制她们的自由，用她们的生育能力来规定其社会角色，[1] 这种传宗接代的父权思想又通过现代辅助生殖技术压迫代孕女性，使代孕女性成为出租子宫而服务父权的工具，代孕会助长这种父权思想。同时，支持代孕的女性主义者认为代孕通过允许妇女为了像男人一样地平等生活，使用任何一种她们需要的生殖技术，来促进妇女的解放。[2]

对于女性主义者的反对论证，笔者认为，父权制社会值得批判，但女性为他人的生育角色即使是父权制社会压迫的产物，但也是不得已的。同时，女性自身的生殖系统有直接的生物学关系，这种关系决定了男人和女人对女性生育角色的价值判断，而不能完全归咎于父权思想。

（二）子宫商品化

子宫可以工具化的结果之一是商业化，那么子宫是否可以商业化？代孕母亲为了实现生存目的而通过把子宫商品化的方式来实现子宫的孕育功能价值，是否道德呢？子宫商品化意味着当子宫具有交换价值时，它即成为商品，可以换取其他物质或金钱。如果代孕母亲有权支配自己的身体，为他人孕育胎儿、生育孩子，那么是否也可以通过代孕赚钱呢？

依据代孕的动机和方式的不同，大体有两种代孕：利他代孕和商业性代孕。赞成代孕的人认为利他代孕是允许的，而商业性代孕应被禁止，因为子宫不能被商品化，代孕母亲用自己的子宫赚钱是不道德的。借用蕾汀（Margaret Jane Radin）的观点，一个人可以拥有两种财产：一是个人的财产，即与一个人相等同起来，与其所处的环境脉络中的自我构造和自我发展等同起来的东西，不可以被夺走和代以金钱或其他物品而不伤害到这个人；一是可以割让或取代的财产，即不与一个人联结，可以被取代、被商业化的东西，可以如交易金钱一样交易它们。人类必有某些不可分离或异化且不产生伤害的个人的财产，这些个人的东西即具有"市场不可异化性"。那么，女性子宫是个人的不可分离或不可商品化的财产，容许不收取报酬的代孕可能是唯一使子宫保持不被商品化的出路，代孕生殖的方式可以表达人类所具有的个人财产和它适当的使用，即为补救不孕的缺陷时

---

① 肖巍：《女性主义对生命伦理学的介入》，载 Ruth Chadwick，邱仁宗主编：《生命伦理学——女性主义视角》，中国社会科学出版社 2006 年版，第 80 页。

② 陶黎宝华：《代孕母亲的功与过——中国女性主义视角》，载 Ruth Chadwick，邱仁宗主编：《生命伦理学——女性主义视角》，中国社会科学出版社 2006 年版，第 223 页。

可以做出非市场异化的服务，只要子宫的生殖能力不被出于交易目的而滥用。①

　　支持子宫可以商品化的西方学者认为代孕母亲出售自己的生殖能力，与人们出售自己的体力和脑力一样，如有学者（John Robertson）把代孕称为"合作生殖（collaborative reproduction）"，认为代孕是代孕双方自愿选择的契约行为，双方依照契约规定履行各自的义务和责任，代孕母亲按照委托方夫妻的要求实现生育力，如同工人按照雇主的要求进行劳动，所以建立在契约基础上的商业代孕在伦理上是可以接受的。② 因此，依据协议，代孕者则视为"生育劳务"的提供者，可以通过怀孕与生产的劳动付出获取合理的报酬，没有理由去贬低代孕母亲的职业内容。但是笔者对这种观点要提问的是，按照这样的逻辑，卖淫、卖肾、卖人体的其他器官、卖孩子都是合理的，那么人和物的区别在哪里？人的尊严还存在吗？

　　赞成代孕的一些人还认为代孕应是出于利他动机的代孕，代孕母亲不应进行商业代孕。那么，代孕母亲为何只应该利他代孕而不应该商业代孕呢？在这里，我们要把商业性代孕和补偿性代孕区别开来，补偿性代孕有存在的道理。对于利他代孕来说，它是高尚的行为，但不是一种义务。英国代孕机构的创始人之一金（Kim）认为应该有偿代孕，因为代孕母亲在十月怀胎和分娩的过程中承担更多的不便、痛苦以及风险，而贪婪的委托方、中介、医疗单位等都能从代孕中获益，但却要求付出最多的代孕母亲无偿付出地利他，这是对代孕母亲的不公平，相反，补偿性代孕更能够保障代孕母亲获得应有的对待。③ 还有学者提出，由于利他代孕没有给予代孕母亲任何利益，更易于把代孕母亲当做生育工具，把代孕母亲对象化或客体化对待，更是对代孕母亲生育劳动的剥削。④

　　有些女性主义学者也支持代孕母亲，主要包括两大类辩护：一是建立在自愿契约基础上的"契约母亲"，代孕给作为道德行动者的妇女提供权力和新的主体性机会；二是建立在自愿利他基础上的"慈善母亲"，代孕

---

　　① 李瑞全：《儒家生命伦理学》，鹅湖出版社1999年版，第109—110页。

　　② Geller, S., "The child and/or the embryo. To whom does it belong?", *Human Reproduction*, 1986, 1 (8): pp. 561 – 562.

　　③ Cotton, K., "Surrogacy should pay", *British Medical Journal*, 2000, 320, pp. 928 – 929.

　　④ Tieu, M., M., "Altruistic surrogacy: the necessary objectification of surrogate mothers", *Journal of Medical Ethics*, 2009, 35: pp. 171 – 175.

为建造作为认证主体的妇女之间的团结和平等提供基础。代孕为女性提供了解放工具的同时也提供了赋权手段，至少女性有权控制她们的生殖劳动的产物，分娩劳动是代孕母亲的财产。① 代孕者靠生育能力获得经济收益，有助于获得人格的独立，通过拓展女性的生殖自由，有助于实现女性的自由意志。②

基于上述分析，笔者认为，利他代孕是一种高尚的道德行为，但是，实际上除亲属之间的纯粹利他动机外，很少有人愿意无偿代孕，事实上，任何代孕中都或多或少地包含经济利益的补偿。另外，代孕是否道德的，与代孕母亲是否收取报酬无关，商业行为不应滥用，应建立在自愿契约补偿性代孕的基础上，并符合不伤害原则。有关代孕补偿金的给付应限定在"合法有据"的范围内。

（三）女性人格与尊严的贬抑

当女性子宫工具化，甚至补偿化，那么，这种交易行为会导致代孕母亲的人格与尊严被贬抑吗？如果女性可以靠生育赚钱，市场将会根据代孕母亲的外貌、健康状况、智商等为这些女性标价，贬低女性的人格。实际上，在商业代孕中，人们常常根据代孕母亲的身体状况、外表、精神以及生育能力等方面被选择，并依据其生育能力进行标价。这种选择方式把妇女看成一个对象，因此存在一种侵犯妇女人格尊严的危险。③ 当代孕母亲自愿为他人生育时她没有失去尊严。当没有利他自愿，而是迫于生计，代孕母亲被降低为另一个人使用的物体，成为满足他人欲望的工具。就像马克思主义的观点指出的那样：人体用于交易的目的后，人格就会与人疏离。④ 所以，商业性代孕会导致代孕母亲人格与人的疏离，导致代孕母亲的尊严与人性的贬抑。另外，如果代孕母亲在怀孕期间，被禁止与孩子发生情感关系，以免分娩后难以割舍与孩子的情感，甚至造成亲权纠纷。这

---

① 陶黎宝华：《代孕母亲的功与过——中国女性主义视角》，Ruth Chadwick，邱仁宗主编：《生命伦理学——女性主义视角》，中国社会科学出版社 2006 年版，第 226—231 页。

② Shannon, T., A., *Surrogate motherhood: The ethics of using human beings*, New York: Crossroad, 1988: pp. 158 - 159.

③ 托马斯·A. 香农著，肖巍译：《生命伦理学导论》，黑龙江人民出版社 2004 年版，第 59 页。

④ Shannon, T. A., *Surrogate motherhood: The ethics of using human beings*, New York: Crossroad, 1988, pp. 66 - 88.

是把代孕母亲的生育劳动与母性情感分离，把代孕母亲贬低为一种"孵化器"。[1]

笔者认为，代孕母亲的人格与尊严是否贬低，关键在于是否被平等对待、被尊重。虽然人格与尊严是无价的，但是人与人之间的人格与尊严应是等价的，人格与尊严不应由于金钱的包裹而增值，也不应由于缺少金钱的围绕而贬值。另外，代孕母亲不是单纯意义上的，在怀孕期间，代孕母亲对胎儿产生的母爱不容忽视，不能将代孕母亲仅仅看做是"孵化器"，应肯定其作为一个"人"的价值、尊严与人格，作为一个孕育母亲的价值与情感，因为，代孕母亲也是某种意义上的"母亲"——"妊娠分娩母亲"或"孕母"。

（四）弱势女性被剥削利用

有人认为，能够使用这项技术的人多是经济上较富裕的人，而愿意代孕的人出于经济利益的驱动往往在经济上处于劣势的人，代孕会造成富裕者对贫穷妇女的剥削。但有学者提出评价代孕是否存在剥削的问题，应判断代孕是否给代孕母亲造成伤害，或者代孕中是否存在互惠的剥削。研究发现，如果代孕契约的签署是建立在自愿、互惠的基础上，那么，就不存在代孕剥削代孕母亲的问题。[2]

在代孕母亲中，并非都是弱势的穷人，而寻求代孕或有代孕需求的人也并非都是富人，代孕的动机并非完全出于经济需求，一些代孕母亲在获得经济补偿的同时也很乐于帮助不孕夫妻实现拥有孩子的梦想；使代孕母亲感到难过或难以承受的主要不是代孕的过程，更多的是来自传统观念的鄙夷与家庭社会的不支持。[3] 还有学者提出贫困弱势的妇女并没有受到剥削，因为在社会所提供给她们的选择中，代孕也许是最好的一个，如果限制她们代孕，夺去她们较好的选择，这反而是一种沽名钓誉的压迫行为。[4]

---

[1] Van Niekerk, A., Van Zyl, L., "The ethics of surrogacy: Women's reproductive labour", *Journal of Medical Ethics*, 1995, 21, pp. 345 – 349.

[2] Wertheimer, A., "Two questions about surrogacy and exploitation", *Philos Public Aff*, 21 (3), 1992, pp. 211 –239.

[3] Edelmann, R., J., "Surrogacy: the psychological issues", *Journal of Reproductive and Infant Psychology*, 22 (2), 2004, pp. 123 –136.

[4] 朱红梅:《代孕的伦理争议》,《自然辩证法研究》2006 年第 12 期，第 12—16 页。

　　笔者认为，人之所以被剥削或利用，即是人受到不公正的对待或者仅仅被当做手段而没有被当做目的。代孕女性通过代孕实现自己的某种目的或满足自己的利他的需求，没有被不公正对待或仅仅被当做手段，她们也是经过权衡而选择了补偿性代孕，对弱势女性的剥削或利用等不公正对待，是需要社会以合理的立法去解决弱势女性被剥削的处境。禁止代孕的法律规定是不能禁止人类的道德活动的，相反只能使那些进行非法代孕的弱势女性缺乏权益保护，被社会边缘化，变得更加弱势。

五　婴儿交易的问题

　　如果代孕母亲涉及"婴儿交易"，代孕商品化就等同于"婴儿商品化"，即把婴儿的价值与婴儿疏离异化，这是代孕母亲中争议最大的问题之一。那么，代孕母亲是否在买卖代孕孩子呢？

　　反对商业性代孕的人认为，在代孕中，代孕母亲必须为委托方夫妻生育一个健康的孩子，经过亲子鉴定后确认与委托方丈夫有遗传学关系后，委托会支付给代孕母亲费用，这涉及买卖婴儿，把婴儿当做商品，当做实现目的的手段对待，是对代孕婴儿人性的贬低。[①] 这与我们现存的社会伦理道德显然相违背，因为孩子是人，具有人所共有的人性与价值，这决定了他们不是某个人的财产，不能作为商品被买卖或交易，把孩子当做商品来制造显然是一种不道德的行为。

　　支持补偿性代孕的人提出，委托方为了获得孩子给代孕母亲支付一定的补偿是肯定其劳动价值，并不是买卖婴儿。委托方支付给代孕母亲的费用，不是用于购买代孕子女，而应是用于补偿代孕母亲在怀孕过程中承受的身体和精神负荷、甚至风险，补偿怀孕给代孕母亲带来的生活不便。也就是说，一方面，如果代孕母亲发生流产、死胎或死产等情况，那么委托方夫妻也应按照协议规定全额付给代孕母亲费用。另一方面，如果代孕母亲反悔拒绝把代孕子女给委托方，相当于违背了协议规定，那么代孕母亲不会获得怀孕期间的任何费用。[②] 还有学者认为代孕并不是抛弃代孕子

---

① Shannon, T., A., *Surrogate motherhood*: *The ethics of using human beings*, New York: Crossroad, 1988, pp. 111–113.

② Steinbock, B., "Surrogate motherhood as prenatal adoption", L. Gostin (Ed.), *Surrogate motherhood*: *Politics and privacy*, Indianapolis: Indiana University Press, 1990, pp. 130–131.

女，而是归还给在真正的父母——代孕委托方。[①] 支持代孕的一些女性主义者认为，签约出售的不是婴儿（分娩劳动的产物），而是分娩劳动、疼痛和痛苦。[②]

笔者认为，在买卖关系中，被卖出的物与为卖者所有，通过交易，又为买者所有。但是，代孕孩子不是物，既不为代孕母亲所有，她只是孩子的孕育分娩母亲，当然，也不为委托方所有，他们只是孩子的遗传学父和/或母与社会学父母。代孕母亲在分娩后放弃了代孕孩子的抚养权，而委托方承担了代孕孩子的抚养权，生育和抚养权转让的目的都是为了代孕子女获得最佳利益，即不是把孩子当做某种工具而是把孩子当做目的和关爱的对象。所以，代孕孩子并没有被买卖，也没有因代孕而人性贬值。

第五节　限制性代孕的程序伦理探究

通过对代孕的伦理辨析，笔者认为可以在国家相关部门的监管下允许限制性代孕。本节将对限制性代孕的程序伦理进行探究，以解决"应该如何进行代孕"、"什么是限制性代孕"的问题。

一　限制性代孕的原则

（一）不伤害原则

代孕的目的应是满足代孕各方的需求，甚至有利于各方，但是任何行为都难以保证绝对的不伤害，更何况代孕是一个复杂的行为。然而，在启动限制性代孕之前，国家相关部门应制定相关法律法规，完善代孕程序，尽量降低代孕给各方带来的伤害与风险。

（二）代孕子女最佳利益原则

代孕诞生了代孕子女，虽然在代孕之初，他们还是未来人，无法参与到契约的签订过程中，但是，代孕程序应时刻考虑到他们的权益，尤其应明确代孕各方与他们的亲子关系，使他们在诞生时——尚不知人工生殖方

---

① Geller, S. , "The child and/or the embryo. To whom does it belong?" *Human Reproduction*, 1 (8), 1986, pp. 561–562.

② 陶黎宝华：《代孕母亲的功与过——中国女性主义视角》，Ruth Chadwick，邱仁宗主编：《生命伦理学——女性主义视角》，中国社会科学出版社 2006 年版，第 226—231 页。

式为何物时——就可以立即享受到与自然生殖方式一样的父母的爱。

二　限制性代孕的程序伦理规范

（一）确定代孕双方

一方面，委托方的妻子应由于医学方面的原因而不能怀孕，委托方夫妻具有合法的婚姻关系，能够保证为孩子的健康成长创造良好的家庭环境，使孩子能得到社会的承认，有利于子女最佳利益的实现。

（二）知情同意与保密

委托方夫妻必须经双方协商一致，与代孕母亲签署代孕协议，如果代孕母亲有丈夫，也应获得丈夫的书面知情同意。在代孕协议中，应明确代孕双方的权利与义务、代孕子女的父母身份，以利于保障子女的最佳利益。尽管从保护代孕双方和有利于孩子健康成长的角度出发，实施保密是必需的，但是代孕子女也有知情权，有权利了解自己的出生，这可能涉及遗传学母亲、孕育母亲的问题。因此，医疗机构和医务人员对使用代孕技术的所有参与者有实行暂时匿名和保密的义务。有关代孕双方及代孕子女的资料应由国家指定部门保管。但孕育母亲可以探望孩子，孩子在成长到一定的年龄如 16 岁后，在请求下可以允许公开孕育母亲身份。

（三）合理补偿

代孕委托方除了承担代孕母亲因怀孕产生的医疗、营养、生活费用外，还应对代孕母亲的体力和精神上的付出给予一些合理的必要补偿，这既肯定代孕母亲付出的生殖价值，也防止对代孕母亲的剥削与利用。

（四）建立伦理审查机制

代孕技术属于辅助生殖技术之一，因此，也应像辅助生殖技术一样，由伦理委员会依照相关制度负责审核、批准和监督，包括：审核代孕主体的准入条件、代孕协议，监督医疗机构与医务人员的操作规范等。保护代孕双方的权益，保护代孕子女的最佳利益，防止代孕技术滥用，杜绝非法代孕机构或代孕中介的出现。

伴随着辅助生殖技术的发展，代孕的出现不但改变了人们的生育观念，冲击着传统家庭伦理观念，还将由此带来的道德冲突与价值观念渗透到社会的各个层面，为人类社会的价值多元化锦上添花。一味地法律禁止，既不能消除代孕现象，也不能解决代孕引发的伦理难题，相反，正视代孕产生的道德冲突与伦理难题，制定相关法律和规范，正确引导代孕技术的合理应用与发展，才能真正实现技术服务于人类社会的目的，使不孕夫妻实现生育的权利与家庭的完整，使代孕母亲获得法规的保护与社会的善待，最重要的是，使代孕子女沐浴人间的温情与社会的关爱。

第三章　亲子鉴定及其伦理分析

亲子鉴定（parentage test）是指：利用生物学、遗传学、医学等学科的理论，并通过现代生物学技术对有争议的父母与子女之间是否存在着血缘关系进行判断。亲子鉴定主要是一种身份鉴定，身份权涉及抚养、监护、赡养、教育、财产继承等权利，故又称亲权鉴定。

19世纪末期孟德尔定律的发现为亲子鉴定奠定了科学的基础。判断亲子关系的理论依据是孟德尔遗传的分离律。按照这一规律，在配子细胞形成时，成对的等位基因彼此分离，分别进入各自的配子细胞。精、卵细胞受精形成子代，孩子的两个基因组一个来自母亲，一个来自父亲；因此，同对的等位基因也就是一个来自母亲，一个来自父亲。如果鉴定结果符合这一规律，则不排除亲生关系；若不符合，则排除亲生关系。基因变异情况除外。从母、子基因型的对比中，可以确定孩子基因中可能来自生父的基因，然后比较假设父亲基因中是否具有生父基因，如果具有，则不排除假设父亲的亲生关系；若不具有，则可以排除假设父亲的亲生关系。[①]

亲子鉴定方法主要经历了三个阶段。1900年奥地利维也纳大学的兰斯特（Leicester）发现了ABO血型，使亲子鉴定建立在更加科学的基础之上。紧接着MN、Rh血型系统的发现也都符合孟德尔遗传规律，这三个血型系统排除假父的能力已达50%。人类白细胞抗原系统（HLA）的发现，使亲子鉴定的质量大大提高，单独一个HLA血型系统就达90%以上。到1975年，HLA血型系统再联合已被发现的几十个血型系统，使排除假父的能力已达到99.5%。

随着血型系统的不断发现，亲子鉴定从最初只能排除亲权关系发展到可以认定亲子关系。1985年英国遗传学家阿来科·杰弗瑞斯（Alec Jef-

---

① 王栋：亲子鉴定之法律思考，http：//www.law‐lib.com/lw/lw_ view.asp？no=5426。

ferys）发明了一种有很多条 DNA 谱带的图谱，该图谱除了单卵双生外，世界上没有两个个体会相同，就像人的指纹一样，故称为 DNA 指纹图（DNA fingerprinting）DNA 指纹的发明是亲子鉴定史上的一次革命性的变革，使得亲权认定几乎达到了绝对认定的水平。聚合酶链式反应（PCR）可以在几小时内将特定的 DNA 片段扩增数百万倍以上，借助它 DNA 在亲子鉴定的应用才得以在世界上迅速普及。[①]

　　检测的遗传标记也越来越科学，经历了从对性状表现到蛋白质水平再到遗传物质本身的检测分析，亲子鉴定的准确率也越来越高。"近年来，DNA 鉴定技术又结合了基因序列测定技术，对个体基因身份的鉴别率大幅度提高，目前可肯定生物学父子关系的准确率在 99.999% 以上，否定生物学父子关系的准确率更高，几近 100%"[②]。检测的样本也越来越多样化，血痕、带毛囊的头发、唾液、精液或精斑、男女排出物、骨骼、胎儿的绒毛、胚胎、羊水、脐带血、烟蒂、口香糖等都可以，最为常见的样本是新鲜血和用口腔棉棒采集的口腔上皮细胞。被检测的对象也不再局限于直接相邻的父子两代，对隔代、隔数代、尸体、胎儿都能做出相应的鉴定。

　　我国很早就引进了 DNA 鉴定技术，但"DNA 指纹检测"仅限于刑事技术鉴定，直到 1989 年才首次进行了亲子鉴定。1992 年全国最高人民法院就第一例亲子鉴定案做出批示："DNA 指纹"检测技术可以用到民事案件的"亲子鉴定"中。20 世纪 90 年代中后期，只有北京、上海、广州等大城市有亲子鉴定机构，如果想做鉴定的，只能远道前往这些城市。21 世纪头几年里，全国各地纷纷建立亲子鉴定机构，基本上每个省会都有 1—2 个，并且向社会开放。同时由于单亲鉴定的推出，大大减少了因另一方不同意而造成的阻力，更多人可以不经另一方知晓带着孩子去做。

　　在鉴定准确率提高的同时，鉴定价格也随着技术的发展而下降。在北京等大城市，DNA 亲子鉴定的价格标准为每份样本为 1200 元。2004 年 12 月四川省物价局重新核定的 DNA 亲子鉴定的费用为 2000—3000 元/

---

① 吕德坚、陆惠玲：《DNA 亲权鉴定》，暨南大学出版社 2005 年版，第 3—6 页。
② 桂娟：《DNA 鉴定技术当防滥用》，《北京日报》，2005 年 2 月 2 日。

例。① 国产化试剂的研制成功将会改变我国 DNA 鉴定试剂依赖进口的局面。随着国产试剂的生产和应用，亲子鉴定费用还有下降的趋势。技术的稳定发展和费用的下降在一定程度上促使了那些想做鉴定而又担心鉴定的准确率或被高昂的费用挡在门槛之外的人去做鉴定。

近年来，单亲鉴定推出后，全国各地出现了"亲子鉴定热"：

2004 年春节后南京亲子鉴定出现"爆棚"景象，节后的头几个工作日在江苏省人民医院亲子鉴定中心就有近 20 个家庭要求做亲子鉴定，这几乎是往年 2 个月的工作量；北京朝阳医院 2001 年仅做了几十例，2002 年 100 多例②。2003 年做了近 200 例，2004 年前 5 个月比去年同期已增长了 10% 左右。北京市公安局法医检验鉴定中心近 3 年的平均量在 1600—2000 例之间。③

南部沿海地区如广东省的增长以年 20% 以上的速度增长，其中以深圳和广州最为明显。广东太太法医物证司法鉴定所是 2002 年成立的全国第一家由民营企业设立的具有法医物证鉴定资格的司法鉴定机构，2003 年的鉴定是 70 多例，而 2004 年前 9 个月的鉴定量已达 250 例；深圳市血液中心的司法鉴定所 2004 年比 2003 年增长了 30%，2 年多时间内的鉴定总量达 800 余例。④ 广州中山大学法医鉴定中心 2004 年受理了 1500 多例亲子鉴定。近年来该中心平均每年接受 1000 多例亲子鉴定，并以每年 10% 的速度递增。⑤ 广州市第二人民医院法医物证鉴定所 2004 年仅 6 个月已经做了 300 多例，而在过去 3 年的鉴定总数不足 80 例。⑥

上海是开展亲子鉴定较早的城市，这几年仍有持续增长的趋势。上海的司法部鉴定科学技术研究所 2003 年做了 600 多例，2004 年增加到 1000 多例。⑦ 复旦大学医学院法医鉴定中心 2000 年为 20 例，近几年快速上升，

①　《四川重新核定司法收费标准亲子鉴定最高收费三千》，http：//www. chinacourt. org/public/detail. php？id = 1415162004 - 12 - 04。

②　《中国妇女报》，2004 年 6 月 22 日。

③　《亲子鉴定不能承受之重》，三晋都市报 2005 年 4 月 7 日。

④　《深圳亲子鉴定全国最火　婚前性生活普遍是主因》，http：//news. xinhuanet. com/newscenter/2004 - 10/25/content_ 2134917. htm。

⑤　《广州五一后亲子鉴定骤增　1 孕妇竟带 3 男子作鉴定》，http：//news. tfol. com/news/society/block/html/2005051900363. html。

⑥　许琛余、雪棠：《亲子鉴定热会带来什么?》，《羊城晚报》，2004 年 10 月 31 日。

⑦　桂娟：《DNA 鉴定技术当防滥用》，《北京日报》，2005 年 2 月 2 日。

2004 年接受了 240 例，2005 年估计突破 300 例。①

　　东部经济发展较快地区如浙江，富人中包二奶的比较多，对亲子鉴定的需求也急速增加。据浙江省有关部门 2004 年底的调查显示，今年来做DNA 亲子鉴定的人数以 40%—50% 的速度激增，其中浙南温州富人最多。② 此外，其他经济发展相对较慢地区由于经济结构的变动，外出务工的人较多，亲子鉴定也迅速增加。山东烟台的硫磺顶医院中心实验室2001 年是 60 多例，2004 年就有 100 多例，4 年来每年递增 30%。③ 而在内陆的河南省计划生育科研院 DNA 亲子鉴定室的工作人员和相关设备在"满负荷运转"中依然满足不了做鉴定者的要求。

　　亲子鉴定是一项医学鉴定技术，它的运用对社会产生了法律、道德的影响。国内的学者从不同的视角来研究亲子鉴定及它给社会带来的问题。在亲子鉴定的产生及发展历史上，程大霖提出了亲子鉴定的演变及现代概念。④ 在法医学上，皮建华探讨了医疗对亲子鉴定的影响，组织器官移植、基因治疗、生殖治疗会影响亲子鉴定的结果⑤。

　　从伦理学的角度探讨亲子鉴定的文章尚不多。东南大学徐嘉从亲子鉴定与夫妻道德的维度分析了亲子鉴定的家庭道德功能，认为亲子鉴定能明晰父母和子女的血缘关系，消除疑虑与妄测，有利于增进家庭和睦、明确家庭责任；有助于揭露与抨击不道德的两性行为，促进婚姻和性爱道德的健康发展；DNA 亲子鉴定为排除性行为的欺骗、诬陷，修复破损的家庭等方面提供了可靠的依据。同时也指出了相关伦理道德问题：亲子鉴定夸大了血缘因素在父母与子女关系中的作用，在一定程度上淡化了感情、责任等因素的重要性；亲子鉴定扩大了生理性交往在性爱关系中的意义，有可能导致婚姻和家庭的信任危机；再次，亲子鉴定的相对不确定性（其准确率并不能达到百分之百），会触发家庭的悲剧和人伦关系的紧张。他也就这些问题提供了对策：夫妻互信互谅，慎重选择鉴定；慎重接受鉴

---

①　《亲子鉴定攀升凸显家庭诚信危机九成源于父亲疑心》，《新闻晨报》，2005 年 7 月 1 日。

②　张瑞：《温州富商婚姻调查　财富催生亲子鉴定市场》，http://news3.xinhuanet.com/fortune/2005-05/27/content_3009000_1.htm。

③　唐洪涛：《谁是爸爸引发悲喜剧》，《生活周报》，2004 年 12 月 16 日。

④　程大霖：《亲子鉴定的演变及现代概念》，《世界科学》2001 年第 5 期。

⑤　皮建华：《医疗对个人识别和亲子鉴定的影响》，《法律与医学》2003 年第 10 期。

定，如实报告结论；尊重他人的隐私，不干预亲子问题①。王艳认为亲子鉴定的不断增多，标志着人们法律意识和科学观念的增强，同时也从马克思主义的立场提出要对婚姻道德进行反思，开展社会主义精神文明建设和加强家庭伦理道德的约束②。

蔡孝恒简略地提出了实施亲子鉴定的单位和医务人员应遵循的六个道德原则：自愿原则、保密原则、谨慎原则、限制原则、社会效益第一原则、责任原则。③ 上述观点主要是针对几年以前的情况，从亲子鉴定需求者与提供方鉴定单位进行上分析、主要要求以道德自律为主。然而，近四五年，单亲鉴定引发的伦理问题备受争议，目前还没有从程序上对亲子鉴定进行伦理规范。同时，对亲子鉴定从夫妻关系之维来探讨，尚未深入到家庭内部对亲子之三角关系进行分析，追问亲子关系之本质，形而上地探讨婚姻目的与亲子鉴定的关系。

在法律上，中国社科院法学所的侯利宏副研究员认为"亲子鉴定问题，我们国家目前尚无任何法律来认可或规范其程序及效力，所以，它是法律上的一个空白点"④。曾青、杨自根就诉讼中亲子鉴定的几个程序性问题进行了探讨：亲子鉴定证明标准的特殊性、亲子鉴定的提起程序、亲子鉴定结论的证明力，认为亲子鉴定应当进行规范管理：建立统一的亲子鉴定管理机构、建立亲子鉴定机构和鉴定人员的资质认证制度、建立亲子鉴定的复检制度。并分析了诉讼中亲子鉴定推定规则的适用。⑤ 蔡永彤认为亲子关系诉讼特点及强烈的社会公益决定了法院在审理亲子关系诉讼的案件时应从严掌握亲子鉴定的适用条件，将子女最大利益原则作为此类诉讼的最根本原则。在当事人无正当理由拒绝亲子鉴定时，法院可使用间接强制推定为另一方当事人主张的待定事实为真实。同时，提出应从法律上规范亲子鉴定的相关标准和程序。⑥ 徐海棠认为亲子关系诉讼是身份关系

① 徐嘉：《亲子鉴定和夫妻道德》，《道德与文明》2001 年第 1 期。

② 王艳：《亲子鉴定的反思》，《重庆邮电学院学报》（哲社版）2004 年增刊。

③ 蔡孝恒：《对亲子鉴定的伦理思考》，《中国医学伦理学》1999 年第 6 期。

④ 贾双林：《亲子鉴定是法律上的空白点·青年时讯》，2001 年 6 月 22 日。

⑤ 曾青、杨自根：《诉讼中亲子鉴定若干法律问题思考》，《西南民族大学学报》（人文社科版）2005 年第 9 期。

⑥ 蔡永彤：《法律缺位的背后——亲子鉴定诉讼中的若干问题探讨》，《黑龙江省政府管理干部学院学报》2005 年第 1 期。

诉讼的一种，具有不同于财产关系诉讼的显著特点和重要性。亲子鉴定是这类诉讼中运用相当广泛的具有高度证明力的一种司法鉴定方式，如何合理地规范亲子鉴定的程序、方式和在一方当事人或第三人拒绝进行亲子鉴定时的处理方式，是我国民事诉讼法应当予以注意和解决的问题，不仅要合理地分配当事人的举证责任，而且在保证当事人的自我决定权的同时，维护子女的最佳利益①。朱友学认为，司法理念在整个具体案件的过程起着重要支配作用。司法理念差异，使得同样的案件，法院与法院之间甚至同一法院做出的判决经常不同。他从同一案例的不同处理结果得出，指导人们行为的滞后司法理念妨碍司法公正和法律正义的实现。他通过对父母子女"血亲关系"的辨析，试图对婚生子女亲权主体适用"推定"之规则及其价值基础等几个问题作出分析。认为司法活动应当突破混淆，打破"婚生"与"亲生"的传统观念束缚，走出视"亲子鉴定"为灵丹妙药的误区。他的结论是无论亲子鉴定结果如何，子女都是最大的受害者。因此，婚生婴儿亲子鉴定应当予以严格限制②。上述研究中比较有价值的是，看到了亲子鉴定诉讼的特殊性，提出了以子女的最佳利益为视点，合理分配举证责任与运用诉讼中的推定规则来维护子女利益。但对亲子鉴定的效力并未完全充分的探讨。基于法学视角的研究之故，对诉讼目的之外的个人鉴定尤其是怀疑型鉴定，并不能产生法律效力，因而对亲子鉴定的适用范围并没能进行伦理界定。

　　国外对于亲子鉴定的研究相对较多，但据我所收集到的资料，大多数是从政策的制定或相关调查和建议的层面来研究的。2001 年英国卫生部制定的《基因亲子鉴定服务的实践规则及指导》：在提出当前英国亲子鉴定存在的问题后，对该规则的制定及适用对象进行说明，对亲子鉴定的含义、知情同意介绍，同时对亲子鉴定服务提供者所进行的广告、鉴定的真实性、有效性、鉴定机构的授权、信息的保密、保存、记录都做了相关的原则规定及初步实践指导。这些研究主要从实际操作层面来对亲子鉴定的技术规范、授权标准、实验室质量控制体系进行了规定。但对其中所涉及

---

　　①　徐海棠：《对亲子关系诉讼中亲子鉴定的思考》，《甘肃政法教育成人学院学报》2004年第 1 期。

　　②　朱友学：《论婚生婴儿亲权及其价值基础》，《法律适用》2005 年第 7 期。

的亲子鉴定应用中的伦理问题缺乏相关探讨。① 2003 年澳大利亚法律改革委员会和健康伦理委员会做的调查报告中对亲子鉴定的概念、特点进行了分析，在调研的基础上对亲子鉴定作了全面深入的考察，针对亲子鉴定中出现的各种问题，依据现有法律法规的框架下提出相关建议。在确定哪些情况下可以做亲子鉴定时，提出了相关规范途径。重点讨论的是亲子鉴定中的同意原则。② 澳大利亚在现有法律框架下以伦理委员会为平台获得了一些诸如知情同意等方面的伦理建议。由于是以获得解决方案为目的，它缺乏对具体争论的深入探讨。而且，又因是在澳大利亚背景下进行讨论的，子女知情同意的有效性测定是以专业和成熟的心理咨询机构为前提，因而这在中国的实际应用有一定困难。

也有是从社会学视角来研究。澳大利亚斯文本理工大学的特尼（Turney）、吉尔丁（Gilding）等报告了对 Swinburne National Technology and Society Monitor 关于 DNA 亲子鉴定的公众意见，尤其是性别差异对亲子鉴定的影响的调查结果。③ 斯文本理工大学的高新科学技术与社会研究中心研究 L. 特尼在对有亲子鉴定经历的被试进行定性分析的初步结果基础上，从性别视角对亲子鉴定的主要目的进行分类，认为：要么是被男方用于终止家长责任或是被妇女用以确定家长责任。对于是否应当对亲子鉴定途径进行限制，认为赋予亲子关系或非亲子关系以何种意义以及如何对待亲子鉴定所揭示的信息，这才是最为关键的。因此，需对亲子鉴定的使用目的进行反思。同时，提出了公共政策制定中需要考虑的两个问题：第一，当非亲子关系被揭露出来后，社会学父亲与生物学父亲的权利以及无父鉴定问题。认为在父子关系已经建立后，母亲通过亲子鉴定揭露非亲子关系时，社会学父亲的角色和权利应当被合法化、正式化并提升为孩子的继父。只有这样才能改变当前将生物学关系作为家长责任的首要、唯一的尺

---

① "code of practice and guidance on genetic paternity testing service", http：//paternity. forensic. gov. uk/docs/geneticspaternity. pdf.

② "Parentage Testing, Essentially Yours", http：//beta. austlii. edu. au/au/other/alrc/publications/reports/96/35_ Parentage_ testing. doc. html35.

③ Turney, L., Gilding, M., Critchley, C., Shields, P., Bakacs, L., Butler, K. A., "DNA paternity testing：Public perceptions and the influence of gender", *Australian Journal of Emerging Technologies and Society*, no. 1, vol（1）, 2003, pp. 21 – 37, http：//www. swinburne. edu. au/sbs/ajets/journal/V1N1/pdf/V1N1 – 3 – Turney. pdf.

度。第二，应采取保护措施控制那些自己已明确知道是孩子父亲的男人对非亲子关系不承认的无理取闹。最后提出，应走出亲子鉴定的性别之争，以更开阔的视野转移至对孩子的最佳利益的关注，这应当成为政策制定或个人决定（decision‐making）过程中的新特色。赋予亲子鉴定及所揭示的结果的意义，才能转变为以一种对孩子、男人、女人都公正的方式来运用亲子鉴定。[①] 从性别差异视角来探讨亲子鉴定使用目的，从而对亲子鉴定进行限制，这有一定意义。但亲子鉴定被作为权利、义务的判定依据时，仍需进行追问：什么是父亲？这样才能从根本上解释并走出现有法律所遭遇到的两难困境，也才能解决事实证据与法律推定在判定亲子关系的伦理悖论。

从伦理与法律的角度来研究的亲子鉴定的也有之。澳大利亚斯文本理工大学的吉尔丁教授介绍了亲子鉴定服务的行业结构状况及公众关于亲子鉴定的意见，并分析了当前澳大利亚背景下规范亲子鉴定的必要性及有关的赞成和反对意见，最后提出了规范亲子鉴定的可行性途径：将知情与同意相分离。[②]

路易斯维尔大学医学院生命伦理学、健康政策与法律研究所的安德利克（Anderlik）介绍了美国亲子鉴定增长的社会背景和亲子鉴定的排除率，从历史和哲学的视角分析了亲子关系的决定。探讨了第二股亲子鉴定浪潮与法律的关系，并作出了评估和强调 DNA 亲子鉴定对于家庭的伦理、法律与政策的含义的研究计划。[③] 美国的格利高力·E. 凯尼克（Gregory E. kaebnick）从成人争议亲子关系的目的来分析亲子鉴定的类型（typology）上升至探讨什么是父亲这一本质性问题，认为亲子关系和其他人类关系一样，首要和更多的是一种心理和社会现象，且不与内在的生物学联系必然相关。并从功能主义/心理主义视角来说明父亲是最适合担任"父亲"这一社会角色的成年男子，认为"养育父亲（rearing parent）"最符

---

① "Turney, L. Contested Paternity: Why, and to Whom, Genetic Paternity Testing Matters", http://www.tasa.org.au/conferencepapers04/docs/FAMILY/TURNEY.pdf.

② Gilding, M., "DNA paternity testing without the knowledge or consent of the mother: new technology, new choices, new debates", *Australian Institute of Family Studies*, pp. 68 – 75, http://www.aifs.gov.au/institute/pubs/fm2004/fm68/mg.pdf.

③ Anderlik, M. R., Rothstein, M. A., "DNA – based identity testing and the future of the family: A research agenda", *American Journal of Law, Medicine & Ethics*, vol. 28, 2002, pp. 215 – 232.

合这一意义的概念。因而视"parenthood"为心理学联系而非基因联系，关于亲子关系的决定应是心理社会而非基因的问题。但同时又不否认基因联系在 parenthood 中所具有的一些价值。在此基础上，提出应对亲子鉴定进行限定：第一，对需求者的鉴定目的限制（how the test is used）。对于将鉴定结果用于法律上的亲子关系争议案件（legal paternity case），就应恰当地限制其证据效力或禁止成为首要的或决定性的证据。对于母亲为索要孩子的最低抚养费时，鉴定结果应成为主要证据。在亲子鉴定被用于判定已经担当着父亲角色的养父是否继续拥有对孩子权利和责任时，就应当降低鉴定结果的效力甚至予以不采用。第二，对鉴定机构（how testing is provided to them）的限制：鉴定机构应确保鉴定的准确性和结果的可信赖性，尽管规范意味着价格更高或鉴定机构更少。一旦结果确定就不应当被进一步的鉴定结果所推翻。第三，限制鉴定的获得途径（limit access to testing）：需法律上的两位家长都同意做亲子鉴定。① 该观点产生了亲子关系的"哥白尼式"革命，并以"社会关系决定论"的父亲观来限制亲子鉴定的应用。然而，在当代境遇中能否转化为具有普遍必然可行的法律、在道德观念上广为所接受和认同，仍值得进一步考虑。

美因茨大学的 K. 克思斯蒂安（Christian，K.）等人，介绍了德国的基本情况：在德国亲子鉴定可由法官或私人指定（order）进行，非法亲子鉴定的数量在逐步上升。在这样的背景下探讨了鉴定人员的资质、实验室质量控制体系要求，为了保护在私人鉴定中的各方的合法权利，建议通过新联邦法以规范包括出于各种目的的商业化 DNA 鉴定器具的亲子鉴定。②

在借鉴现有研究成果的基础上，本文运用中西比较研究的方法，主要从生命伦理学来分析亲子鉴定中的伦理问题，因而可能创新之处在于：1. 梳理了西方国家亲子鉴定中的伦理问题；2. 提出了三方知情同意在中国亲子鉴定中的必要性及其可行操作性；3. 初步探讨了亲子鉴定的适用范围。

本文第一节首先介绍了中西亲子鉴定的基本概况。西方亲子鉴定主要是在医学化和分子遗传学的影响、西方国家政府政策的推动、父权运动的

---

① Gregory E. kaebnick, "The natural father: genetic paternity testing, marriage, and fatherhood", *Cambridge Quarterly of Healthcare Ethics* 13, 2004, pp. 49 – 60.

② Christian, K., Rittnera, Peter, M., Schneidera, Gabriele Rittne, "Expert witness in paternity testing in Germany" Legal Medicine, Tokyo, Japan, vol5, Supplement, 2003, pp. 65 – 67.

兴起下以第二次浪潮出现，亲子鉴定原因呈多样化发展，但主要目的是父亲为解除家长责任、母亲为孩子索取抚养费。近年来在中国出现了"亲子鉴定热"，主要是民事性的个人鉴定增多，大多数是父亲出于怀疑去做、以消除心中疑虑，其社会背景是改革开放后恋爱观、性观念的变化及婚前性行为的增多，"包二奶"、"婚外情"现象严重，婚外性行为增加。同时中国传统文化中的家庭血缘思想也对亲子鉴定产生了重要影响。由于我国关于亲子关系的法律规定的失却、关于亲子鉴定案件审理的现行法律规定严重滞后、亲子鉴定机构及鉴定人管理的单项条文及职业道德规范的缺失，对于刚出现的亲子鉴定应用中所造成的"无序"状态无法进行规范，导致了一系列伦理问题。

　　第二节为解决中国亲子鉴定中的伦理问题，有必要了解西方亲子鉴定中的伦理问题并借鉴其探索成果。对于例行 DNA 亲子鉴定的伦理争议，分析了赞成和反对的理据，同时认为该问题解决还必须探讨"什么是父亲"这一实质性问题。在"什么是父亲"的争论中，主要有三种观点：生物学本质论、社会—生物决定论、社会关系决定论。亲子鉴定在这三种观念的影响下起着不同作用。同时，还就一个法律难题：孩子能否同时拥有社会学父亲与生物学父亲从伦理学视角进行了分析和探讨。出于不同性别影响下的利益动机做的亲子鉴定，还进行了关于单方知情同意的讨论，对此西方各国的规定或伦理建议有所不同。

　　第三节在借鉴西方亲子鉴定伦理问题研究的成果基础上，分析了当前中国亲子鉴定中的主要伦理问题。目前最主要的问题之一是亲子鉴定的适用范围不明确。笔者认为，应当以有利和不伤害为其规范原则。然而，以一法院关于亲子鉴定的不同判例意见为例，亲子鉴定中就不可避免地存在不同利益冲突。究竟应该以哪一方的利益为优先考虑还是兼顾其他？西方各国亲子鉴定中的利益关注不同。在参照西方的解决之道的基础上，本文认为，应当摒弃"夫权"、"父权"至上的传统观念，确立以孩子利益至上、兼顾母亲利益、维护家庭安定的新的价值理念。并对新价值理念下的亲子鉴定适用范围进行了初步的伦理探析。同时，亲子鉴定的应用应符合程序伦理中的知情同意。知情同意不仅是个法律问题，它首先应当是个伦理问题。从亲子鉴定这一伦理问题着手，追溯知情同意的概念及其伦理依据，进而用以具体地分析亲子鉴定中的伦理问题，并对知情同意这一原则进行伦理辩护，并提出亲子鉴定要三方知情同意及相应的建议。

　　第四节对中国亲子鉴定伦理问题进行反思，认为亲子鉴定鉴定的是家庭关系，家庭的源初点在于婚姻。婚姻缔结的联结点在于婚姻目的。有必要对婚姻目的作一反思，综观历史和现实，婚姻目的可以分为繁殖、经济、追求完满统一的情感目的。婚姻缔结后，其本质表现为"伦理性的爱"，这一本质要求相互忠贞和相互信任。

　　最后，本文认为，现代家庭模式已经朝后现代性发展，血缘家庭只是众多家庭模式中的一种，非血缘家庭也不再处于边缘，血缘与非血缘亲子关系相互交织在一起，维系和巩固亲子关系的应当是爱。亲子鉴定最终应当成为孩子最佳利益的维护工具。在对生命终极存在的思考和追求中，家庭内在地超越血缘与非血缘的界限，也将超越亲子鉴定和基因决定论。

第一节　亲子鉴定概况

一　西方亲子鉴定的社会背景及原因分析

　　目前在英国每年约有 10000 例亲子鉴定。美国亲子鉴定的应用更为迅速：根据血库协会对授权机构的统计中，1991 年为 142000，在 2001 年已达到了 310490 例，2004 年已增加到 340798 例，这些都还未包括非授权机构所进行的。2003 年澳大利亚进行了 3000 例亲子鉴定，其中有 1/4 的孩子被证实为其他的男子所生。

　　西方亲子鉴定的兴起有两次浪潮。第一次为国家政府所推动的、旨在保护婚外生育子女的利益。婚外生育子女增多，这些孩子生父不明或者生父拒不承认。同时婚外生育孩子的母亲直接向生父获取抚养费存在着很多困难。西方国家政府为保障孩子的利益承担了福利开支。接受福利救助的母亲需提供生父或可能生父的姓名，因此西方政府主要是通过亲子鉴定来确定婚外生育和离婚子女的生父的身份，明确个人责任，并以此承担孩子抚养费的义务。其特点是，亲子鉴定成为强加给父亲义务的工具，鉴定目的单一化，鉴定规则也比较明确。第二次浪潮是亲子鉴定在私人的需求下推动扩展，并逐渐成为一新兴行业。遗传学在西方医学领域中获得了广泛应用，"遗传检测的结果逐渐产生了否认家庭，引发解除责任的需求的影响"[①] 由

---

　　① Anderlik, M. R. & Rothstein, M. A., "DNA – based identity testing and the future of the family: A research agenda", *American Journal of Law, Medicine & Ethics*, vol. 28, pp. 215 – 232.

于第一次浪潮中过分强调对父亲责任的强加，父亲权利的觉醒促使一些人想同样通过亲子鉴定来解脱责任。父权组织便是强调父亲权利、推动法律改革、反亲权欺诈的一大组织。因而亲子鉴定除了被母亲用以向生父索取抚养费之外，还成为父亲解脱责任的工具，成为破解孩子身份之谜、获得"心灵平静"的途径，亲子鉴定还是生父赢得探访权的武器。此外，还有母亲想通过亲子鉴定否认婚姻父亲的权利。总而言之，在第二股浪潮下，亲子鉴定目的多元化，鉴定的途径也突破单一化，遗传检测也成为鉴定亲子关系的可能方式，非亲子关系在各种目的的驱动下通过各种途径前所未有地暴露出来。鉴定规则还未明确，符合个人权利需求的单亲鉴定所引发的问题，也备受关注，引发了种种争议。

（一）西方亲子鉴定的现代社会背景

西方亲子鉴定的第二次浪潮的兴起，与当代生物医学的发展、政府政策的推动、相关团体组织的影响紧密相关的，具体表现在：

1. 医学化和分子遗传学的影响

"西方国家将一系列问题医学化的倾向，改变了人们对现实、自身存在和对世界体验的看法。"[1] 医学化将一系列曾被认为是道德的、宗教的等社会问题如同性恋、强奸、自杀、酗酒，甚至个人性格问题都被看做是疾病，试图以医学的方式来对待和治疗。随着分子遗传的发展，被医学化的疾病又最终归结为基因的问题，在西方社会中盛行"基因决定论"、"基因本质论"，"基因归因论"。基因不仅能将先辈或父亲的性状、性格遗传下来，疾病也有可能通过基因传给自己和后代。在以检查基因状况为目的的遗传检测中，亲代与子代之间通过个体致病基因的筛查对比可发现非亲子关系。通过诊断、治疗、识别的遗传检测的频繁使用来理解非亲子关系（paternity discrepancy）的盛行，是非常重要的。在一个服务和生活决定渐多地受遗传学影响的社会里，发现亲子差异的途径中不可能忽略这一重要因素。[2]

在医疗过程中，基因诊断又往往需要结合相关亲属的基因信息才能做

---

[1]　Englehardt, *The foundation of bioethics New York*：Oxford University press, 1986, 转引自 Finkler, "The kin in the gene – the medicalization of family and kinship in American society", *Current Anthropology*, vol. 42, No. 2。

[2]　Sam Lister, "It's a very testing time for fathers", *The Times* 2005 – 8 – 11.

出准确的综合诊断。因而在临床治疗中，除了常规的检查之外，还需获知个人的家族史。家族史是在个人治疗过程中，几乎是必不可少的。"当你去看医生时，如果没有家族史，你将不会被认为是社会的人。"① 对家族史的强调，是促使西方国家中被收养者和供精所生的孩子寻找亲生父母的一个重要原因。常规检查和家族史的获取过程中都可能导致获得医疗目的以外的个体基因相关信息的可能性。

2. 西方国家政府政策的推动

20 世纪六七十年代，西方世界又兴起了女性运动的第二次浪潮：它反对男女二重"性"标准，要求获得女性的"性平等"和"性权利"。"这场波及面极大的'性革命'把性视为人人应有的享受。"② 她们在现代避孕技术的支持下，将性与生育逐步分离开来，妇女逐渐在婚姻之外生育孩子。依据联邦行政厅（DHHS）的一份资料显示，于过去 30 年间，非婚生子女的出生率从约 5% 增加到 30%。世界各国中，基于发达国家的统计资料（1992 年），瑞典 50%，丹麦 46%，英国 31%，法国 31%，加拿大 27%，德国 15%。③ 这些婚外生育孩子的生母从父亲手中直接获取抚养费都有一定的困难。

20 世纪 60 年代中期西方国家开始了一场离婚改革，"无过错"原则被引入。"无过错"离婚使得离婚更加自由，也有利于女性主动挣脱不幸的婚姻。"西方许多国家都竞相采用此类法规，只是细节上不同而已。在英国，1969 年通过了'离婚改革法案'，并于 1971 年开始生效。"④ 到1985 年，除了个别的州外，美国所有的州全部通过了无过错离婚法案。这一改变的特点是：取消了以婚姻一方的错误作为离婚的必要理由；减低了赡养费和对无过错方的财产分配补偿，分割财产的新规范和报酬性赡养费消除了传统法律中的过时的假设，将妻子视为婚姻关系中完整、平等的一方。⑤ 随着女性运动的发展，女性的权利和社会地位的提高，独立意识

---

① Finkler. K., "The kin in the gene – the medicalization of family and kinship in American society", *Current Anthropology*, vol 42, No. 2.

② 李平：《世界妇女史》，海南人民出版社 1995 年版，第 563 页。

③ 邓学仁、严祖照、高一书：《DNA 鉴定——亲子关系争端之解决》，北京大学出版社2006 年版，第 66 页。

④ ［英］安东尼·吉登斯：《社会学》，北京大学出版社 2003 年第四版，第 226 页。

⑤ 李银河：《两性关系》，华东师范大学出版社 2005 年版，第 192 页。

的增强，越来越多的女性在这场离婚改革中先走出婚姻，离开家庭。但这场离婚改革又带来了不可避免的后果：离婚妇女的贫困化及其抚养子女陷入困境。由于离婚后，大多数孩子归女方抚养，"在 20 世纪 70 年代，当四十八个州采取了无过失离婚法，在离婚时的财产分割方面'平等'地对待男人和女人时，离婚妇女及其子女的生活水平立即下降了 73%"①。在无过错离婚下，"平等"地分割财产实际上在经济上对承担着抚养孩子的义务的妇女来说是不平等的。

为了减少对婚外生育的子女及离婚后陷入贫困的子女的公共福利开支，西方国家政府需要确定非婚生子女和离婚后的子女的生物学父亲，并承担相应的责任，支付抚养费。"在加利福尼亚州一项治理非婚生育的法律（a law governing unmarried births）是这样说的，为了确保健康保险、社会保障和遗产权，为所有孩子确立亲子关系是符合州的切身利益的。"②因而最初西方国家政府启动亲子鉴定来确定这些孩子的基因父亲的身份，履行法定抚养义务。1988 年美国《家庭抚养法案》（The Family Support Act of 1988）确立了各州亲子关系的确定标准，在任何一方要求做亲子鉴定时，有争议的亲子关系案件中的所有方都应参加鉴定，并且联邦政府有义务支付所需鉴定费用的 90%。1996 的《个人责任和工作机遇法案》（The Personal Responsibility and Work Opportunity Act of 1996）规定各州为加速确定孩子抚养责任程序的执行，赋予孩子抚养执行机构在无须获得任何其他司法或法庭命令而可以要求进行亲子鉴定的权力。联邦法批准各州机构从亲子鉴定所证实的孩子父亲那里获得鉴定费用的返偿。在该法案推行后，根据美国血库协会统计，亲子鉴定迅速上升，从 1996 年的 172316 例增加到 1997 年 277981 例。

3. 父权运动的兴起

作为女性主义运动第二次浪潮的对立面出现的保守男性运动，出现了男性觉悟群体。它强调具有男权性质的男性权利，父权运动便是这一特定男性觉悟群体维护作为父亲的权利的组织性活动的产物。男性运动的代表人物威特康（Roger Whitcomb）提出要反击女性主义浪潮，反对

---

①　[美] 贝蒂·弗里丹：《非常女人》，北方文艺出版社 2000 年版，第 424 页。

②　Robert E., Pierr, "States Consider Laws Against Paternity Fraud" Washington Post, 2002 - 10 - 14.

"儿童抚养法案"，认为父亲成了没有权利的签署支票的机器，认为离婚时母亲得到了抚养权，男性支付抚养费，这是对男性的歧视。① 父权运动是在 20 世纪 70 年代妇女主动离婚并抚养孩子后，为获得监护权的争议之中产生的。它反对对父亲的偏见，维护、保障和促进作为一个孩子父亲应有的权利。西方国家最初是用肯定的 DNA 鉴定结果来锁定孩子的基因父亲，并将相关责任强加于他们。随着父权运动的发展，父亲权利范围的扩大，那些被 DNA 鉴定结果所否定了的社会学父亲，一方面在愿意继续承担父亲责任的同时面临着因所抚养的孩子不是基因物质的遗传而被否定、剥夺了父亲的权利；另一方面，基于孩子不是自己亲生的这一事实，可能背后潜藏着欺骗，认为母亲们故意欺诈，企图通过 DNA 鉴定的否定结果来终止对孩子的抚养义务，甚至要求由欺诈所造成的赔偿。

男权运动者们认为，女性主义者选择离婚并抚养孩子，都是为了实现自己一手操纵的自由选择。孩子的亲权是离婚后的收入的工具，孩子是离婚后获得财产和收入来源的"经济奶牛"。父亲只不过是妇女手中的"钱包"。而目前的一套政治、法律制度又是保护孩子、妇女利益而对妇女偏袒，对父亲们来所是极为不公正的。"妇女们有一个助手就是家庭法庭和孩子抚养机构，他们是站在妇女利益的立场上运行的，律师已经被体系俘获和贿赂了。"即使妇女们隐瞒了亲权关系，犯了欺诈罪，当前的"司法、刑法体系也不将欺诈的母亲列入考虑之中"。父亲们在这套司法体系中被当做"罪犯"来对待，法庭的决定意味着将父亲们判入了"经济地狱"，而"在广大地区又缺乏支持系统，媒体主要是女性主义者"，"男人们经常觉得自杀是唯一的选择"。②

在这种政治、法律环境中，亲子鉴定对父权运动者来说是至关重要的，因为"亲子鉴定是一劳永逸地决定一个孩子的生物学父的工具"。通过亲子鉴定可以解除对非亲生孩子的法定义务，也可以揭露那些不忠的、犯有欺诈罪的妇女们，甚至将她们绳之以法。父权运动者认为"DNA 证

---

① 李银河：《女性主义》，山东人民出版社 2005 年版，第 172 页。

② Turney, L, Gilding, M., Critchley, C., Shields, P., Bakacs, L., Butler, K. A., "DNA paternity testing: Public perceptions and the influence of gender", *Australian Journal of Emerging Technologies and Society*, No. 1, vol. 1, 2003, pp. 21–37.

据导致了刑法的革命，所以也应当以同样的方式进行一场家庭法的革命"①，DNA 亲子鉴定否定证据也应当成为解除对亲生孩子义务的决定性证据。而"拒绝男人 DNA 鉴定的权利就是社会在纵容亲权欺诈、歪曲、伪造、欺骗、偷盗的犯罪行为，这样可以说，当今政府是这种行为的同谋"②。

父权运动者建立他们的组织，在美国主要有"父亲—孩子联合会"（the American Coalition for Fathers and Children，ACFC）和"美国市民反亲权欺诈"（U. S. Citizens Against Paternity Fraud，US‐CAPF）。父权运动者还建立了相关网站，将发生的亲权欺诈案公之于网上，发泄自己的愤恨，同时还与亲子鉴定商业机构建立了网络链接。US‐CAPF（www. paternityfraud. com）的标语就是：如果基因不相符，那么你就必须承认。同时这些父权组织还公开组织活动以真正产生实际力量。加利福尼亚州举行了亲权欺诈受害者的听政会产生重大影响力，在反对亲权欺诈议案中，只有一票否决，一票持保留意见。继此之后，为了让公众亲身体会到亲权欺诈立法的真正原因，ACFC 和 US‐CAPF 两大组织联合起来，分别在 2003 年 5 月 8 日和 9 日在多伦多举行记者招待会和公众会议（public town hall meeting），并邀请亲权欺诈受害者参加和讲述自己的故事和意见。

（二）西方亲子鉴定的原因分析

亲子鉴定在西方主要是用以确立或终止家长权利及相应的责任。但随着各国交往的增多，移民需求渐多，亲子鉴定在移民签证中的应用越来越多。下面就亲子鉴定原因进行具体分析，主要有：

1. 家长权利及其责任的确立

目前婚生子女家长权利的确立主要是通过"婚生推定"法定生成，并受法律保护。但也有婚外男子（母亲的性伴侣）试图通过亲子鉴定来争取家长权利，获得探访权。

除通过收养关系或人工辅助生殖技术所形成的亲子关系外，一般来

---

① Anderlik, M. R. , Rothstein, M. A. , "DNA‐based identity testing and the future of the family：A research agenda", *American Journal of Law*, *Medicine & Ethics*, vol. 28, 2002, pp. 215‐232.

② Brett Kessner, "DNA testing submission", http：//www. mensconfraternity. org. au/? page = p46#Top.

说，大多数抚养义务和家长责任是经生父母双方在孩子出生证上登记相关信息生效后正式确立的。非婚生子女也只有确立亲子关系后家长的抚养义务才能被执行。美国对于非婚生子女的认领主要有三种途径：（1）结婚的父母通过自愿知晓和自愿同意亲权关系确立。（2）双方自愿同意进行亲子鉴定并服从鉴定结果。（3）对于有争议的亲权关系，双方通过行政性地或司法性地要求亲子鉴定。

无论是婚生子女还是非婚生子女，只有在获得亲子关系的证明后，母亲才能依法要求孩子父亲支付抚养费，孩子抚养机构也才有凭证并据此要求父亲履行法定的家长义务。

在西方，亲子鉴定成为女性取得孩子抚养、赢得家长责任的工具。有不少父亲否认亲权，拒付抚养费，不承担家长责任。在亲权遭到否认之后，为了使父亲的信息登记在出生证上，证明亲权关系的义务就在母亲身上。为了获得孩子的抚养费，女性只有被迫申请或参与到亲子鉴定中来，澳大利亚一位为此目的进行亲子鉴定的妇女凯特（Kate）说："他想用这种方式（否认亲权）来阻止（我儿子）出生证的生成，这样它（出生证）就不会被送到儿童援助机构，他也就可以在当下不必付任何钱。"[1]而对一些有经济能力抚养孩子的妇女来说，她们做亲子鉴定仅是希望让父亲们知道他们是孩子的父亲，从而给予孩子成长中所需要的父爱，尽一位父亲的责任。"妇女们，尽管（婚姻）关系已经破裂，表达了一种希望父亲参与、发展对他们来说是每日的关心，爱，照顾的父子关系的强烈愿望。"[2]温迪（Wendy）就是因此而去做亲子鉴定的："在我看来，你希望他承担多少（家长）责任是一个关键问题。在我的情况中，我是非常想——我希望他……我想，当他有不可辩驳的证据在那时，就可以使他和孩子之间建立一种纽带关系，这就是我想要的。"[3]

2. 家长权利的终止及家长义务的解除、亲权欺诈诉讼

有的母亲在感情破裂或离婚后，为终止婚生子女父亲家长权利的行使，企图以亲子鉴定来证明孩子并非其所生。

---

[1] Turney, L., "Contested Paternity: Why, and to Whom, Genetic Paternity Testing Matters", http://www.tasa.org.au/conferencepapers04/docs/FAMILY/TURNEY.pdf.

[2] Ibid..

[3] Ibid..

婚生父亲或者是被母亲指控为孩子父亲的婚外男子想通过亲子鉴定的否定证据来结束对孩子的义务。有的甚至为寻求由非亲权所导致的损失通过民事行为，采取法律行动需要 DNA 亲子鉴定提供亲权欺诈的证据。菲尔（Phil）认为："在任何一个案件中，一个人若隐瞒事实并因之获得钱财，他就可以被起诉为欺诈，这本质上是可以发生的事情，这也是为什么 DNA 亲子鉴定为什么如此重要，可以用来揭露和对付欺诈。"[①]

3. 偶因

由于医疗中疾病诊断和其他研究目的而进行的基因鉴定偶然发现并不符合遗传规律的亲子关系，为准确地证实这种非亲子关系则需要通过亲子鉴定来判定。纽约时报曾报道了这样一个案例：一男子的基因鉴定结果揭示他并不是他最小儿子与生俱来的 cystic fibrosis 病的携带者。根据遗传学规律，儿子是 cystic fibrosis 病患者，只有当父母双方均为囊性纤维化病症的携带者时，才有可能 cystic fibrosis 病遗传给儿子并作为显性基因表现出来。这名男子的医生建议他做一次亲子鉴定，结果发现他不是孩子的父亲。[②]

4. 个人需要（personal interest）

男性可能将自己的孩子之间的长相、性格差异对比，或者意识到孩子与自己的差异明显，而怀疑孩子不是自己亲生的，为证实或消除这种怀疑而去做鉴定。女性可能因在同一时期与多名男子发生性关系，为了寻求"心灵的平静"而去做鉴定以确定孩子的亲生父亲。

其他还有出于移民签证、财产继承等需要去做亲子鉴定的。

二　中国亲子鉴定现状分析

与西方国家不同，我国大陆亲子鉴定是近几年才"热"起来的，而去做亲子鉴定的目的也不一，但主要都是基于怀疑去做，结果是大多数为亲生：北京华大方瑞司法物证鉴定私人委托中，60% 以上是为了鉴定孩子是否为自己亲生。然而，从最终鉴定的结果统计，90% 的孩子确实为他们

---

① Turney, L., Gilding, M., Critchley, C., Shields, P., Bakacs, L., Butler, K. A., "DNA paternity testing: Public perceptions and the influence of gender", *Australian Journal of Emerging Technologies and Society*, No. 1, vol. 1, 2003, pp. 21 – 37.

② Parentage Testing ALRC, http://beta. austlii. edu. au/au/other/alrc/publications/reports/96/35_ Parentage_ testing. doc. html35.

自己亲生。来亲子鉴定的人群中，大多数都是男人，父携子的案例明显增多成为亲子鉴定行业的新特点。[①] 在 2006 年 5 月才开始开展业务的浙江省妇产科医院亲子鉴定实验室，11 月初已经出具了 18 份亲子鉴定报告书中，有 9 例是爸爸带着儿子来鉴定，有一位爸爸哄儿子说是体验，十几岁的儿子才肯抽血。结果，8 例确定了亲子关系，只有一例是排除的。[②] 华中科技大学同济医学院法医系的杨容芝、杨庆恩等对该室对 1998—2002 年的 1101 例亲子鉴定中的 275 例单亲鉴定[③]中，270 例为父子关系鉴定，其中自诉为 262 例（占 95.27%），怀疑有婚外性关系的 243 例（88.4%），排除率仅为 11.11%[④]

中国亲子鉴定这种特殊状况的出现，与我国当代特殊的社会背景密不可分。

（一）我国亲子鉴定的社会背景（以中国大陆为限）

亲子鉴定作为"新生"事物，国内各种媒体都聚焦关注，先后进行了介绍，使人们对亲子鉴定有了一定的了解。近年，亲子鉴定向社会开放，全国各地都建立了亲子鉴定机构，这些鉴定机构既有司法性质的，也有民间鉴定机构。一些民间鉴定结构在利益的驱动下，进行了市场活动，包括降价、以各种形式进行广告宣传、提供各种"人性化"服务等。这些都为需求者提供了各种亲子鉴定途径。但从这种需要的发生来看，最主要的还是改革开放后婚恋观念的变化，婚前和婚外性行为的增多及由此引发的信任问题。

1. 恋爱观、性观念的变化及婚前性行为的增多

恋爱观、性观念的变化及婚前性行为的增加是亲子鉴定增多的一个原因。改革开放和市场经济的深入，使人们逐渐以一种开放的心态冲破国内的束缚和突破地方的封闭，向西方发达国家学习各种先进技术、管理经验等。在全球经济走向一体化的时代，经济交流的同时也带来了各种文化的

---

① 喻淑琴：《孩子——你是我亲生的吗?》《人民日报》（海外版），2004 年 9 月 24 日，第 7 版。

② 孙美燕、王蕊：《亲人，拿什么让我们相认》，《钱江晚报》（网络版），2006 年 11 月 1 日。

③ 该文中的单亲鉴定为纯技术层面上的，意即对单亲样本和孩子样本的鉴定，而不涉及是否作出知情同意。

④ 杨容芝、杨庆恩、余纯应等：《单亲亲子鉴定及其法律问题思考——附 275 例单亲鉴定分析》，《法律与医学杂志》2003 年第 3 期。

碰撞，西方世界的价值观、生活方式也不可避免地在一定程度上影响着人们。西方社会的那场性革命所追求的性平等、性自由的观念也作为一种价值思潮冲击着年轻一代，改变着青年人的恋爱观和性观念，并由此导致了一系列性行为的变化。

首先表现在恋爱观及恋爱行为上。以往大多数恋爱的直接目的及行为结果是婚姻，而现在即使以结婚为目的的恋爱也终因各种因素未能得以实现，但更多的是追求个人自由，将恋爱和婚姻相分离，恋爱对象与结婚对象趋向离异。在当代大学生中，谈恋爱的目的更是不一，有的出于虚荣、嫉妒，有的为获得一种恋爱经历和增加择偶经验，有的甚至出于无聊和寂寞。在2005年王兵等人对大学生的婚恋观调查中，只有15.8%的认为恋爱会成为夫妻。其中，恋爱动机中，为了爱情的占51.4%，13.4%的人是出于追求"时髦"，56.7%的是因为"孤独"，15.4%的是为了"浪漫"，15.3%的是"游戏人生"[1]。

其次，在冲破禁欲主义文化后，青年人对性有了更多的了解后，对性的认识也发生了很大改变，对性持越来越开放的态度，不少人主张性是一种个人权利，性享受是一种个人自由。中国青少年研究中心与中国青少年发展基金会所作的一项调查结果显示，认为只要双方相爱就可以发生性行为的占32.22%，只要双方愿意就可以的占20.01%[2]。李煜等的访问资料报告，30%的未婚青年将性冲动界定为男女双方相亲相爱的自然延伸，另有30%的被访者则首肯只要双方同意或凭感觉、随缘即可享受性快乐。[3]

最后，在开放的性观念的引导下，发生性行为的年龄趋小化，婚前性行为增多，性伴侣多样化。在李煜等的调查中却发现，当前有性经验的男女年龄最小值为16岁，平均年龄为21—22岁[4]。婚前性行为有递增趋向，根据《中国婚姻质量研究》调查结果的报告，被访的已婚夫妻婚前无任何性接触的高达44.6%，双方曾有性行为的仅占9.7%[5]；在近些年，对

---

① 王兵、蔡闵、衡艳林：《大学生婚恋观调查分析》，《中国性科学》2005年第12期。

② 吴鲁平：《当代中国青年婚恋、家庭与性观念的变动特点与未来趋势》，《青年研究》1999年第12期。

③ 李煜、徐安琪：《婚姻市场中的青年择偶》，上海社会科学院出版社2004年版，第176—177页。

④ 同上书，第189页。

⑤ 徐安琪、叶文振：《中国婚姻质量研究》，中国社会科学出版社1999年版，第234页。

有恋爱经历的 683 位被访者的分析结果表明，异性交往中发生过性行为的有 35%（进而同居或曾怀孕或生育的为 11%）① 在另一项对 14 个省市 26 所高校 5070 名大学生的性文明调查也可看出性伴侣不再单一而走向多样化的迹象：有过性行为的占 11.3%，其中仅有一个性伴侣的男女分别为 52.2% 和 67.9%，而有 6 个以上性伴侣的也高达 22.0% 和 18.3%。②

　　社会的婚前性容忍度增大。20 世纪 80 年代，偷吃禁果的婚前性行为或由此造成的未婚先孕行为被发现后，会遭受学校的批评和纪律处分，工作单位的处罚，社会舆论的道德指责，进而引起自己良心的谴责。而当今性行为被视为个人自由，一种私人生活，并为他人所理解而不加干涉，甚至是赞同，舆论评价和谴责的声音越来越微弱，婚前性行为的行为空间在社会的默许中得以拓宽。

　　2. "包二奶"、"婚外情"现象严重，婚外性行为增加

　　据专家统计，二奶、婚外情在"亲子鉴定热"中的推动力分别为 90% 和 85%。③ 由于婚姻基础脆弱，当前婚姻状况不稳定，一些在中国经济和政治体制转轨过程中发展起来的暴发户、富翁、高收入者和有权势者，受当前性观念的影响和价值观变化，或是发展婚外情，或是以"包二奶"的形式重婚。据中国首家女子维权中心发现：近年来离婚原因中婚外情占 80%，而婚外情导致的离婚率比 10 年前增加了 30 倍！由这些被发现的、导致离婚的婚外情的普遍可窥见那些尚在被怀疑、未被发现的婚外情的情况。另一行业——私人侦探的兴起和"繁荣"也见证了当前婚外情的高涨。"目前上海共有 30 多家从事包括婚姻调查业务在内的私人侦探所，从业人员超过 200 人。而北京、广州、重庆和沈阳等地的规模更大，仅北京就有超过 1000 多家私人侦探所。虽然婚姻调查业务仅仅只是这些私人侦探所的部分业务，但它们受理的案件高达八成是调查婚外情的。"④

　　此外，近几年以长期占有并发生性行为形式出现的"包二奶"在全

　　① 李煜、徐安琪：《婚姻市场中的青年择偶》，上海社会科学院出版社 2004 年版，第 187—188 页。

　　② 胡珍、史春琳：《2000 年中国大学生性行为调查报告》，《青年研究》2001 年第 12 期。

　　③ 《亲子鉴定杀死中国人的家庭忠诚》，http://lady.qq.com/a/20050316/000606.htm。

　　④ 沈城：《婚外情调查方兴未艾》，http://news.sina.com.cn/s/2004 - 10 - 22/17114674041.shtml。

国也有增多的趋势，其中以来广东的港人、内地富商及浙南富人居多。目前，包二奶的主体呈现多元化的态势，除外商之外，内地的厂长、经理、包工头、个体户甚至是党政干部也参与其中。广东省妇联 1996—1998 年接受包二奶的投诉分别为 219 件、235 件、348 件，1997 年比 1996 年增长 7.3%，1998 年比 1997 年增长 40%。[①] 据统计，婚外情比例最高的男士类型依次为：暴发户，占 50%；有一定权势者，占 20%；低收入阶层，占 10%。不过，调查人群今年已经向工薪阶层扩展了。目前，今五成咨询者属于工薪阶层。[②]

（二）当前国内亲子鉴定的原因分析

根据做鉴定的需要不同，可将亲子鉴定原因分为刑事、行政、民事三大类。其中，刑事性亲子鉴定可分为为被拐卖儿童寻找父母、寻找犯罪分子、遗骸识别；行政性目的的亲子鉴定可分为：入户定居、计划生育超生以及超生儿上户口、移民签证。亲子鉴定在刑事工作中发挥了巨大作用并得到广泛认可。民事性亲子鉴定还有部分争议，主要是针对入户定居的要求。

目前应用较多并且争议最大的主要是民事性亲子鉴定。下面主要就该类鉴定的原因进行具体分析。

1. 为消除怀疑

有的丈夫因孩子长相、性格、脾气不像自己，有的则因生理原因或年龄认为已无法正常生育子女而配偶或情人却生下了孩子，有的因妻子的受胎日期或分娩日期与自己估算的有差异而怀疑孩子为自己亲生的。2004 年一矿工因自己个子矮、容貌比较丑陋，而儿子却个头很高、相貌英俊，从而怀疑儿子不是自己亲生的。经鉴定儿子确实是亲生。

有些夫妇因孩子智商、体型特征（如夫妻均正常，孩子却为六指头；夫妻都为双眼皮，而孩子却为单眼皮）与夫妇俩本身有明显差异而怀疑。江苏省人民医院曾遇到一对夫妇：夫妇二人都是高级知识分子，但孩子却出奇的"笨"，因而怀疑孩子不是自己亲生的，或者是出生时在医院抱错了。鉴定结果证明孩子确实是自己的。

---

①　王歌雅：《中国现代婚姻家庭立法研究》，黑龙江人民出版社 2004 年版，第 306 页。

②　沈城：《婚外情调查方兴未艾》，http：//news.sina.com.cn/s/2004 - 10 - 22/17114674041.shtml。

目前，也不少个人出于无端怀疑、一些夫妇在孩子出生不久后，有的甚至是十几年后无根据怀疑孩子是在医院出生时在产房调错了，要求做亲子鉴定解开谜团。

2. 社会舆论及家庭成员的压力

有的可能因同事、邻人、朋友、同学的一句玩笑，说者无意，听者有意，从而在心里真正审视、怀疑。有的则是朋友的提示、周围人的舆论压力、父母因怀疑妻子进而怀疑孩子的身世而要求做鉴定。一中年男子由于儿子长得不太像自己，厂里不少人对他和儿子指指点点，多年来在厂里一直抬不起头来。他尽管相信妻子是非常爱自己的，而他也很爱儿子，但他仍去做了亲子鉴定，结果证实孩子是他亲生的。

另有一案例：一对老年夫妇和儿子抱着八九个月的孙子来做鉴定，只因老妇觉得孙子长得不像儿子，儿媳生活作风不太好而怀疑孩子不是其亲孙子，就劝儿子做个鉴定。儿子开始不同意，但被反复劝说之后被说服，于是三人偷偷带着孩子去做鉴定。结果为肯定。

3. 证明清白

一些女性见丈夫对自己和孩子态度反常，疑心重重，为维护自己的尊严，化解猜疑，而主动或被迫做鉴定以示清白。也有通过亲子鉴定为男子洗刷冤耻、还其清白的。一妻子因无生育能力同丈夫领养一女儿。随着孩子长大，发现女儿在容貌和性格上都与丈夫相像，于是怀疑孩子为丈夫与他人所生而以领养名义领回来的。于是在偷拿到丈夫的血液样本后带着孩子去做鉴定，结果证明了丈夫的"清白"。

4. 明确责任归属

通过亲子鉴定，明确当事人的身份，并由此承担或解除相关的法律责任。从与孩子的关系看，又将当事人分为男方、女方、第三方。

第一，女方为孩子获取抚养费。在我国主要是为非婚生子女向男方索要抚养费时，男方否认亲子关系因而拒绝支付，需要通过亲子鉴定证明存在血缘关系后，才愿意或才有依据判其承担抚养费和家长责任。一名女子认识有妇之夫陈某后同居并生下一女儿。然而陈某一直否认孩子是其亲生骨肉并拒绝承担抚养孩子义务。为讨得抚养费，该妇女到厦门市中心血站进行亲子鉴定。血站的司法鉴定所出具的结论是孩子确实陈某的。海沧法院对这起非婚生子女索要抚养费一案做出相应判决：判定陈某负担每月400元抚养费直至年满18周岁。

第二，男方为婚后解除抚养责任和获得赔偿。男方在夫妻感情破裂后，为婚后不再承担抚养义务和获得相关赔偿，需寻求所抚养的孩子与自己不存在血缘关系的证据。胡某（男）在婚后不久便发现妻子徐某有外遇而多次发生争吵。在儿子出生后，因妻子"老毛病"复发，两人关系进一步恶化。胡某便怀疑4岁的儿子不是自己的，随后起诉提出离婚，要求妻子将儿子带走，并返还他曾支付给儿子的生活费、医药费等33000元。徐某表示同意抚养儿子，却不愿"赔钱"。经胡某申请，开县法院委托重庆医科大学法医鉴定所进行亲子鉴定，鉴定表明，儿子并非胡某所生。2004年3月24日，重庆开县法院做出判决：徐某被判返还丈夫胡某小孩抚养费、医疗费、亲子鉴定费等共169000余元①。

第三，因孩子父母不承认孩子为其亲生的而拒绝认领和承担抚养责任，第三方通过亲子鉴定证明其与孩子的血缘关系，迫使或要求承担相关法律责任。如有些父母在孩子出生后，以种种理由拒绝承认孩子为其亲生子女，而将孩子遗弃在医院，医院为使孩子父母承担抚养责任，通过亲子鉴定证明存在相应的身份关系，而要求认领甚至强制认领。

5. 遗产继承

非婚生子女以及因各种原因无法证明其真实身份的婚生子女、遗嘱规定者，需通过亲子鉴定获得身份证明以合法地继承遗产。

2004年，一位60多岁的澳门老先生到深圳一家亲子鉴定所给自己做了一份基因档案。在还未来得及立下遗嘱就突然去世了。当他的家人商议如何分配遗产时，一位女士现身称老先生还有一儿子，也要分得一份遗产。证据就是具有法律效力的基因图谱，有了基因图谱的支持，小男孩获得了一大笔丰厚的遗产。

6. 偶因

因偶然原因如体检、治病等而发现血型、疾病不符合遗传规律进而去做鉴定。一丈夫因儿子不慎摔伤住院，急需输血，发现父母的血型均不符，事后便怀疑儿子不是亲生，要求做鉴定。结果显示存在父子关系。

此外，还有寻找失散亲人及其他个人原因的。如母亲为弄清胎儿或孩子生父等去做亲子鉴定的。

---

① 《离婚经济风靡中国》，http：//www.med66.com/html/2005%5C6%5Csu347317411710365
00226179.html。

三　中国传统文化中的家庭血缘思想对亲子鉴定的影响

在我国，作为真正意义上的家庭是近代才出现的，是从以血缘为纽带的宗族小型化为家族，家族微型化为家庭。它经历了"宗族本位"和"家族本位"时代。根据现代文化人类学家芮逸夫的观点，作为我国社会基本组织的家族可以分为两个阶段：第一阶段为周初至战国之间约 800 多年的"宗族优势"时期；第二阶段为秦汉至清末约 2100 多年的"家族优势"时期。①

（一）"宗族本位"中的血缘思想

氏族是具有共同血缘关系的团体。在由旧石器时代向新石器时代转变过程中，我国母系氏族也发展到父系氏族。进入父系氏族社会后，男子在生产中起着主导作用，因而在氏族中居于统治地位。随着生产力的发展，产品有了剩余，产生了私有财产和个体家庭。然而，"随着新的部落和部落群的兴盛，男性家长的权力也就转移到部落酋长或部落盟主。于是出现了为保护本集团利益而排斥其他集团的行为"②。在由父系氏族向部落联盟中产生了宗族。族是指有血缘关系的群体。"宗"是指在同族中奉一人为祖，尊一人为主。班固在《白虎通·宗族》中曰："宗者，何谓也？宗者，尊也。为先祖者，宗人之所尊也。""族者何也？凑也。"宗族即为出自同一祖先、有着共同血缘关系的族群。在其现实内容上，以一人为主，其余皆服从。在商周时代，主要是以宗族为基本的经济单位和政治组织。每一宗族下，由以家族形态的存在的各分支组成。在分族下，又有作为基层单位的核心家族各分支。姓氏是宗族社会的一种血缘表征。从姓与氏的起源来看，一般认为姓是具有共同血缘关系的氏族的族号，而氏则是姓所衍生的各分支的标识。《通鉴外经》中将姓与氏作了明确的区分："姓者统其祖考之所自出，氏者别其子孙之所自出。"

发展到西周，姓主要为各宗族的族号，氏为各分族的族号，如"子为商祖先封姓，子姓又分华氏、向氏、乐氏、鱼氏等；姜姓又分申氏、吉氏、许氏、纪氏、鱼氏等"。③ 在西周，氏是贵族的专号，平民只有姓而

---

① 许结：《中国文化史论纲》，广西师大出版社 2003 年版，第 43 页。
② 同上书，第 34 页。
③ 同上书，第 35 页。

没有氏。西周宗法制形成后进行分封时，也有姓与氏游离于血缘关系，如姓氏周天子赐给有德诸侯的封号，氏依封地所命。左传隐公八年中，关于姓与氏的来源中有："天子建德，因生以赐姓，之土而命之氏。诸侯以宗为谥，因以为族；官有世功，则有官族；邑亦如之。"但因天子大多数分地所赐，因地所命的宗族的姓氏形成之后，这些宗族也是严格地按照宗族的血缘规则延续下去。

而作为西周政治制度的宗法制也是以宗族血缘关系的象征，它是以宗族血缘关系为蓝本、虚拟地建构起来的。宗法制萌芽于夏商，成熟于西周。梁启超也曾说过，"宗法盖起于上古，至周而益严密"（《志三代宗教礼学》，《饮冰室集·专集》之四十七）。尽管殷商也有传子之至与嫡庶之分，但也有兄终弟及制。西周在严格区分嫡庶基础上建立起完备的嫡长子继承制，成为宗法制的基石。在西周统治者中实行一夫多妻制，其中正妻被封为"嫡妻"，其他均为庶妻。嫡妻所生之子为嫡子，庶妻所生之子为庶子。只有嫡长子有继承权。所谓"立嫡以长不以贤，立子以贵不以长"（《春秋公羊传》隐公元年）便是嫡长子继承制的真实写照。不管是立嫡长子还是其他庶子，它都严格地按照父系血统来传承财产和地位，因而血缘就显得至关重要，它是父向子传承的"接力棒"。子代是父代财富的储藏器，而血缘则是打开这个储藏器的"身份证"。

（二）家族本位时期的血缘思想

西周末年周天子室微，诸侯兴起，已经繁衍起来的宗法制下的家族失去了大宗的控制，逐渐松散起来。到了春秋时期，"礼崩乐坏"，作为全国大宗之宗子的权力已名存实亡。商鞅变法，通过经济上发展小农经济，政治上实行以郡县制代替分封制，摧毁了以土地为束缚的宗族基础，实现了由血缘政治向地缘政治的过渡，推动着宗族制向家族制发展。

家族是封建时代基本经济和生活单位，也是封建社会行政组织中的社会基本细胞。实质上，它是将几个现代意义上的微型家庭通过血缘纽带结合而成。秦汉为家族社会的确立时期。秦始皇为确保王权的绝对统一性，废分封制，"子弟为匹夫"，置儒家的血缘宗法于不顾，独崇法家的"法、术、势"，以武治秦，终致秦亡。汉高祖吸秦王教训，分封同姓诸王，"惩秦孤立，欲大封同姓以填抚天下"（《资治通鉴》卷十一汉高帝六年），以此定下西汉统治的基调。魏晋时期，"九品中正制"和"荫田制度"的推行，巩固了门阀士族的统治。"门阀制度本身就是家族制度的一种强化形态。"①

隋唐宋元时期家族社会达到了鼎盛，标志为宋代"宗族共同体"的出现。宋代建构的宗族共同体是以"父母在，诸子不别籍异财"的直系家庭为主体，其延续至明清千年，以至出现"五世同居、七世同居、十世同居、十一世同居以及累世同居的情况"。② 家族共同体与奴隶社会时期的宗族貌为相似，实则不同。族长并非世袭的"宗子"，而是推选出来的管理家族事务的首领。而新的"立宗"目的实为"收族"，以巩固"家国同构"的国家政权。明清时期，商品经济的开始发展，资本主义萌芽的开始出现，在一定程度上冲击着小农经济和自然经济，也使手工业者和农民从农村走向商品经济发展的城市，血缘控制开始得到解脱，家族趋向小型化，最终为家庭所取代。

在家族本位时期，生育观念、家族行为主要是受儒家的血亲伦理思想的影响。儒家思想曾在我国封建社会长期居于统治地位，影响深远，以至毛泽东在反封建时说："这四种权力——政权、族权、神权和夫权，代表了全部封建宗法思想和制度，是束缚中国人民特别是农民的四条极大的绳索。"③ 而作为儒家思想的核心——以血缘为基础的传统血亲伦理思想已经化为一种中华民族的精神，作为一种"文化基因"遗传下来，至今仍影响着人们的生育观念和亲子关系观念。

血亲是人伦关系的始点和中心，也是整个社会关系的范型，"孝悌"成为传统伦理的核心。"仁"或"仁爱"的提出就是将以血缘为基础的自然情感作为其心理和意识基础。"爱亲之谓仁"（《国语·晋语》），"仁之实，事是事也"（《孟子·离娄上》）。尽管对"孝悌也者，其为仁之本与"（《论语·学而》）中的"为"作"是"还是"行"解释时有不同看法，"孝悌"与"仁"孰为"体"与"用"仍存在着争议，但不可否认的是，行"仁"当自亲开始，孝乃为大，悌于兄。孟子曾曰"尧舜之道，孝悌而已矣"（《孟子·告天下》），他孟子甚至将"爱亲"、"敬兄"视为人的"良知、良能"。"人之所不学而能者，其良能也。所不虑而知者，其良知也。孩提之童，无不知爱其亲也；及其长，无不知敬其兄也。亲亲

---

① 许结：《中国文化史论纲》，广西师大出版社 2003 年版，第 43 页。
② 同上。
③ 《毛泽东选集》第一卷，人民出版社 1991 年版，第 31 页。

仁也。敬长，义也。"（《孟子·尽心上》）

对于由"爱亲"扩充之上的"泛爱众"——"弟子入则孝，出则悌，谨而信，泛爱众而亲仁"，对此，朱贻庭先生认为："这里所说的'爱众'，相对于'爱亲'而言，是指爱父兄以外的氏族其他成员，并没有超过氏族宗法关系范围。因而它所产生的社会和心理的根据，仍是宗法血缘关系以及由此而产生的氏族感情。"①

尧舜时代提出的"五教"——"父义、母慈、兄友、弟共、子孝"首先是基于血缘之上的亲子及兄弟间的五伦。孔子的"君君、臣臣、父父、子子"也是在首先把"尊尊"立在"亲亲"上的。晏子提出的十义"君令而不违、臣共而不二、父慈而教、子孝而箴、兄爱而权、弟敬而顺、夫和而义、妻正而柔、姑慈而从、妇听而婉"的人伦关系中，其中血亲之伦占八。孟子提出的五伦（父子有亲、君臣有义、夫妇有别、长幼有序、朋友有信），其中核心是"父子、夫妇、兄弟"之三伦，"君臣"、"朋友"之伦是以"父子"、"兄弟"二伦为模板构建起来的。孟子甚至把被后来儒家提倡的基本伦理规范——"仁、义、礼、智"的归结为"事亲从兄"的血缘亲情，主张"仁之实，事亲是也；义之实，从兄是也；智之实，知斯二者弗去是也；礼之实，节文斯二者是也"（《孟子·离娄上》）。

在其行为要求上，孟子将孝亲、顺亲视为为人子的分内事："不得孝为亲，不可以为人。不顺于亲，不可以为子"（《孟子·离娄上》）；同时把事亲作为其行为活动的根本："事孰为大？事亲为大。""事亲，事之本也。"（《孟子·离娄上》）

血亲首先是儒家伦理行为的正当依据。以血缘为其根基的自然亲情成为指定儒家伦理规范的依据。孔子针对宰我提出的"三年之丧，期已久矣"，认为"夫三年之丧，天下之通丧也"，其正当理由就是："子生三年，然后才免于父母之怀"（《论语·阳货》）的血缘关系基础之上的血亲情感为必要前提。

而当"孝"与其他伦理价值诉求相冲突时，血亲依然是调和这一冲突的原则根据。当"孝"与"道"相矛盾时，"父在，观其志；父没，观其行，无改于父之道"（《论语·学而》），当父之道与社会之善道、正道

①　朱贻庭：《中国传统伦理思想史》，华东师范大学出版社1989年版，第39页。

相矛盾时，则要求"如其非道，何待三年。然则三年无改者孝子之心有所不忍故也"（朱熹《论语集注·学而注》），以子之"道"来屈从父之"非道"，忍三年来行血亲之间的孝。当"孝"与义不相容时，叶公认为"其父攘羊，而子证之者"为"直"，而孔子则认为"直"乃"父为子隐，子为父隐"（《论语·子路》），其依据乃如行义"证之"，举之，告之，会破坏父子之间的血缘亲情，"义"需服从血亲之情。

中国传统的血缘伦理说明："中国社会结构的特征最突出的就是家—国一体，家族本位。国是家的放大与延伸，由家及国，国的原理缩影式地包摄在家的原理之中，家构成社会的本体与本位。"[①] 由于家国同构，君臣关系视为父子关系，因而基于血缘关系形成的伦理原理便可用于政治。因而，"君子之事亲孝，故忠可移于君；事兄悌，故顺移于长，居家理，故可移于君"，提倡"以孝治天下"（《孝经》），"天子"、"诸侯"、"卿大夫"、"士"、"庶民"各行其孝。由此，君子"笃于亲，则民兴于仁"（《论语·泰伯》）。而到西汉，董仲舒发展成"君为臣纲，父为子纲，夫为妻纲"，忠在由"孝"移接后，为适应强化统治者政权需要，忠凌驾于"孝"之上，"君人者，国之本也"（《立元神》）。

在中国几千年深厚的传统血缘思想的影响下，尽管个体家庭已经摆脱了传统家族、宗族实体的绝对性支配，获得了相对独立，但是传统的夫权、父权、血缘意识仍是根深蒂固，在亲子鉴定中表现为：仅出于父亲个人怀疑甚至是无端猜疑，只为解除父亲心中的一个谜团、图一个心里踏实而不顾对孩子的影响、妻子的尊严等，骗着孩子、瞒着妻子去做单亲鉴定。据报道，华大方瑞邓亚军主任所接触的前来做亲子鉴定的丈夫中，多数都直言不讳自己对妻子的怀疑，"怀疑还是引起丈夫想做亲子鉴定的第一诱因"[②]。在因怀疑而做的鉴定和怀疑被结果证实的案例中，体现的是丈夫的知情权至上，妻子的尊严、隐私权毫不被顾及；孩子在愤怒的父亲眼中是无视的，仅被充当了正视自己怀疑之目的一个工具，孩子的利益和感受完全被这场怀疑之战忽略了。据说，更有甚者，为孩子付不起学费，却能担负得起几千元的亲子鉴定费用。

---

① 樊浩：《中国伦理精神的历史建构》，江苏人民出版社1992年版，第442页。
② 李岚峰：《三千鉴定非亲生两成》，《家庭与生活》，2006年8月15日。

四 我国亲子鉴定中的法律和伦理规范缺位

亲子鉴定的准确率提高和向个人开放，产生了一系列法律的、伦理的问题。"只要获得这种信息（亲子关系的信息）的技术障碍还存在，这种技术障碍将作为一道栅栏保护公众。现在，这些障碍都被清除了，法律和伦理的屏障却还落在后面。"① 目前在我国关于亲子鉴定的法律远远滞后，伦理规范缺位，使得亲子鉴定处于一种无序的状态，导致了一系列法律和伦理问题。

（一）我国关于亲子关系的法律规定的失却

亲子关系作为最重要的人身关系，是抚养、探访、照顾、继承权等亲子间的权利发生的基础。然而，我国却没有具体的亲属法或亲子法对亲子关系的发生及形成、否认等作明确的规定。表现为缺乏法律意义上的婚生推定、非婚生子女的准正及认领制度，一切依出生的客观事实与个人主观判断而定，因而亲子关系的确立依据的是传统道德人格中个人的道德修养和道德情感，并无法律效力和相关的权利保障。同时，"我国目前尚无婚生子女否认的规定。实践中，丈夫如否认婚生子女，可向人民法院提起确认之诉。……如果婚生子女否认成立，丈夫可免除对该子女的抚养义务。我国现行法对婚生子女的否认权没有时效的限制，同时也没有丈夫可以对该子女生父追偿抚养费的规定"。②

（二）我国关于亲子鉴定案件审理的现行法律规定严重滞后

目前由于我国对亲子鉴定的审理沿用的仍是 1987 年 6 月 15 日《最高人民法院关于人民法院在审判工作中能否采用人类白细胞抗原作亲子鉴定问题的批复》。《批复》中规定："鉴于亲子鉴定关系到夫妻双方、子女和他人的人身关系和财产关系，是一项严肃的工作，因此，对要求作亲子鉴定的案件，应从保护妇女、儿童的合法权益，有利于增进团结和防止矛盾激化出发，区别情况，慎重对待。对于双方当事人同意作亲子鉴定的，一般应准许；一方当事人要求作亲子鉴定的，或者子女已超过三周岁的，应视具体情况，从严掌握，对必须做亲子鉴定的，也要做好当事人及有关人员的思想工作。人民法院对于亲子关系的确认，要进行调查研究，尽力收

---

① "Whose your daddy?" *The Sunday Times Magazine*, 2004 – 8 – 1.
② 杨大文、曹诗权：《婚姻家庭法》，中国人民大学出版社 2006 年版，第 212 页。

集其他证据。对亲子鉴定结论，仅作为鉴别亲子关系的证据之一，一定要与本案其他证据相印证，综合分析，做出正确判断。"[①]

这一"批复"是在 20 年前制定的，在将近 20 年的时间里，许多情况都发生了变化，因而显得过时、滞后。"批复"存在着以下几个方面的缺陷：

总体上说，我国关于亲子鉴定的立法指导原则仍属"亲本位"，尚未与国际接轨，走向"子本位"。在"亲权至上"原则中，并没有顾及到孩子的意愿，以子女的最佳利益为立足点，"对于双方当事人同意作亲子鉴定的，一般应予准许"便是忽略子女意愿的体现；"以子女三周岁"为分界点并不具备科学的和充分的法律依据：三周岁无论从智力还是从情感能力的发展来看，显然不成熟，对亲子鉴定的含义、后果及对自身利益的影响都不能作出正确的理解和理智的评估；三周岁以上 18 周岁以下的孩子并不具备民事行为能力；目前亲子鉴定技术发展迅速而稳定，在理论上和实践上均认定亲权的精确度已经被认可和接受；对于哪些情况是"必须做亲子鉴定"的，也没有明确规定；"批复"中"对亲子鉴定结论，仅作为鉴别亲子关系的证据之一"，这一规定，在婚生子女的被否认案件之中固然发挥着作用，但对于非婚生子女的认领、医院为被弃婴儿确定父母等较多情形之中，由于女方处于劣势，取证相对困难的情况下，亲子结论就显得尤为关键，甚至成为唯一的证据。因而"批复"对于亲子鉴定效力的承认，及其采用凸显出了滞后性。

（三）亲子鉴定机构及鉴定人管理的单项条文及职业道德规范的缺失

关于亲子鉴定机构和鉴定人的管理的法律规定，依据的是 2005 年 2 月 28 日发布的具有统摄性的《全国人民代表大会常务委员会关于司法鉴定管理问题的决定》（以下简称"决定"），至今没有关于亲子鉴定机构和鉴定人的单项法律法规出台。该"决定"主要是就大类的司法鉴定而言，比较具有原则性，而对于新出现的亲子鉴定缺乏道德指导性，更不具法律意义上的规范性。

从"决定"可知，亲子鉴定仍属法医类鉴定中的法医物证鉴定一项。从范围上看，"决定"主要是针对以诉讼为目的的司法鉴定，而现今亲子鉴定中很大一部分都属于不诉诸法庭、只为求得真相的个人鉴定，因而"决定"对于司法鉴定之外的个人鉴定尚无约束力，使得个人鉴定处于"真空"状态。

[①] 最高人民法院公报编辑部：《中华人民共和国常用司法解释全书》，中国民主法制出版社 2003 年版，第 16 页。

"决定"规定国务院司法行政部门、省级人民政府司法行政部门分别"主管全国和各省级的鉴定人和鉴定机构的登记管理工作"。对于技术性要求较高的亲子鉴定行业，主管部门应为负责技术审核和更新的专门性机构。"在诉讼中，当事人对鉴定意见有异议的，经人民法院依法通知，鉴定人应当出庭作证。"这一条款对于事关整个家庭关系、身份关系的亲子鉴定结果来说，显然不够审慎。对鉴定结果有争议的案件，缺乏相关的复议制度来解决争端。

关于对亲子鉴定机构的管理方面，对鉴定机构的资质要求仍是为最低要求："有明显的业务范围，并有在该业务范围内进行司法鉴定活动所必需的实验室、设备及依法通过计量认证或者实验室认可的检测实验室。"而对于有其他司法鉴定有着特殊性的亲子鉴定来说，这一"门槛"无疑过低。目前亲子鉴定方法尚无统一规定，因而与此相应的仪器设备、实验室质量控制标准、鉴定结果的保存等，都没有具体的关于亲子鉴定的单项条文规定。对于亲子鉴定行业的服务宗旨、目的、职业道德、职业纪律，都没有明确的相关规定和解释。

关于对鉴定人的管理。"鉴于亲子鉴定关系到夫妻双方、子女和他人的人身关系和财产关系，是一项严肃的工作。"[1] 因而对于从事亲子鉴定工作的鉴定人来说，也应当是严肃、认真的。而"决定"中对鉴定人的要求也只是设置了一条不太明确的道德底线："应当遵守法律、法规，遵守职业道德和职业纪律、尊重科学、尊重技术操作规范。"[2]

从目前的行业状况看，司法鉴定实行的是"鉴定人负责制度"，对于"因严重不负责任、给当事人合法权益造成重大损失的"，仍是"依情形而处罚"。"决定"对于"严重不负责任的行为"、"重大损失"等关键概念也没有明确的界定，也就是说，追究责任后果的权力依然是掌握在各个独立的鉴定机构的领导人手中。对于破坏亲子鉴定职业道德和职业纪律的行为业缺乏统一的法律约束和惩规的管制。总而言之，亲子鉴定工作无论在伦理还是法律上都缺乏其专门的制度保障。

---

[1]　最高人民法院公报编辑部：《中华人民共和国常用司法解释全书》，中国民主法制出版社2003年版，第16页。

[2]　第十届全国人民代表大会常务委员会第十四次会议通过。http://www.chinacourt.org/public/detail.php? id = 178225。

"亲子鉴定是近年来才出现的新生事物，我国尚无法律来对此进行具体规范。目前社会上对此问题的争议主要集中在几个方面：一是法律没有明确规定何种情况下可以做亲子鉴定或不可以做；二是亲子鉴定可能会影响家庭和社会的稳定，受伤害最大的是无辜的孩子；三是法律上的父亲该不该对非亲生孩子尽抚养义务，生物学上的父亲该不该对非妻生的孩子尽抚养义务；四是亲子鉴定结果能否作为法律纠纷上的证据。"①

对于当前亲子鉴定的这种状况，负责中国司法鉴定政策法规制定的司法部法规教育司的李雨如是说："尽管中国的亲子鉴定业务增幅很大，这说明中国公民的维权意识得到了大幅度的提高，中国人口基数太大，目的亲子鉴定绝对数量依然很小，也不可能有太大的变化。亲子鉴定是一项很简单的技术，我们应该以平常心对待。选择做亲子鉴定的人并不希望外界知道，其影响也仅仅局限在当事双方或三方，不可能造成太大的负面影响。目前国家还没有亲子鉴定方面的单独法规，由于其涉及面太窄，为此出台专门法规的可能性很小，中国不会叫停民间亲子鉴定。"②

在新的"专门法规出台的可能性很小"的趋势预测下，上述争议问题的解决，有必要了解当前西方国家亲子鉴定中的伦理问题及相关讨论，以期从中获得借鉴。

第二节　西方亲子鉴定的伦理分析

梳理西方国家对亲子鉴定中的伦理问题和讨论，将给我们带来有益的借鉴。西方一些国家在调研的基础上对亲子鉴定作了全面深入的考察，针对亲子鉴定中出现的伦理问题进行了较全面和深入的讨论。伦理问题的讨论主要体现在如下几个方面：

一　例行 DNA 亲子鉴定的伦理争议

例行 DNA 亲子鉴定（routine DNA paternity testing）是指：新生婴儿

---

① 朱旭东、姜帆：《"亲子鉴定热"折射家庭信任危机?》，2004 - 03 - 10http：//news. xinhuanet. com/banyt/2004 -03/10/content_ 1357471. htm。

② 刘宏伟：《我国亲子鉴定数量大增司法部门表示不会禁止》，《北京晨报》，2005 年 1 月 19 日。

时或者为孩子申请抚养费或离婚时所必须要求进行的亲子鉴定（主要是父子鉴定）。针对"亲权欺诈"所引发的各种后果，一些父权组织、孩子抚养机构、法律人士提出了一个"相对简单"、一劳永逸的解决方法——进行例行亲子鉴定，在孩子出生、离婚、分手时，对亲子关系进行强制性的普测，将孩子的生物学父亲和社会学父亲均登记在出生证上，其中生物学父亲姓名永不可更改。

在西方国家中，由于通过亲子鉴定或者遗传检测发现亲子关系的排除率相对较高，各国相继有试图通过亲子鉴定的否定结果来促使法律中关于"婚生推定"和"亲权欺诈"（paternity fraud）方面进行改革的呼声和实践。因为"亲权欺诈"不仅给当事父亲带来了情感伤害和经济负担，对孩子的成长也造成了一定影响。在"亲权欺诈"被发现之后，也给孩子抚养机构和法律人士带来了一系列的困扰，有的国家甚至因此而承受巨大的财政负担。在英国，对亲权有争议的父亲在预先支付亲子鉴定费用后，如通过鉴定证明为非亲子关系后，这些父亲可获得所预付的亲子鉴定费用和已给付的孩子抚养费用的全部返偿。而对这些被错指控为父亲的返偿款项全部来源于税收。截止到 2005 年 11 月，孩子抚养机构（CSA）需向3000 名父亲返偿，仅抚养费就数亿英镑。[1]

2004 年华盛顿大学就例行亲子鉴定的态度进行了一项调查，发现男性比女性更赞成对孩子出生时进行例行亲子鉴定，男女赞成的各自比例是50%、32%。其中女方赞成的原因主要有二：很大一部分妇女是为了让丈夫确信其忠贞，有些则是出于孩子健康考虑，让孩子对自己的基因来源有正确的信息。[2]

赞成进行例行亲子鉴定的理据主要有：

第一，从西方各国通过各种途径发现的亲子关系排除率相对较高，使得例行亲子鉴定有其必要性。根据美国血库协会（AABB：American Association of Blood Blanks）近年来对在美各授权亲子鉴定机构所统计的资料看，2001、2003、2004 年的排除率分别为：28.2%、28.06%、26.88%。

---

① David Hencke, "Child Support Agency forced to pay back wrongly accused men", *The Guardian*, U. K. , 2005 – 11 – 28.

② "University of Washington Survey：Men more than women favor paternity testing at birth", *Medical Research News*, 2004 – 9 – 28, http：//www. canadiancrc. com/articles/MRN_ Men_ more_ than_ women_ favor_ Paternity_ Testing_ 28SEP04. htm.

英国利物浦约翰·摩尔大学（Liverpool John Moore University）公共健康中心马克·比勒（Mark Bellis）教授领导的研究组在审查了社区和医疗疾病的遗传检测结果后进行分析发现了 1950—2004 年国际范围内的亲权欺诈率，将其结果发表在《流行病学与社区健康杂志》（The Journal of Epidemiology and community Health）上，该结果表明：父亲为孩子的非生物学父亲的范围为 1%—30%，专家一致同意在 10% 以下，利物浦研究成员说平均值（meta - analysis）为 4%。[①]

从英国孩子抚养执行机构所发布的官方数据来看，从 1998 年起对亲权有争议的 15909 名参加亲子鉴定的男子中就有 33034 名被母亲错控为孩子父亲，六人中就有一人不是孩子的生物学父亲。[②] 2003 年澳大利亚 3000 例亲子鉴定中几乎有 1/4 的孩子为其他男子所生。[③]

第二，从权利方面来看，父亲作为抚养者或家长义务承担者有权知道自己的孩子是否为亲生孩子，孩子也有权知道自己的生物学父亲。根据《联合国关于儿童权利的规定》（The United Nations Convention On the Rights of the Child）中第七条：尽可能使孩子拥有知道父母和受父母照顾的权利。第九条：各国应确保孩子不被违背其意愿地与父母相分离。有人据此认为该条款的目的是孩子有权知道他的社会学和生物学父亲。因此，任何对亲子鉴定进行限制的就是直接违反了这规定，拒绝男人进行亲子鉴定的要求就是剥夺了他的基本人权，任何对为父亲与他的假定孩子提供亲子鉴定进行限制的努力都是建立在性别基础上的歧视，这在提倡平等的年代是不为人所接受的。[④]

第三，从后果论来看，例行亲子鉴定符合各方的利益。对于父亲来说，可以防止被欺骗认为是孩子父亲并承担对家庭或孩子的家长责任或经济责任。特别是对于已有自己的家庭的并不与所指称的婚外生育的孩子居住在一起的父亲来说，可大大减少其经济负担，从而更好地抚养家庭内生

---

① Sam Lister, "It's a very testing time for fathers", The Times, 2005 - 8 - 11.

② David Hencke, "Child Support Agency forced to pay back wrongly accused men", *The Guardian*, U. K. 2005 - 11 - 28.

③ Anna Salleh, "Teens may be forced to have paternity test" ABC Science Online, 2005 - 12 - 14.

④ Brett Kessner , "DNA testing submission", http: //www. mensconfraternity. org. au/? page = p46#Top

育的孩子。对于孩子来说，可以制止母亲对孩子的欺骗行为，避免后来发现母亲欺骗行为后造成对孩子成长的负面影响；确保在出生证上登记正确的生物学父亲信息，为孩子在以后提供医疗所需的基因状况和健康信息以及可能的治疗途径，为以后的生活决定提供必要的基因信息。

对于母亲来说，可以避免以后因亲权欺诈的发现而造成被起诉、进行经济赔偿或承担刑事责任的可能，这也是母亲的一种自我保护措施。同时，通过例行亲子鉴定解密，减轻因隐藏亲子关系秘密而造成的心理矛盾和愧疚，有利于母亲的精神健康。对于家族病史的研究者和人类学学者来说，正确的出生证明和基因联系可以为家族遗传病、变异疾病、家族谱系的制定提供准确的信息，从而为疾病的研究、治疗、解决和社会性行为的研究提供帮助。

对于政府和相关机构如孩子抚养执行机构、法院等部门来说，可以因避免引起或发现亲权欺诈而减轻财政负担和用于亲子鉴定的财政开支。也可以从客观上减少因亲权欺诈造成的法律纠纷，提高工作效率。

由于例行亲子鉴定涉及到家庭关系、个人权利问题，目前仍有很多争议，也有持怀疑和反对态度的，其依据主要为：

第一，从目前的研究状况来看，尽管部分国家的部分机构进行了一些研究和统计，但是任何一个国家都还没有一个全面性的令人信服的关于非亲子关系的准确数据。尽管美国血库协会的统计相对比较权威，但主动申请做亲子鉴定的父亲或多或少有一些怀疑的根据，因而主动提出申请的鉴定的结果否定率相对较高。从该血库协会统计的量化结果来看，并没有进行定性分析、对逐个案例深入研究。

正如马克·比勒教授的研究结果显示的，否定率最高也仅为30%，专家的估计率为10%。换言之，目前各国的统计数据只具有警示性，而是否升高到了必须强制性地进行例行亲子的紧迫性，仍需进一步深入调查和统计。

第二，从个人权利与例行亲子鉴定的张力来分析例行亲子鉴定是否具有伦理依据。

在现代西方民主国家中，作为启蒙运动成果的自由、民主观念已经深入人心，自主权、尊重自主已经作为生命伦理学一个核心的、基本的价值观念被广泛接受和实践。尊重自主要求尊重个人的自决权，尊重个体的隐私。然而，例行亲子鉴定无疑会违背一些人的自由意志，包括部分父亲的，并非所有人都情愿并同意做亲子鉴定。例行亲子鉴定意味着将一部分人的选择强加给另一部分父亲，并使他们被迫承担额外的鉴定费用。

同时，例行亲子鉴定也会侵犯家庭隐私。在《隐私法》、《保护人类基因信息》中，基因信息均是作为人的一种隐私信息，而亲子鉴定所揭示的是家庭关系的隐私。例行亲子鉴定在这种情况下，通过样本的物质信息暴露母亲的行为及社会关系隐私，从而违背母亲的意愿揭露母亲的隐私。这种隐私关系的解密可能会影响家庭关系，甚至可能由此引发家庭问题包括暴力甚至家庭解散，而对家庭内出生的孩子进行例行鉴定并将鉴定结果公开化，把孩子的生物学父亲和社会学父亲都记录在出生证上，这虽然能为孩子提供一些有利的医疗信息，但让孩子过早地知道成人的家庭秘密，对孩子的成长也会有不利的影响，特别是对父亲的概念没有正确的认识。对于什么时候告诉孩子其生物学父亲的真相可以将真相对孩子的影响降至最小化，目前存在着争论。英国儿童心理学家斯彭金（Spungin）认为孩子十岁时可能是告诉孩子真相的最佳时间。英国精神治疗医师斯德姆（Sterm）认为7—14岁是孩子面对事实的最具有破坏性的时期，因为在这中间，孩子相信这个世界是固定的，他们发现很难处理这种情形。但斯德姆又认为，当孩子很年轻的时候，对于"什么是父亲"还没有一个完全成型的概念，在这个意义上，他们可能是更适于面对这种问题。①

另从孩子法定的身份权利来说，也是相对的。前述的《联合国关于儿童权利的规定》中的第七条指的是一般情况下应尽可能地保证孩子知道父母的权利，并非是法定的强制性的确保孩子知道父母的权利，也就是说，一般情况下，知道父母要符合孩子的意愿和最佳利益，这从第九条也可以推断出其中的精神原则。第九条规定：各国政府应确保不违背孩子的意愿使其与父母分离，除非受到司法审查的具有资历的机构，根据可应用的法律和程序，决定与父母分开符合孩子的最佳利益。而知悉父母亲是否符合孩子的意愿和最佳利益？例行亲子鉴定无疑是剥夺了孩子（或孩子的监护人的）的自决权，先定地认为知悉生物学父母符合所有孩子的意愿和最佳利益，将孩子的身份隐私暴露无遗。

在应用这些条款时需要明确的是"parent"的含义。现代高新生命科

---

① Gregory E. Kaebnick, "The natural father: genetic paternity testing, marriage and father-hood", *Cambridge Quarterly of Healthcare Ethics*, 13, 2004, pp. 49 – 60.

学技术的发展使得传统意义上的父母亲（生物学父母就是社会学父母）的概念发生了改变，对于此规定中的"parent"作何种意义上的解读，仍需借助法律的相关解释，特别是对于婚姻内出生孩子的"父母亲"不能单单理解为生物学意义上的。这在目前各国对孩子知道父母的权利的法律限制中可以获得支持。德国规定孩子只有在满十八周岁时才有权知道自己的生物学父亲。1995 年澳大利亚维多利亚州通过的法律要求供精所生的孩子只有到了十八周岁才可以与他们的生物学父亲相认。

因而，有学者认为，对于"什么是父亲"这一概念还没有弄清楚的情况下，例行亲子鉴定的目的是为了家长个人责任的解脱还是提供一个机会认领孩子、与孩子建立更有生活意义的关系，并从孩子的最佳利益出发，更好地抚养孩子还没有达到共识的背景下，提倡例行亲子鉴定似乎还为时过早。

二 "什么是父亲"的伦理争论

目前，亲子鉴定在西方国家中主要被用于解决家长之权利与义务的争端，也给现行法律提出了挑战表现为：1. 父亲义务的确立或终止。生母因接受政府福利资助或出于经济压力而迫于寻找孩子的生物学父亲并确立家长身份，从而使生物学父亲承担相应的家长义务，主要是孩子的抚养费。而婚姻内的父亲或者已经被生母指控为孩子父亲的男子，想通过亲子鉴定获得否定结果以终止"父亲"的义务。2. 父亲权利的发生或终止。婚姻外的生物学父亲想通过亲子鉴定的肯定结果来获取父亲的权利，而母亲想借助亲子鉴定的否定证据来否认或终止社会学父亲的权利。

亲子鉴定在解决父亲义务这一问题时产生了伦理悖论。西方国家政府最初目的主要是通过亲子鉴定提供的生物学证据来确定与非婚生孩子具有生物学联系的男子的法定义务。而目前英美等大多数西方国家现行的是五百年前英国制定的旨在保护婚生子女的"婚生推定"。婚生推定（martial presumption）是指：在妻受胎期间，除非丈夫能证明"不在"（absent）或"生理无能"（impotent）或不育（sterile），否则妻之夫被推定为婚姻存续期间妻所生之孩子的父亲[1]。也就是说，父亲对婚姻内出生的孩子的

---

[1] Gregory E. Kaebnick, "The natural father: genetic paternity testing, marriage and fatherhood", *Cambridge Quarterly of Healthcare Ethics*, 13, 2004, pp. 49 – 60

法定义务是"推定"出来的。由此，对父亲法定义务的确立存在着"证据确定"和"法律推定"两种不可通约的标准。"法律推定"产生的法定义务不能通过"证据确定"的标准来结束，这对当前的法律造成了两难境地。①

这种困境的出现，主要是由于亲子鉴定能以科学的方式准确地判定出前 DNA 亲子鉴定技术中的模糊的亲子关系，导致了生物学父亲与社会学父亲不一致（paternity discrepancy）的明朗化。这种不一致，又涉及了孩子与父母亲的关系，导致相应的社会学父亲、生物学父亲、母亲之间的权利义务之争。而由亲子鉴定造成的这一伦理悖论，实际上又触及到了一个实质性问题：什么是父亲？是生而为父还是养而为父？父亲是由基因所决定还是由养育关系决定？在这场中，争论的交锋是"父亲的本质"，这一争论也决定了亲子鉴定在解决争端中的意义。

（一）生物学本质论

"生物学本质论"者认为，父亲本质上是由生物学联系所决定，生物学关系是亲子关系的实质要素，是父子关系得以发生和维持、存在的前提，而父子关系的解除也取决于基因联系的缺失。因而"亲权的决定要尊重生物学事实"。

"生物学本质论"的历史由来已久。"在西方大多数历史上，生物学关系实际成为父亲的决定性标准。"它最初遵循着自然法，认为人与其他动物一样，正是由于亲代与子代之间存在着某种自然的生物学联系，亲代出于一种自然情感和本能竭力哺育和保护自己的后代。正如一位著名的自然法理论家所说："自然激起了父母的勤劳，自然赋予了父母对自己复制的小'图象'倾注了最细微的情感，充满了珍爱。"② 由于亲代与子代共同享有着相同的物质联系而具有爱子、护子的本能，使得生物学父亲天然地成为抚养幼子的最佳人选，因而优先地成了孩子的父亲。在自然主义者看来，这种共同的生物学联系决定着生物学父亲就是孩子的父亲，生物学父亲享有对孩子的权利。"在家庭中，自然在社会秩序和家长权利之间创

---

① 有些国家或地方州已作出相应的改革或作出判例，允许以 DNA 证据终止支付孩子抚养费。

② Anderlik, M. R., Rothstein, M. A., "DNA – based identity testing and the future of the family: A research agenda", *American Journal of Law, Medicine & Ethics*, vol. 28, 2002, pp. 215–232.

造了一种联系。"①

在罗马时代，生物学决定论发展成为更多的是因生物联系使得父亲把子女当做自己的私有财产，对子女拥有着绝对的权利。家父支配整个家庭的财产权，"不但财产是属于家父或家长的，便是他的子孙也被认为是财产，家长即是子女之所有者，他可以将他们典质或出卖于人"。② 在近现代，"生物决定论"则表现为基因决定论。罗宾·贝克在《精子战争》中认为，父亲的性行为潜意识地主要出于更多撒播自己的基因，使自己的基因获得最大的存活率，而母亲主要是为了使自己的基因更好地存活而不至于消失，就需努力地为有限的卵子寻找具有最佳基因的精子。"生物决定论"表现得最为极端的是"唯精卵论"，不问精子如何获得，只以精子是谁的而定责任。在美国，当男孩在 12 岁被一些年长女性强奸后，所生孩子的抚养费依然向这些被强奸的男孩子索取；甚至妇女们不经他人同意，从使用过的避孕套中取出精子并植入自己的子宫中后所生出的孩子，只要被 DNA 证据证明是精子的来源者便被确定为父亲，仍需支付抚养费。③

然而这种观点也被当代西方国家所认可，并成为制定国家政策、要求生物学父亲承担家长义务的依据，这在对婚姻外生育孩子抚养费的支付中表现得尤为明显。当近十多年来，婚外生育的和单亲家庭的孩子的增多给西方国家政府造成极大的福利开支，政府便要求孩子的生物学父亲支付抚养费或承担家长责任。生物学父亲和母亲的性行为导致了孩子的产生，使孩子具有了父亲和母亲的基因，孩子与父亲有着共同的基因联系，这将自然法的规律上升为人的规律，由此推定为父亲对孩子的义务的根据，而由义务带来相应的家长权利如监护权、探望权等；而如果没有共同的生物学联系，也就没有义务和权利可言。如果不存在生物学联系，则不是孩子父亲，由此父亲的义务也就可以解除。而针对亲子鉴定的否定结果已经进行法律改革、终止抚养费支付的一些国家和州，采用的也是生物学决定论的依据。

美国的一些州根据亲子鉴定提供的基因证据来终止父亲义务，相继进

---

① Anderlik, M. R., Rothstein, M. A., "DNA – based identity testing and the future of the family: A research agenda", *American Journal of Law, Medicine & Ethics*, vol. 28, 2002, pp. 215 – 232.

② 杨丽萍：《亲子法研究》，法律出版社 2004 年版，第 16 页。

③ Glenn Sacks, "Shouldn't Men Have a Choice, Too?", *The Los Angeles Daily Journal and the San Francisco Daily Journal*, U. S. , 2002 – 2 – 18.

行了法律改革，如亚拉巴马州（Alabama）、阿肯色州（Arkansas）、佐治亚州（Georgia）、俄亥俄州（Ohio）、弗吉尼亚州（Virginia）允许社会学父亲和一些被母亲指控为孩子父亲的男子（out‐of‐wedlock）通过亲子鉴定的否定生物学联系的证据来解除承担孩子抚养费的义务，甚至还有一些州的法律还规定：只要 DNA 证据，非生物学的婚姻父亲还可以获得赔偿。① 2005 年 5 月 3 日媒体报道了在法国历史上具有重要意义判例：法国一男子在通过 DNA 鉴定证明他不是 13 岁孩子的父亲之后，要求他的前妻及前妻的情人偿还因误以为孩子是他自己的而支付的抚养费。法庭同意授予 15600 英镑的诉讼赔偿。

在"生物学决定论"下，亲子鉴定也就成了判断亲子关系的决定性工具，是决定一个父亲成为父亲、享有对孩子权利的必要手段，因而也就具有例行亲子鉴定的必要性。同时，亲子鉴定也会反过来加强这种"生物学决定论"观念，"亲子鉴定会促使我们认为：父亲与孩子的关系根本上是基因联系或至少必须包含着基因联系，亲子鉴定也鼓励我们认为亲子关系在已经建立或建立多年后依然可以重新评估"。②

（二）社会—生物决定论

此观点认为，"生物学联系"要素并不是"父亲"的唯一决定原因，或者是一个男子成为"父亲"的前提。而社会学关系是生物学关系发生的前提，社会学关系的发生必然导致生物学关系的产生；同时生物学关系也必不可少，共同的基因联系而对家庭的粘和发挥着至关重要的作用。"血缘关系对于社会学关系的影响也是很相关的。……社会学关系对于家庭生活很重要，而基因遗传对于健康也很重要。"③

这也就是传统家庭中所要求的社会学父亲和生物学父亲同一化。这从"婚生推定"可以看出大多数国家是如何在法律上定义婚姻父亲的：由夫与妻结成婚姻这一既定社会事实的存在，在子女为母亲所生育后，推定出子女与妻之夫存在着生物学上的关系，而得出妻之夫为孩子的父亲这一推断，即社会学关系与生物学关系达到了一致。

---

① Martin Kasindorf, "Men wage battle on 'paternity fraud'", *USA TODAY*, 2002‐12‐12.

② Gregory E. Kaebnick, "The natural father: genetic paternity testing, marriage and fatherhood", *Cambridge Quarterly of Healthcare Ethics*, 13, 2004, pp. 49‐60.

③ Ibid..

同样在离婚诉讼中关于监护权、探访权等权利之争，法庭的判决也折射出了这样的理念：社会学关系与生物学关系同时兼顾。在与孩子都发生了社会学关系的具有家长权的人之中，孩子更适合跟具有生物学关系的人在一起生活。有这样一个案例：在孩子父亲去世后，母亲和具有家长权的祖父母关于孩子监护权诉讼案中，法庭最终将监护权判给了母亲和她的第二个丈夫。法庭所援引的证词是：丈夫听到她（妻子）谈论孩子，看到了她对孩子的感情，他对妻子的爱使他产生了照顾孩子的家长情感，使他把这个孩子当做自己的孩子迎进了他的家。[1]

目前，一部分并非因诉讼需要而仅为了获得"心灵平静"去做亲子鉴定的，大都持这样一种"社会—生物决定"的父亲观念：认为社会关系固然重要，但血缘关系也必不可少，因而想求证血缘关系存在与否。而在鉴定结果为排除之后，会有矛盾心理的出现，是因为一方面由于养育孩子的过程中与孩子已经建立了不可分割的情感联系；另一方面在他们的观念中养育发生的前提是孩子是自己亲生的、与自己有着血缘关系的矛盾，关键在于观念中"父亲"的社会学因素无法战胜其中的生物学因素。他们无法正视鉴定的否定结果，还是因为他们无法接受"社会—生物决定"的父亲观念中基因联系的缺失。澳大利亚一位父亲在他48岁时通过DNA证据证实儿子不是他的之后，有一种深深的失落感："它摧毁了我的生活。""我现在想有一个我自己的孩子已经太晚了，不太可能了。"[2]

西方大多数国家在一些父亲虽然已获得DNA否定证据，在社会学父亲与生物学父亲相分离的情况下，仍维持婚姻推定，重视"生物学关系"发生的社会基础，重视家庭生活的社会事实，可以说是限制亲子鉴定在婚姻家庭的介入，限制亲子鉴定对家庭关系的干预，体现了社会学关系重于生物学事实、家庭情感优于客观真实的价值导向，维持家庭稳定之意图。"在美国的38个州，尽管一个男人能通过DNA鉴定证明孩子不是他们生物学的后代，但仍需对孩子的成长承担经济责任。"某社会学父亲已经为11岁的"儿子"支付了25000美元的抚养费。在通过DNA亲子鉴定进行公证

---

① Anderlik, M. R., Rothstein, M. A., "DNA – based identity testing and the future of the family: A research agenda", *American Journal of Law, Medicine & Ethics*, vol. 28, 2002, pp. 215 – 232.

② Greg Callaghan, "Whose Baby? – Who's your Daddy?", *The Australian Magazine*, 2004 – 11 – 6.

后，排除他是孩子的生物学父亲之后，法院仍作出维持要求支付抚养费的原判，除非有法律改革，否则他要到孩子 23 岁时才能停止支付抚养费。

（三）社会关系决定论

"社会关系决定论"认为，"父亲"不是因为孩子具有他的基因而先天地成为父亲。父子关系同其他人类关系一样，是后天、长期形成的一种特殊社会关系。而生物学联系只是成为一个"父亲"的偶然因素，并不是伴随着社会关系发生而必然产生的一个因子。"社会关系决定论"的代表是父亲的"功能主义/心理主义"观。这种观点认为，决定"父亲"这一角色的人并不是先天确定的、封闭的，而是开放性的，"父亲"只能由适合并胜任这一功能的成年男子来担当。"父亲"社会角色既可以是社会学关系所形成的父亲，也可以是生物学父亲。正如格勒斯登（Joseph Goldstein）、弗罗伊德（Anna Freud）、舍勒尼（Albert Solnit）在《孩子的最佳利益之外》（*Beyond the Best Interest of the Child*）中所写道的："一个成人是否是一个孩子的心理父亲，是建立在每日的交往、陪伴、共有的经历。这一角色可以是由生物学父亲或者是继父或者其他任何关心的成人来担当。"而汤姆·穆雷（Tom Murray）将承担这一功能的父亲定义为"养父"（rearing parent）①

在"社会关系决定论"中，虽然"父亲"的实质要素是所形成的社会关系因素，但也没有完全否认生物学关系在"父亲"这个概念中的价值，只是将传统观念中的"血统至上"或者"血缘不可缺"置于一个非主导性的次要地位，视为一个偶然因素。只是有着生物学联系便能为父子的社会学关系带来一些附加价值而使其增值。基因联系通常能提供一些社会和心理利益，明了的生物学联系能提供一个与基因联系的医疗史，因而可以更好地知道他们自身潜在的疾病，同时还可以获得一些社会利益，包括从基因联系的条件性中获得物质利益到更无形的社会和心理利益。

建立在当代家长和生物学之间的观念之上的其他可能利益，在一定的方式上，都是有条件的。生物学联系有助于心理学联系的建立，因在孩子出生之前便有了对孩子的照顾和养育，它给予家长比其他人所能有的更早经验和体验，能增进孩子和父母亲以及其他亲戚之间在性状上建立联系。

---

① Gregory E. kaebnick, *The natural father*: *genetic paternity testing*, *marriage* and *fatherhood*", *Cambridge Quarterly of Healthcare Ethics*, 13, 2004, pp. 49 – 60.

基因联系有时不仅有助于孩子形成一种身份感，还可以给生活增添乐趣和意义。对于父母来说，参与生产孩子这一工程中是一种乐趣，而对于孩子来说，能够感受到自己的身体存在部分地归因于父母自身有意义的创造活动也是一种乐趣。①

因而在"社会关系决定论"下，亲子鉴定能为孩子提供健康所需要的基因信息，也能为正担当着"养父"这一职能、关爱孩子、为孩子的最佳利益着想的社会学父亲提供一个获得生命健康信息的渠道。不是因生物学关系的不存在而否认了已经建立起来的社会学联系，割断已经形成的不可分离的依赖性心理情感。因为亲子鉴定"所确立的是一种很狭窄的、生物学联系，不是人与人之间的联系，而是器官之间的联系。然而，我们用于确立生物学和偶然联系的，绝不能用来确定一种人与人的关系和相应的权利，或解除人与人之间的关系及其所伴随的责任"。②

（四）论争的难题：孩子能否同时拥有社会学父亲与生物学父亲

上述的论争，引发了一个伦理和法律的难题：孩子能否同时拥有社会学父亲与生物学父亲？请见下例：阿米·库克－凯思（Army Cook－Keith）和丈夫唐纳德·凯思（Donald Keith）结婚六年。她和丈夫将近分手时，遇到了另一男子雷纳德（Reynolds）。当库克和唐纳德又复合时，库克怀孕了并选择把孩子生了下来。库克要求法庭命令雷纳德支付孩子的抚养费。雷纳德开始并不相信，但 DNA 亲子鉴定证明他是孩子的生物学父亲。库克认为，"我不想插一把刀在唐纳德身上，我需要抚养费来养育这个孩子"。唐纳德照顾孩子并爱这个孩子，但只是情感上的，而不是经济上的。他从不为孩子买衣服或食物。唐纳德在探访孩子后认为："这是一个家，在我看来是一个很好的家。他（孩子）有母亲、父亲和他们的爱。"

如果按照曼斯菲尔德勋爵规则（Lord Mansfield's Rule），亲子鉴定将破坏 Cook 的婚姻，她丈夫会不高兴，而且他不应该抚养别人的孩子。"而州法律规定孩子不允许有一个生物学父亲，但库克担心，孩子如果需要输血或器官移植时该怎么办？"最高法院说，法律不允许一个孩子有两

---

①　Gregory E. kaebnick, *The natural father*: *genetic paternity testing*, *marriage* and *fatherhood*", *Cambridge Quarterly of Healthcare Ethics*, 13, 2004, pp. 49 – 60.

②　Ibid. .

个父亲。①

曼斯菲尔德勋爵规则（Lord Mansfield's Rule）为英国普通法的起源，规定婚姻内所生孩子为婚姻之产物。

在雷纳德的案例中，按照曼斯菲尔德勋爵规则，孩子无论怎样都是唐纳德的婚生儿子。但由于库克的指控和 DNA 亲子鉴定，揭开了亲子关系秘密。亲子鉴定技术使得婚生推定中的潜在的社会学父亲和生物学父亲不一致的矛盾彻底暴露出来。科学的证据使得孩子可能同时明白地有着社会学父亲和生物学父亲，彻底地破坏了"父亲"的唯一性。而为了继续维持法律中的父亲的唯一性，相关的法律政策的制定有两个价值偏好的指导：孩子的需要和维护家庭隐私的需要。在孩子的成长研究中，哥德斯坦（Goldstein）和他的同事认为如果成人之间彼此相互敌对的话，孩子在多个成人之间维持关系会遇到困难；直到他们的成长后期，将会缺乏理解血缘概念的工具出于这些考虑，解决问题的指导原则强调确保关系的持续性之重要性和孩子在时间经历中的感觉②，另一方面的考虑是出于对法律无力监管人际关系的认识。

在该案中，在库克和雷纳德的观念中，将"父亲"定义为"社会—生物决定论"中的父亲，社会学因素和生物学因素同时具备，缺一不可。因而在孩子与唐纳德不存在生物学联系的情况下，认为唐纳德不是此意义上的父亲，也不应当承担孩子抚养费的义务。而法定的 DNA 证据证明孩子与雷纳德存在着生物学关系，以"生物学决定论"为根据要求雷纳德支付抚养费。在此，生物学父亲承担着经济责任/功能。社会学父亲承担着父亲的心理和情感责任/功能。这一案件的特殊之处在于，法定中要求的唯一父亲承担的经济功能和情感功能分离了，分别由生物学父亲和社会学父亲履行了。

而法律的普适性、平等性、权威性要求孩子不可能同时有两个父亲。那么在这一法律难题中，在伦理学中，尤其借助境遇伦理学理论，一个孩子同时具有两个父亲是否可能？以孩子的最佳利益为视点则可能实现二者的协调。不问孩子是谁的（私有财产），而只考虑怎样才能更好地实现孩

---

① DougGuthrie, "DNA testing upsets parentage laws", *The Grand Rapids press*, 2004 - 2 - 29.

② Anderlik, M. R., Rothstein, M. A., "DNA - based identity testing and the future of the family: A research agenda", *American Journal of Law, Medicine & Ethics*, vol. 28, 2002, pp. 215 - 232.

子的利益、使孩子更好地成长。以孩子利益至上为基点，经过沟通交流、协调，可以达成共同抚育孩子的共识。可以说，两个父亲及与母亲之间也不存在着妨碍孩子成长的关系，甚至可以说有些协调。突破纯粹的血缘关系而以爱为其规定，也会培养孩子的爱的意识，促进孩子的成长。

三 西方亲子鉴定论争中的知情同意

知情同意是生命伦理学中的一项基本原则，亲子鉴定在社会中的应用是否也应遵循知情同意？这也是目前在西方国家中具有争议性的伦理问题。

目前，世界各国政府都开始对亲子鉴定这一新兴行业进行规范。最有争议的是对没有母亲知情或同意的鉴定（或有时称为父—子鉴定或无同意的鉴定）的规范。[①]

在2003年4—5月澳大利亚高新技术与社会研究中心（the Australian Center for Emerging Technologies and Society）进行的一项关于公众对高新技术的意见全国性调查中发现：其中关于DNA亲子鉴定这项技术，被调查者在各方都同意用DNA鉴定来判断亲子关系时，为比较满意，平均满意度为9.0（"0"标示根本不满意，"10"为非常满意）。但是，在母亲不知情的情况下做DNA鉴定时，大多数被调查者表示不满意，平均满意度为4.99，其中有18.8%的被调查者的满意度为0。[②]

（一）西方各国的相关规定或伦理建议

亲子鉴定是否应当实行知情同意？目前各国都有不同的规定。美国负责亲子鉴定授权的主管机构美国血库协会（AABB）关于知情同意是这样规定的："在启动收集程序之前，根据应用法，应获得每一参加鉴定的家长"或宣称"家长和其他被鉴定者的知情同意，如果其他被鉴定者是未成年人的或者无民事行为能力的，应获得法定监护人的知情同

---

① Gilding, M., "DNA paternity testing without the knowledge or consent of the mother: new technology, new choices, new debates", *Australian Institute of Family Studies*, 2004, pp. 68 – 75, http://www.aifs.gov.au/institute/pubs/fm2004/fm68/mg.pdf.

② Turney, L., Gilding, M., Critchley, C., Shields, P., Bakacs, L., Butler, K. A., "DNA paternity testing: Public perceptions and the influence of gender", *Australian Journal of Emerging Technologies and Society*, no. 1, vol. 1, 2004, pp. 21 – 37, http://www.swinburne.edu.au/sbs/ajets/journal/V1N1/pdf/V1N1 – 3 – Turney.pdf.

意。相应的记录应作为档案的一部分。"德国的相关指导也要求鉴定时
必须获得每一被鉴定者的同意:"没有法庭传令,只有在获得子女的知
情同意后才进行鉴定,当孩子无民事行为能力时,需获得他/她的监护
人的同意。"

2003 年澳大利亚法律改革委员会(ALRC)和全国健康和医学研究部
的健康伦理委员会在《关于保护人类基因信息的调查报告》(Inquiry into
how to protect human genetic information)建议:当样本的供者为成人时均
需获得同意;对于死者的样本则应获得死者的最近亲属和其他授权人的知
情同意。当涉及未成年的孩子时,则比较重视孩子意愿的表达,对此采取
了兼顾年龄和孩子意愿表达的两层方式:对于 12—18 周岁之间的、经测
定有足够的成熟度(maturity)能作出自由和知情的同意的成熟孩子,对
孩子的样本在获得孩子的书面同意或法庭传令时便可进行鉴定。对这些孩
子的成熟度、同意的自愿性的评估则应由一个独立的职业者进行测定,这
些职业者可以是《家庭法案》(FLA)规定下的家庭或孩子的咨询者、社
会工作者、心理学家。

对于 12 周岁以下的和 12—18 周岁之间的没有足够成熟度作出自由和
知情的决定的未成熟孩子,只有在获得对孩子有家长责任的人的书面同意
或法庭传令时才能对这些孩子的样本进行鉴定。当其中一个具有家长责任
的人不同意或因客观原因无法联系上时,法庭应被授权代表孩子利益为孩
子作出决定。2005 年澳大利亚政府对该报告的回应是,以孩子的最佳利
益为标准,拒绝了该建议,认为:"因为这将会与《家庭法法案》不一
致。"12—18 周岁的成熟孩子同意做鉴定时,但如果法庭认为这不符合孩
子最佳利益时,有可能作出违背孩子意愿的不同意取样或对样本进行鉴定
的裁决。

英国卫生部的《基因亲子鉴定服务的实践规则及指导》(code of prac-
tice and guidance on genetic paternity testing service)认为:鉴定只有在获得
所有有能力作出同意的成人的书面同意后才能进行。在英格兰、威尔士、
北爱尔兰,16 周岁及以上的孩子可以根据自己的利益作出同意或拒绝鉴
定的决定。而对 16 周岁以下的,只有家长责任的才能代替孩子作出同意。
当法庭要求对 16 周岁以下的孩子进行鉴定,而对孩子有家长责任的人拒
绝同意做鉴定时,法庭根据孩子的最佳利益,取消鉴定需要同意的要求。
个人鉴定中,在考虑孩子的年龄和能力后,如有可能者,取样者应听取并

考虑孩子的意见，做出是否同意进行鉴定的决定。但如果取样者或亲子鉴定服务提供者有理由相信鉴定不符合孩子的最佳利益时，样本就不应被提取或进行鉴定。

孩子抚养执行机构（CSA）是要求三方——孩子、母亲、宣称父亲都进行鉴定。对"同意"具有争议的案件中，对孩子有家长责任的人不止一人，1989 年《儿童法案》规定，没有任何一方拥有给孩子做出同意的优先权，没有任何一方可以单独行使"同意"权利，也没有任何条款规定在要求双方共同决定是否作同意。《基因亲子鉴定服务的实践规则及指导》的建议是，孩子父母之外的他人也可能有家长责任，被鉴定者和孩子代理人可以向律师、CAB 或咨询机构征询独立的建议。

（二）对单方知情同意的伦理争论

西方国家中，一些父亲或为了想在离婚之前弄清楚孩子是否是自己亲生的，以便决定在离婚诉讼中争取孩子的监护权，或为了停止支付孩子抚养费，想在法庭要求鉴定之前先获得一个答案以决定下一步行动；有些父亲或母亲则是为了获得"心灵的平静"，想在不让另一方知情、引发家庭矛盾的情况下弄清事实真相。因而出现了"无母鉴定"和"无父鉴定"。2003 年澳授权机构 Genetic Technologies 就有 20% 的鉴定是单方同意的。在英国，"尽管例行亲子鉴定（routine paternity testing）是从母亲、假定父亲和孩子身上获取样本进行鉴定，但越来越多的鉴定只对孩子和假定父亲的样本进行"。[①] 在德国，由于法庭结果的不平衡，通常男子为了找出真相甚至不具法律根据收集孩子头发或衣物上的组织后，连同他们的头发或唾液样本一起送至市场上进行 DNA 鉴定的特定基因鉴定机构。德国的鉴定机构为做 DNA 鉴定，只接受样本而不考虑获得的基因信息的任何后果。[②] 一些父权运动者和鉴定机构等主张无母单亲鉴定，其主要的依据是：

从鉴定的必要性来看。在夫妻关系或伴侣关系存续时间非常短暂的年代，对于父亲来说，知道自己是孩子父亲是非常重要的。父亲有权知道自

---

① "code of practice and guidance on genetic paternity testing service", http://paternity. forensic. gov. uk/docs/geneticspaternity. pdf.

② Christian K. Rittnera, Peter M. Schneidera, Gabriele Rittne, "Expert witness in paternity testing in Germany" Legal Medicine, Tokyo , Japan, vol5, Supplement, pp. 65 – 67.

己所抚养的孩子是否亲生的，这从目前支付孩子（尤其是婚外生育的孩子）抚养费的主要依据是父亲与子女存在着生物学上的联系来看，要求对不是自己生物学上的孩子支付抚养费，对于父亲来说这是不公平的。孩子也有权知道自己的生物学父亲。从当前关于收养和供精所生的孩子寻找生物学父亲的政策中可以看出这是一个逐渐被社会认同的事实。此外，单亲鉴定也符合孩子的最佳利益，生物学纽带可以增强父子感情，促进家庭更加凝聚。

知情同意设置了一些其他的人为障碍。一般的例行医学检查也通常只需要一方同意即可。如果一些心里清楚孩子是非亲生的母亲会因面临着被揭露或起诉、赔偿的可能，因而会反对。在现行法律体系下，法庭可能偏袒、保护妇女而不同意鉴定。即使诉讼中法庭同意鉴定，所要求的鉴定的费用也相对较高，而且费时。

从后果论来看，单亲鉴定也只是从客观上揭示了一个已经发生了的事实真相，可以使双方相互知情。通过单亲鉴定，可以从客观上以一种可以预知的手段促使各方保持诚实，从而促进社会诚信体系的建立。

然而，也有人有不同看法，持反对意见，其论据有：认为它没有考虑到孩子和母亲的权利，同时也忽略了家长在孩子共同抚养中的合作性质；对于单亲鉴定是否符合孩子的最佳利益不可一概而论，如果因鉴定而使孩子失去父亲、失去经济和非经济方面的受照顾的权利，那么知道事实真相、准确的基因信息的利益来说相对次要。

亲子鉴定所揭示的信息是家庭关系的信息，比其他健康方面的信息更具有破坏性，因而相对于一般的例行体检来说，更具有特殊性。易于获得的鉴定途径，松散的鉴定程序，会大大减少鉴定的严肃性，忽略了对潜在后果的思考和对自身承受能力的预估；而在鉴定结果与自己所预期的结果不一致后，由于缺少获得相关帮助的伦理咨询途径，父亲情绪易于失控，可能会导致家庭暴力，对母亲和儿童造成情感上和身体上的伤害，同时对本人的健康特别是精神上也会因此受到影响。单亲鉴定，由于缺少双向同意，会致使双方不能共同面对事实，以对话的形式商谈解决，达到真正意义上的亲子关系乃至家庭关系的调适。

目前关注较多的是秘密进行的无母鉴定。2006 年出台的英国《人体组织法案》（human tissue act）中规定，对于没有获得合法同意而对身体样本进行测试的，包括亲子鉴定，将视为一种刑事犯罪。澳大利亚的《关于保护人类基因信息的调查报告》中，对于没有样本所有者的同意而提交样本并对样本进行基因鉴定的，建议成立一种新的刑事罪。德国司法部部长崔普惠斯在接受德国著名妇女杂志《碧姬》（brigitte）采访时表示，如果男方未经女方同意，擅自做亲子鉴定，将被控侵犯人权罪，处以最长一年的有期徒刑。① 德国联邦法庭判决，秘密的无母亲子鉴定（secretary paternity testing）在诉讼中是不被作为证据采信的。② 2004 年英国一家事法庭（family court）在一名男子通过 DNA 鉴定证明他不是孩子父亲后，只同意诉讼中要求赔偿多年抚养费的一部分。有关法律专家认为，法官的这种裁断是为了防止同样的法庭案件的泛滥，同时这也是对控制无母鉴定进行规范所作的一种努力。③

有一种为限制性的观点认为不应全面禁止单方亲子鉴定，而应区分各种情况、看对象而定。对于无母鉴定，2001 年英国英国卫生部制定的《关于基因亲子鉴定服务的实践规则及指导》中认为：当母亲同意孩子被鉴定时或者假定父亲关爱、照管孩子，并能为孩子作出同意时可以进行。

还有一种务实性的消极提倡观点，澳大利亚斯文本理工大学高新科学技术与社会中心主任社会学副教授吉尔丁认为，在商业性的亲子鉴定已经打开了市场的情况下，任何试图阻止这项技术的努力都将是无用的；如果对它进行限制，需求者会寻求国外鉴定（在本国收集样本，到其他国家的鉴定机构对样本进行鉴定），那么这种状况依然不会改变。他提出了一种基于实际的调和方法——将知情与同意相分离，既兼顾母亲的知情权，又照顾、确保父亲的知情权。他认为，当孩子尚未成熟时，可以进行无母亲同意的鉴定。具体做法是：在进行亲子鉴定之前，父亲提供母亲的详细联系方式作为资料的一部分，鉴定者然后根据所提供的联系方式正式告知母亲即将进行鉴定一事。然而，这种方式虽然保证了母亲的知情权，但它无法就亲子关系争议一事进行对话沟通，除了能满足父亲的知情权外，对

---

① 杨莉：《德国准备叫停亲子鉴定》，《环球时报》，2005 年 1 月 18 日。

② Frances Gibb，"Proving fatherhood is only first hurdle"，*The Times*，Britain，2004 - 11 - 30.

③ "Who's your daddy？"，*Times Online*2004 - 8 - 1，*The Sunday Times Magazine*，http：//www.timesonline.co.uk/article/0，，8123 - 1200225_2，00.html.

于修复、建设家庭关系没有积极意义。

第三节　中国亲子鉴定的伦理分析

一　亲子鉴定适用范围的伦理规范

目前我国亲子鉴定向社会开放，个人出于各种目的和需求都试图通过亲子鉴定来解决。由于我国现在对亲子鉴定的适用范围没有明确规定，由于鉴定需求者缺乏理智的思考和获得伦理咨询，亲子鉴定引发了种种家庭问题。为了使亲子鉴定不被滥用，有必要进行伦理规范。确定亲子鉴定的适用范围需遵循"有利和不伤害原则"。

（一）有利和不伤害：亲子鉴定适用的规范原则

亲子鉴定技术正如其生命科学技术一样，在人类社会中的应用应当遵循生命伦理学中的基本原则——有利原则。有利原则关涉的是个体或社会的福利。它要求我们对任何行为或政策进行利与弊的分析与综合评估。在其本质上，要求我们对行为目的进行考量①。有利原则也包含着不伤害的基本要求。然而，如现代高新科学技术本身对人类有正负效应一样，亲子鉴定在给人带来利益的同时，也给一些人带来实际或潜在的伤害。亲子鉴定由于不仅关系到样本供者之间的利害，同时由于关系到样本供者所在的家庭、社区、社会，因而在给某一供者或二供者带来需求的满足的同时，也可能会伤害未出场的当事人。所以亲子鉴定中的有利原则，在其理想性上，应是对每一样本供者包括未出场的当事人都有利无害；在其现实性上，由于存在关系人之间不可避免的利益冲突，应当遵循"双重效应"原则，综合权衡当事人之间的利益，做到"伤害最小化"，对亲子鉴定技术之手段以目的上的限制。

（二）目前国内亲子鉴定中所关注的利益分歧：以一法院关于亲子鉴定的不同判例意见为例

目前由于我国对亲子鉴定案件的审理沿用的是 1987 年的《关于人民法院在审判工作中能否采用人类白细胞抗原作亲子鉴定问题的批复》，《批复》中规定："对要求作亲子鉴定的案件，应从保护妇女、儿童的合法权益，有利于增进团结和防止矛盾激化出发，区别情况，

---

① Sanford Leikin, "First, Do No Harm Ethics & behavior", pp. 193 – 196.

慎重对待。……一方当事人要求作亲子鉴定的，或者子女已超过三周岁的，应视具体情况，从严掌握，对必须做亲子鉴定的，也要做好当事人及有关人员的思想工作。人民法院对于亲子关系的确认，要进行调查研究，尽力收集其他证据。对亲子鉴定结论，仅作为鉴别亲子关系的证据之一，一定要与本案其他证据相印证，综合分析，作出正确判断。"

《批复》虽要求以妇女、儿童利益为倾斜点，以家庭的团结为出发点，但由于我国亲属法律关系体系的不完善，既没有婚生推定和婚生否认的法律规定，也没有对非婚生子女的认领、准正、强制认领从法律上给以明确规定，可以说亲子关系的确立和否认是依赖于传统习俗、当事人的道德观念及主观判断和无法律效力的客观事实。由于没有法律保障，当作为父亲的一方当事人随着社会环境的变化而传统习俗不再发生作用的情况下，其道德观念不一，主观判断也随着生活事实发生相应改变时，亲子关系因主观确立的"效力"及其相应的家长责任也面临着失效的危机，因而子女利益无从获得保障。由于《批复》中未将婚生子女和非婚生子女的亲子鉴定程序的启动和证据效力加以区别对待，以致在判例实务上将婚生子女的适应条件运用到非婚生子女情况中，仍按照一般的民事诉讼程序，没有看见亲子关系人事诉讼尤其是非婚生子女之抚养请求的特殊性，而强调当事人的地位及权利平等，实行"谁主张，谁举证"，而对于一方当事人（生父）拒绝做亲子鉴定的，《批复》中亦没有明确规定亲子鉴定的证据优越或是采用间接强制方法，使得非婚生子女的利益在强调父母利益下被忽略了，因而出现了同一案件中由于司法价值理念不同而出现不同的判例结论。

李倩与王峰生有一非婚生子女，李向王追要抚养费，遭到拒绝，李遂诉诸法院，被告王峰承认与李倩有同居事实，但否认孩子是其与李倩所生，不同意负担孩子的抚养费。在本案的审理过程中，被告王峰经法院合法传唤既不到庭应诉，又不肯去做亲子鉴定。此案能否确认亲子关系，出现了两种不同的意见：第一种意见认为，在原告缺乏直接证据，而被告又不到庭的情况下，如果判令被告承担有明显身份关系的民事责任，客观将助长当事人对诉权的滥用，不利于被告合法权益的保护，应当驳回原告的诉讼请求；第二种意见认为，如果被告王峰不肯做亲子鉴定，又不提供其他证据证明孩子的出生与自己无关，那么就应当承担败诉的责任。①

　　在这一案例中，由于缺乏有效的婚生推定制度，同居时受胎所生之子是应推定与生母同居时唯一发生性关系的男子为孩子生父，抑或是与生母同居并发生性关系的男子均应被推定为具有生父的可能性，法律上都没有这方面的规定。同时，又由于我国对于非婚生子女的生父标准缺乏统一规定，又没有认领、准正、强制认领制度，也没有类似西方国家中的福利政策，使非婚生子女在无生父支付抚养费的情况下获得基本的生活保障等福利待遇。因而，一切只能依生父的"恻隐之心"，道德良知来认领孩子，承担抚养孩子责任或支付抚养费。在非婚生子女没有生父自愿认领、无法获得基本的抚养费以维持生活的情况下，亲子鉴定就成了维护其基本利益的决定性工具，亲子鉴定结果也就成了证明亲子关系存在的补强性证据，要求生父支付抚养费的关键性证据了。在这一案件的审理过程中，第一种意见主要是基于法律上双方当事人的权利平等，防止因原告无直接证据而对被告造成合法权益的损害之考虑的。第二中意见则是采取在被告持有证据而不肯举证的情况下，通过对被告采取不利益的认定来保护妇女儿童尤其是非婚生子女的利益。这一案件中两种意见的分歧，实质上折射出了对亲子鉴定目的之价值理念的分野：非婚生子女诉讼案件中在假定（或可能）父亲不同意鉴定的情况下，是否进行亲子鉴定取决于保护父亲的合法权益（如名誉权、自主权），还是孩子的基本利益（生存利益、成长利益）优先。

　　（三）西方各国亲子鉴定中的利益关注

　　由于亲子鉴定关系到假定父亲、母亲、孩子，甚至有些还包括生父，当他们之间的利益发生冲突时，假定父亲的知情权与相关的经济利益、母亲的隐私权及尊严、孩子的利益、家庭的安定性不可协调时，究竟以何者的利益为优先，这涉及亲子鉴定应用中的价值理念。西方各国对此的选择有所不同。

　　美国：子女最佳利益至上

　　在美国，亲子鉴定的应用及其作为法庭上的证据效力都是以"子女最佳利益"为其价值标准的。子女的最佳利益包括："假定父亲担任父亲角色的时间、发现可能非亲（non - paternity）的相关事实、父子关系的

———————

① 王宏：《由亲子鉴定引发的法律思考》，《贵州民族学院学报》（哲社版）2005 年第 1 期。

性质、孩子的年龄、对孩子的潜在伤害以及和另一相关男子（生父）确定亲子关系对孩子的潜在伤害和家庭中其他成员的关系。"[1] 当子女利益与父母各自的利益发生冲突的情况下，以子女的最佳利益为优先和作为评判的基准。除了已被生父认领、准正之外的非婚生子女，只要是在自愿认领中对亲权有疑问的，为使子女尽早获得生父的照顾和抚养权，DNA 亲子鉴定均被作为唯一的科学证据予以积极采用，并且具有证据优越性，以此来加速确定孩子生父。2000 年《统一亲权法案》（602，606）中规定：如果孩子没有一个推定父亲、自愿认领或法定父亲，亲权调整程序在任何时候都可以启动[2]。地方孩子执行抚养机构被授权可在无须法院指令情况下命定亲子鉴定，以便快速进行亲子鉴定，使孩子的父亲早日确定，使孩子能尽早接受父亲的经济及非经济方面的照顾。在婚生推定的否认方面，从孩子成长的利益及环境来看，身份的稳定更有利于孩子的成长，则对于 DNA 亲子鉴定证据的采用有着严格的限制。在孩子出生两年后以内，可以行使亲权否认权，而两年以后诉权自行消失。两年期限被特拉华州、北达科他州、得克萨斯州、犹他州、华盛顿州、怀俄明州等州采用了。[3]

其次，从判例实务来看，对于是否启动鉴定程序也是以孩子利益为其标准的，如知悉真实身份符合子女最佳利益，则命定进行亲子鉴定。"从美国法院的见解观察，在确认亲子关系存否的条件中，若知悉生父符合子女最佳利益时，受诉法院承认 DNA 鉴定结果得作为证据资料。相反的，在确认亲子关系事件中，若子女不愿知悉生父，或知悉生父并不符合子女最佳利益之际，例如婚生亲子间虽无血缘关系，但具有亲子生活的事实和意思，且表见父母适切地履行父母的责任时，判例法运用衡平原理，承认'衡平法上的双亲'（equitable parent），拒绝采用科学证据来解决纷争，在法律上维持该婚生子女的地位，不得变更。"[4]

---

① UNIFORM PARENTAGE ACT（2000）608B，http：//www. aals. org/profdev/family/sampson. pdf.

② UNIFORM PARENTAGE ACT（2000）section 606，http：//www. aals. org/profdev/family/sampson. pdf.

③ Tresa Baldas，"Parent Trap：Litigation Explodes Over Paternity Fraud"，*The National Law Journal*，U. S. A.，2006－4－10.

④ 邓学仁、严祖照、高一书：《DNA 鉴定——亲子关系争端之解决》，北京大学出版社 2006 年版，第 69—70 页。

再次，对于亲子鉴定的证据，在被推定之父或被指定之父用来否认亲权、终止责任方面的效力也是严格限制的。24 个州都有亲权欺诈法，尽管父亲被证明不是孩子的生物学父亲后，仍需支付孩子的抚养费。[①]

法国：注重家庭关系的安定和睦

法国基于家庭长时间建立起来的共同的亲子关系和生活事实，保护家庭的和睦，重安定性而忽略真实性。因而对亲子鉴定的目的严格限制，明令禁止无法定命令要求的个人鉴定。"《法国民法》第 16 条之规定：实施 DNA 鉴定，应限于裁判程序中紧急调查、证据调查，或科学研究、医学上之目的时始得为之（第一项）……在民事上，限于确定亲子关系之诉或异议之诉及以诉求抚养费用时，始得实施。……因此，丈夫怀疑妻子不贞（或事实婚之夫），虽然可以私下借由非正式的血液检查来确认父亲的真实性，但实施 DNA 鉴定专属于法官的权限，且限于特定诉讼上因调查证据的必要始得进行。若上述男性在法庭之外自行实施 DNA 鉴定，应受刑事上的处罚。……在法国，个人不但不得自行委托进行 DNA 亲子血缘鉴定，未经许可的机关或个人亦不得进行鉴定，只有法官在调查证据时，才有权实施。"[②]

德国：追求血统的真实

德国基本规定血统认识权属于人格的一部分。成年子女有确定血统的权利。出于确认血统的必要，包括认领诉讼、婚生否认诉讼、亲子关系不存在诉讼等，除非存在拒绝血液检查的正当理由（比如有害于人体身体健康），所有人都得协助检查，而对于拒绝检查的惩罚是比较严重的：裁定拒绝受鉴定系无理由时，法院除了课以 1000 马克以下的秩序罚锾或六周以内的秩序拘役外，并命其负担因拒绝所生之费用。对于间接强制无法达成目的，义务人对于鉴定的命令反复拒绝时，得使用强制的方法，特别是以强制抽血作为法律效果。[③]

英国：侧重血缘真实性，同时兼顾子女利益

---

① "Paternity Testing Grows in Popularity Almost One – Third Of Men Who Took Paternity Tests in 2003 Were Not the Biological Father", *ABC news*, 2005 – 10 – 5, http：//abcnews. go. com/Health/Health/story? id = 1202635&page = 2.

② 邓学仁、严祖照、高一书：《DNA 鉴定——亲子关系争端之解决》，北京大学出版社 2006 年版，第 63—64 页。

③ 同上书，第 89 页。

在英国，由于比较重视亲子关系的血缘真实性，因而不仅对于非婚生子女的认领或强制认领直接以亲子鉴定的结果为认定亲子关系的决定性证据，在否认婚生推定时也承认以亲子鉴定证据重新判定亲子关系的真实身份。而在民事诉讼上，法院实行职权探知主义，不经当事人申请便可启动鉴定程序，对于当事人不服从指示的，虽不直接从当事人身上取样，但实行间接强制，法院采用推定结果推定亲子关系存在而发生效力。英国在贯彻血缘真实的同时，也兼顾子女利益，以不损害子女利益为其底线来决定是否要求鉴定。1992 年贵族院在推翻亲子关系推定的案例中判示："对于鉴定申请，只要不能证明无损于子女利益，应以贯彻真实主义为原则。仅于明显有害于子女利益时，始得例外排除血液鉴定。""而对于仅出于夫之单方利益，如仅为发掘妻子不贞之事实所为之亲子关系鉴定之申请，法院与实务学说一致强调应驳回申请。"①

（四）我国亲子鉴定中应当确立的价值理念

比较国外亲子鉴定之价值理念时，可以发现，英美都明确重视孩子的利益，法国虽然以身份、家庭的安定性为重，但透过家庭的安定、身份的安定，实质上也是给孩子的成长提供有利的家庭环境、充分的安全感以促进孩子人格、心理的健康发展，因而在这种意义上也间接地保护、促进了孩子的利益。我国在《批复》中也有强调："应从保护妇女、儿童的合法权益，有利于增进团结和防止矛盾激化出发"，在借鉴英美的价值理念，我国亟须改变现有的"夫权、父权"至上的观念，建立以孩子利益至上、兼顾母亲利益、维护家庭安定的新的亲子鉴定价值理念。孩子利益至上，这不仅是符合联合国《儿童权利公约》的精神，也是我国对该公约的义务的践履。"1989 年 11 月 20 日，联合国第 44 届大会通过的《儿童权利公约》规定了儿童出生后具有生存权、受教育权等权利，并规定了保护儿童的最佳利益原则，指任何事情凡涉及儿童，必须以儿童利益为重。我国政府于 1990 年 8 月 29 日正式签署了这一公约，成为了第 105 个签字国家。"②

（五）新价值理念下的亲子鉴定适用范围的伦理探析

根据这一新价值理念，针对第一章所述我国亲子鉴定民事原因之分

---

① 邓学仁、严祖照、高一书：《DNA 鉴定——亲子关系争端之解决》，北京大学出版社 2006 年版，第 87—88 页。

② 朱友学：《论婚生婴儿亲权及其价值基础》，《法律适用》2005 年第 7 期。

析，可以将亲子鉴定适用范围大致分为：

1. 责任归属型

（1）对于非婚生子女在生母没有组成新的家庭、形成继父子（女）关系时，生母为孩子请求抚养费或请求生父认领之情况下，为保障孩子的利益，应允许在具有与生母同居或发生性关系等正当事实的前提下，不论假定父亲为生父的概率有多大，由生母提出或申请的，因积极推行采用科学的并在理论上和实践上均被认可的亲子鉴定，并且鉴定结果应当具有证据优越性。

（2）对于婚姻关系已经破裂、事实上已经离婚或者正在离婚之中的父亲在涉及对孩子的抚养费等责任确定时如因对亲子关系的怀疑而主动提出申请做亲子鉴定的，应同意做鉴定并依据鉴定结果终止家长责任和支付抚养费的义务。而对于鉴定结果出来证明是否定的，那么亲子鉴定证据是否应当具有追溯力，已经支付的抚养费是否应当由生母赔偿？赔偿部分还是全部？目前国内对这类案件的判例有些走得比较远，要求生母全部偿还。

第一，从时间上所经历的事实亲子关系来看，父亲不仅仅承担了对孩子的义务，父亲还在孩子出生之日起就享有了对孩子的亲权。"父母也是亲权权利的主体——'父母'身份能满足其当父母的价值和价值观的需求。其享有凭借父母身份保护、抚养教育未成年子女的权利（不过其亲权的享有是以履行义务方式得以实现的）。……亲权主体身份（如父母）带给主体独特的价值利益，具有超经济利益性质，不能用财产等量交换。"[1] 因而，作为亲权主体之一的父亲，是不能也不应当以承担的抚养费与超经济利益的情感满足、价值享受进行等价交换，而要求等量赔偿的。

第二，基于保护妇女、子女利益之目的，孩子在父母离婚或即将离婚的同时，也承受着因事实上已经形成、培养起来的亲子之情破损的痛楚，如因父亲要求赔偿或法庭要求赔偿，一则可能会使母亲急速陷入经济困境，使孩子遭受生存或发展危机；二则会使孩子对于已经形成的父亲的概念因此遭受扭曲，认为父亲为经济学上的父亲而非情感上、心理上的父亲。在我国已经市场观念深入各大领域的环境下，这无异于将最亲密的亲情都赤裸裸地市场化了。

第三，从国外的判例来看，对此也是相对保守。澳大利亚备受关注的

---

[1] 朱友学：《论婚生婴儿亲权及其价值基础》，《法律适用》2005 年第 7 期。

第一例"欺诈"案（Michial case），在一审中，也只判决赔偿因知道孩子非亲生这一事实真相后所造成的精神损害、经济收入损失，并没有要求或判决赔偿所支付的抚养费。在二审中，该判决被推翻，不要求生母赔偿任何费用。美国尽管是随着亲子鉴定已经作出法律改革的多数州，仍然是采取保守性的做法。如内布提斯加州最高法院在2002年12月作出的判决：非孩子基因父亲的社会学父亲，不能向母亲诉讼赔偿孩子抚养费。① 亚拉巴马州，阿肯色州，佐治亚州，俄亥俄州，弗吉尼亚州现在允许非孩子基因父亲的前社会学父亲和非婚生父亲（out - of - wedlock - father）仅通过DNA证据结束孩子抚养费，马里兰州通过法庭决定作出的也是同样的判例改革。②

（3）有第三方起诉或提出的要求孩子父母承担抚养孩子的家长责任，如医院、孤儿院等发现母亲因各种原因故意遗弃孩子的，有相关事实证据指证为某一方所为时，从孩子的接受亲情的权利、受抚养父母照顾的权益出发，亲子鉴定应当可以用于此类第三方为孩子利益而确定父母之责任。

2. 对双方均有利的，如通过亲子鉴定寻找失散的亲人，应准许应用

3. 遗产继承

我国《婚姻法》明确规定非婚生子女与婚生子女地位平等，因而享有同等的权利包括继承权。遗嘱中规定的或事实上存着亲子关系的，可允许通过亲子鉴定的结果获得公证，保证非婚生子女利益。这也是促进平等权益的实现。

4. 证明清白

由于夫妻双方对于子女身份的争执事实上已经出现了裂痕，但尚未达到破裂，妻或夫为自身尊严，证明清白，同时也为孩子正身，应当允许亲子鉴定成为解决这类矛盾的手段。通过亲子鉴定，可以使已经暴露出来的、夫妻双方已经知晓的矛盾得以解决，从而有利于维护家庭安定，修复破损的家庭，恢复、重建信任关系，也使孩子身心健康发展有一个有利的家庭环境。

---

① Martin Kasindorf, "Men wage battle on 'paternity fraud'" *U. S. A. Today*, 2002 - 12 - 12, http：//www. canadiancrc. com/articles/USA_ Today_ Men_ Wage_ Battle_ on_ Paternity_ Fraud_ 12DEC02. htm.

② Ibid. .

5. 偶因

因意外事件发现血型或疾病不符合遗传规律者，应当限制直接亲子鉴定，需进行相关的伦理咨询。

6. 个人怀疑、社会舆论及家庭成员的压力

目前大多数男子做鉴定的原因都出自个人怀疑，或因孩子身上显现出来的性状、性格、智商与自己不符；或因妻子的言语行为、人际交往活动；或怀疑自身体内生理功能，如精子活动能力；或受朋友的暗示、指点，周围同事、邻居的社会舆论，家庭成员因对妻子生活作风的怀疑而导致对孩子的怀疑而要求求证亲子身份关系；有的甚至仅凭一时的直觉而无端地猜疑。

这类鉴定的目的是与其他国家相比国内占主流的，也是中国所特有的现象。婚姻家庭之中的怀疑，往往出自这一原因的都是丈夫瞒着妻子进行单亲鉴定。这种情况下，仅是丈夫个人怀疑，妻子毫不知情，这时因血缘争议引起的矛盾尚未展现出来。而一旦将这种思想之中的怀疑化为行动，通过亲子鉴定来证实时，这种头脑中的怀疑就转化成为一种有主观目的性的行为了。这种有目的性的行为所产生的后果可能是期望之中的，也可能因感情、理性综合作用下而不可预估。行为的后果会直接或潜在地转化将半矛盾转化为准矛盾，甚至激化更多的矛盾，形成不可控制的冲击力，这体现在鉴定结果出来后的家庭之中：在怀疑被消除的家庭，由于亲近的、细心敏感的妻子可能感知或发现丈夫事前事后情感态度的悬殊转变，或因其他事由发现事情的真由后，不可避免地会伤及妻子的自尊，破坏长久赖以建立起来的信任关系，小则潜移默化地影响家庭关系的变化，大则导致失妻失子（女）甚至妻亡；而怀疑被证实的家庭，大多数婚生子女因亲子鉴定而失去了一个完整的家。因而婚姻中的亲子鉴定不仅关系到丈夫、妻子之间的信任问题，更重要的是无辜的孩子被牵涉进来，并受到伤害。这不仅从根本上不符合孩子的最佳利益，而且危害到了家庭的安定和睦，三方的身心健康。因而，亟须对这类鉴定进行规范。

在我国，实际上实行的是婚生事实确定的亲子关系，那么这种婚姻中的亲子关系是否可以以亲子鉴定的证据为根据来否认呢？如其可以，是否应当是无时间限制性的呢？

西方婚生推定制度是在前亲子鉴定技术条件下无法证明父子关系的技术背景下，社会普遍实行一夫一妻制的社会背景下，为了尽早确定子女的

身份关系，避免家庭和谐的动荡及对妻子贞操义务的信任危机，而不得不在法制上依据生活经验事实，设计的一套可行的父性证明技术。因此，在一夫一妻的制度下，婚姻存续中的夫妇共同居住生活且通常具有排他且独占的性关系存在，按照一般的婚姻道德、风俗习惯与社会通念，妻与配偶以外的男性发生性关系的情形，应属例外现象。① 婚生推定的设计主要是出于保护婚生子女的利益，其客观上也排除了因亲子关系与他人争执，从而保护了家庭的安定。

　　然而西方社会掀起的性革命、性自由，事实上打破了婚生推定中的夫妻之间相互忠贞的道德义务的假定，同时，由于亲子鉴定技术的进步，西方国家正视了这一技术进步对社会造成的不可低估的影响，引进了婚生否认作为婚生推定的修正。"婚生推定与婚生否认之诉两者，是维护婚生子女关系身份秩序上不可欠缺的制度。"②

　　婚生推定的否认，比较传统的方法有如受胎时间与丈夫的生理原因、通奸证据的提供等进行亲权否认诉讼。而当亲子鉴定技术越来越精确化后，也被主要地用于作为婚生否认的证据。但是婚生否认，为了尽早确定子女身份和维护家庭稳定，一般来说都有一个时间限制。如中国台湾地区现行《民法》中第 1063 条第 27 项规定："如夫妻一方能证明妻非自夫受胎者，得提起否认之诉。但应于知悉子女出生之日起，一年内为之。"③荷兰为"自知悉子女出生起六个月"，西班牙为"知悉子女出生一年内"④。美国时效由 1973 年的 5 年调整为 2 年，《统一亲权法案》（UPA2000）规定调整亲权的诉讼是在孩子出生后的 2 年之内，此后诉权自行消失。"加利福尼亚州便采用了这一法案。佛罗里达州允许孩子父亲在抚养令发出后的一年之内提出诉讼（a year after a child support order）。"⑤

---

　　① 邓学仁、严祖照、高一书：《DNA 鉴定——亲子关系争端之解决》，北京大学出版社 2006 年版，第 135 页。

　　② 同上书，第 136 页。

　　③ 同上。

　　④ 同上书，第 169、170 页。

　　⑤ Martin Kasindorf, Men wage battle on "paternity fraud" *U. S. A. Today*, 2002 - 12 - 12. http: //www. canadiancrc. com/articles/USA_ Today_ Men_ Wage_ Battle_ on_ Paternity_ Fraud _ 12DEC02. htm.

而有一些国家放宽了要求，为知悉非婚生子女后的时间限制。如德国"自知悉子女为非婚生子女之情事起二年内"，奥地利"自知悉非婚生子女之情事起一年内"。[①]

鉴于我国血缘传统强烈，基于血缘真实主义的观念，为平衡父亲的知情权的同时，维护子女和母亲的利益、家庭的安定，对于婚姻家庭之内的亲子鉴定进行严格限制：可以借鉴《批复》中以子女的三周岁为界限考虑，在子女出生以后三年内，有妻子婚外性行为证据者——具备亲子鉴定的正当性条件，在双方沟通下均同意下才允许做亲子鉴定。这样，使怀疑者把亲子鉴定当做一件严肃的事来思考对待。而当子女超过三周岁的，仅出于怀疑理由的应禁止做。相关研究也表明，子女越大，其独立性增强，对亲代的依赖性减弱，父亲在享受到孩子成长所带来的乐趣后，探究子女是否为真实的生物学后代的意义更少。

然而，对于婚生子女的否认权的范围的限制仍需进一步探讨。

二　亲子鉴定中的程序伦理：知情同意

亲子鉴定作为一项技术，本身是中性的，如果盲目使用，可能会产生一系列问题。亲子鉴定中的知情同意不仅是个法律问题，它首先应当是个伦理问题。从亲子鉴定这一伦理问题着手，追溯知情同意的概念及其伦理依据，进而用以具体地分析亲子鉴定中的伦理问题，并对知情同意这一原则加进行伦理辩护，并提出与亲子鉴定中的知情同意相应的建议。

亲子鉴定作为一项技术运用得当会起到澄清事实、消除疑虑的作用，也可以为受害方提供相关证据以确保其权益。但如果盲目使用，可能会产生一系列问题。目前，国内由于单亲鉴定、产前胎儿鉴定的推出，有很大一部分人（主要是父亲）偷偷背着另一方，并且骗着孩子去做亲子鉴定，也有一些女性背着丈夫带着前男友去做胎儿鉴定。这虽然能满足当事人的要求，但被另一方发现，给对方人格以无情打击，进而导致家庭破裂。

目前我国关于亲子鉴定原则只有 1987 年 6 月 15 日《关于人民法院在审判工作中能否采用人类白细胞抗原作亲子鉴定问题的批复》的规定："对于双方当事人同意作亲子鉴定的，一般应予准许；一方当事人要求作

---

① 邓学仁、严祖照、高一书：《DNA 鉴定——亲子关系争端之解决》，北京大学出版社 2006 年版，第 168、170 页。

亲子鉴定的，或者子女已超过 3 周岁的，应视具体情况，从严掌握，对其中必须作亲子鉴定，也要做好当事人及有关人的思想工作。"这对亲子鉴定的操作只是一个原则性的指导，没有对其中一方当事人要求做亲子鉴定而另一方不同意做的时候作明确具体的规定；其次，它没有考虑到作为被鉴定一方孩子的意愿。我国迫切需要对亲子鉴定中知情同意的重视。

（一）知情同意的概念及要素

"知情同意可定义为：有行为能力的个人在信息充分提供条件下对所参与的事情的自愿决定。"[①]

知情同意的要素可以分为以下四个[②]：

1. 信息的揭示。充分的信息揭示为病人或受试者作出决定所必须，所以有关实验或治疗的信息，包括实验或治疗的目的、程序、可能有的正负效应、防卫措施等都应当充分揭示。

2. 信息的理解。在足够的信息被提供后，没有适当的理解，受试者不能利用信息做出决定。受试者的主观方面，如智力水平、情绪、未成年等都可以影响对信息的理解。

3. 同意的能力。同意的能力是理解信息和做出选择的先决条件。一个有能力的人必须能够理解治疗或研究的程序，必须能够权衡它的利弊并能够理解所采取的行动后果，能够根据相关知识和运用这些能力做出决定。

4. 自愿的同意。自愿的同意是指一个人做出决定时不受他人不正当的影响和强迫，自主地作出决定。

代理同意也是知情同意的一种特殊形式。代理同意是指当主体不具备知情同意的主体资格（未达到法定年龄、无民事行为能力者）时，可以事先或者临时授权给代理人，或者通过法定监护人根据主体愿望或者代表主体的最佳利益做出同意或拒绝的决定。代理人的选定原则：与主体无感情或利益的冲突，能熟知、了解主体的价值、偏好、欲求目标。

代理人或监护人应遵循的原则[③]是当事人意愿原则：如果主体先前已

---

① 王延光：《艾滋病预防政策与伦理》，社会科学文献出版社 2006 年版，第 118 页。

② 同上书，第 122—123 页。

③ James L. Bernat, M. D., Lynn M. Peterson, M. D., Patient‑centered informed consent in surgical practice, *Arch Surg*, vol. 141, no. 1, pp. 86–92.

经用书面或口头的方式表达了具体情况下的具体意愿，这种意愿就应得到遵循，因为这将进一步实现主体的自决权。替代标准：代理人根据主体价值和偏好的理解，尽可能准确地做出主体在此情况下可能做出的决定。最佳利益原则：如果代理人缺乏对主体的价值和偏好方面的信息了解，代理人应使用最佳利益原则。它是指代理人通过权衡各种干预方案的好处和负担之后，对哪种选择行为是主体的最佳利益做出一个新的判断。

（二）知情同意的伦理依据

知情同意在伦理学上的依据主要来源于道义论和后果论。

道义论的理论是指：人，作为一种理性的存在物，本身作为目的存在，享有人的尊严，人的尊严具有最高价值，这种最高价值作为人的权利要求得到维护，获得尊重。"人，或者更广泛地说，每一个有理性的人者，都是作为目的自身而存在着。（不是只作为这个意志或那个意志所利用的工具）。所以，人，不管作什么事，不管牵制到自己或其他有理性者，他都必须被当做一个目的来看待"。① 人的尊严的最核心的一个部分就是人享有自主权："一个人有自我决定的能力或至少有潜力进行自我管理的自由选择。"人有自主权就是根据自己的价值观念并以自己的自由意志来安排自己的生活，不受他人强迫地作出影响自己生命的选择决定。人的这种自主权包括人有支配自己身体的权利。

后果论以功利主义为代表。"粗略地说，行动功利主义是这样一种观点，他仅根据行动所产生的好或坏的整个效果，即根据该行动对全人类（或一个有知觉的存在者）的福利所产生的效果来判断行动的正确或错误。"② 在医学背景下，既关注个人愿望和所期望的结果的实现，又关注公共福利。个人通过权衡参与或不参与的收益和风险、负担的比率，自主做出决定。医疗服务机构和服务者在一般情况下，尊重个人的风险—收益选择，但又根据最大多数人的最大幸福原则，在特殊情况下进行适当干预。

（三）亲子鉴定中知情同意的伦理辩护

在亲子鉴定中，知情同意的构成要素有如下特点：其一，主体元素的

---

① 周辅成：《西方伦理学名著选辑（下）》，商务印书馆1987年版，第371页。

② ［澳］斯马特、［英］威廉斯：《功利主义：赞成与反对》，中国社会科学出版社1992年版，第4页。

增多：由于亲子鉴定是一种关系鉴定，它需要的是至少两人（父母中的一方和孩子），或者是三人的样本，因而表现为鉴定体（二联体或者三联体）；主体在作自由同意过程中，高度情感化，未能充分地对相关的可能后果进行分析和心理承受能力的估价，很容易做出不理智的决定。

亲子鉴定中的知情同意指的是既包括主体提出鉴定需要的申请后，鉴定机构（客体）告知亲子鉴定的含义，如实提供该机构亲子鉴定的技术水平、鉴定方法、鉴定结果的含义、复查方法以及技术的局限、保密规定等方面的信息，又包括主体在理解鉴定机构所提供的信息后，鉴定体内部知情的基础上，基于自己的意愿自由做出同意或拒绝提交样本并对样本进行测试的决定。

鉴定体作为主体，有二联体或者三联体。二联体，实际上作为其中一元的孩子的样本是个DNA密码箱，由于它必定含有母亲的DNA信息，因而通过基因型的对比也能间接地获得二联体之外的、未出场的另一方的DNA信息。那么作为鉴定体，是由鉴定体中的任何一方作为主体享有绝对优先权做出知情同意，还是鉴定体中的所有方以相互平等的地位共同协商后做出决定呢？这里关系到父亲、母亲、孩子三方的利益，优先于任何一方的利益都会造成权利的不平等。由于亲子鉴定的结果揭示的不是一般的家庭信息，具有高度敏感性，不是简单地判断三者的生物学关系，而是在原已设定的生物学关系中渗透了不可还原的社会学关系，蕴涵了难以割舍的心理情感。笔者认为，知情同意应由鉴定体的各方都知情，基于自己的意愿，自由做出的一致同意才有效。

目前，国内赞成只有当事人一方欲愿而另外一方或两方并不知情同意的单亲鉴定者的主要理由如下：父亲有权知道自己所抚养的孩子是否属于亲生，尤其是当前在中国实行的是"一对夫妇只生一个孩子"的计划生育政策，如果是非亲生的话，这意味着有可能会剥夺男人的生育权；孩子有权知道自己的亲生父母；能给家庭带来潜在的好处：可以消除疑虑，明晰亲子关系，亲生的结果可以使父亲给予孩子安全感，使家庭更加紧密地联系在一起；可以将伤害最小化：如果母亲（父亲）、孩子都知情并参与到做决定这一过程中来，可能会导致夫妻间信任关系和父子关系的破坏；可以揭开事实的真相，可以使双方都保持诚实，净化社会空气；目前人际关系复杂，婚外性行的发生也并不是不可能的事，"现在一些人在对待婚姻上缺少严肃性，这些人视婚姻为儿戏，所以亲子鉴定在一定意义上可起到促使人们更严肃、更负责地对待家庭和婚姻的作用"①；可以检验妻子忠贞与否。

这些理由无论从道义论还是从功利论的角度来说都是站不住脚的：父亲作为抚养责任的一方，也是处在一个家庭关系网中，如果只强调父亲的知情权，不顾母亲和孩子的权利而单向地必然行使这种知情权，那么这是对母亲和孩子的人格不尊重。因为DNA信息的载体——样本，是属于人的身体的一部分，从道义论的角度来说，不能单单为了实现个人的知情权，而仅仅把他人当做工具，随意获取、解密他人的DNA信息。人的自主权要求人有权支配自己的身体包括身体的信息，有权决定是否被取样和对样本进行鉴定。

即使孩子有知道自己亲生父母的权利，这种权利是否行使以及何时行使，仍然取决于孩子或者孩子的监护人。如果孩子是成年人，就应当尊重孩子的意愿和权利，由孩子决定是否行使自己的权利。如果孩子是未成年人或者无民事行为能力者，也应由孩子的共同抚养人或者监护人一致决定。

从后果论的角度来看，也潜在地具有较大的伤害性：当鉴定的结果是亲生的，即使能消除已存的疑虑，心中也会有愧疚，也无法克制来自心灵深处的良心的拷问，用一种永久的心灵不安代替了是真是假的疑虑。如果事后被妻子发现，也会是一种无情的打击，结果也可能导致家庭的解散。如果结果是否定的，如果孩子是未成年人，面对父亲事前事后的态度变化，情绪失控，家庭暴力，以致家庭关系的破坏都会给孩子的成长留下阴影。对当事人自己来说，因长期生活而建立起了来的父子感情，对孩子给予的爱、关心、抚养也许并不会因生物学关系的中断而自发中断。

如果不让另一方和孩子知情并参与到做决定过程中来，是否能将伤害化为最小呢？从全国各地亲子鉴定的结果来看，至少80%的孩子是属于亲生，可以看出，大多数是出于个人怀疑，甚至是无端猜疑，这表明，夫妻间的信任关系已经潜在地被破坏了。夫妻间的信任关系是双方长期关系考验基础上的人格确证。它是婚姻关系的实质因素和保障，也是家庭关系存在的"伦理底线"。这重"伦理底线"被破坏以后，家庭关系的维持也

---

① 《赞同者：养也要养个明白》，http：//www.5721.net/Pregnant/news/20055/News260/6164716.shtml。

是矛盾重重，而新的信任关系的建立也是举步维艰。"很难相信，在母亲不知情的情况下做亲子鉴定，目的是为了获取欺骗的证据欺骗行为能够提供一种新的信任关系的基础。"①

　　亲子鉴定能否检测妻子的忠贞？结果能否使双方保持诚实？亲子鉴定不是检测妻子忠贞的工具，亲子鉴定结果也不是验证忠贞的充分条件。即使鉴定结果证明孩子是亲生的，在现代发达的避孕手段的条件下，也不能因此证明妻子是否忠贞。亲子鉴定如果可以威慑妻子在丈夫面前表现诚实，但它未必能使妻子保持诚实，也有可能导致诚实表现背后的虚伪。从另一方面看，如果亲子鉴定用来鉴定妻子的忠贞，那么又用什么方法来鉴定丈夫的忠贞呢？用什么来使丈夫保持诚实？

　　此外，没有双方的知情同意，亲子鉴定的易获得性，样本的多样性，可能使一方做出轻率的决定，带来可以避免的伤害。

　　从以上可以看出，在无其他一方或两方知情下做出同意的亲子鉴定，无论从亲子鉴定的直接结果还是潜在影响都是弊大于利，而且它也不是其他社会指标的鉴定工具和社会关系维系的工具。

（四）子女的知情同意及相关建议

　　在实践中，根据成人的知情同意原则，若鉴定体中的各方均为成人，并有民事行为能力者，则需各方知情，并出于自己意愿，自由决定。应写知情同意书，并附上与同意人相符的照片以防止他人替代或者样本冒取。当其中有一方不同意时，可通过内部协调，如果不能达成一致意见，经内部协商无效，必须通过亲子鉴定来解决矛盾纠纷的，可向相关法院申请裁决。

　　由于鉴定体中必定有一元是孩子，而且有很大一部分是未成年孩子。华中科技大学同济医学院法医系对该室 1998—2002 年的 1101 例亲子鉴定中的 275 例单亲鉴定中孩子的平均年龄为 3.8 岁。② 孩子作为人类的一员，作为家庭共同体的成员，也有自己的利益需求，拥有表达自己利益的权利，因而也需尊重孩子的意愿。但由于孩子智力、情感的发

①　Gilding, M. (2004), "DNA paternity testing without the knowledge or consent of the mother: new technology, new choices, new debates", *Australian Institute of Family Studies*, pp. 68 – 75, Khttp: //www. aifs. gov. au/institute/pubs/fm2004/fm68/mg. pdf.

②　杨容芝、杨庆恩、余纯应等：《单亲亲子鉴定及其法律问题思考——附 275 例单亲鉴定分析》，《法律与医学杂志》2003 年第 3 期。

展速度不同，现代家庭对孩子民主意识的培养程度不一，有些孩子在未成年时就能在关于自己利益的事情上做出理智的决定。英国的《亲子鉴定服务行业的实践及原则指导》（限于英格兰、北爱尔兰、威尔士）规定：孩子在 16 周岁及 16 周岁以上可以根据自己的利益做出亲子鉴定的同意或拒绝的决定。在 2003 年澳大利亚法律改革委员会和健康伦理委员会做的调查报告中，建议联邦制定法律：只要孩子在 12 周岁以上有足够的成熟、能做出知情后的自由决定，只有当有孩子的书面同意或法庭的传令时，才能对孩子的基因样本进行鉴定。孩子的成熟度和知情同意的自愿性的测定由《家庭法条例》（Family Law Act）规定中的家庭和孩子的咨询员、社会工作者、心理医生组成的专门职业人员进行。①

在我国，由于专门鉴定成熟度的职业服务机构尚未成熟，建议采用英国模式实行简单化的年龄标准，以 16 周岁为分界点，16 周岁以上可以自主做出同意或拒绝亲子鉴定的决定。当鉴定体中的一方无民事行为能力，或者未成年人在 16 周岁以下时，或者鉴定体中的一方已死亡，应实行代理同意，代表其做出决定。对于与死者的亲子鉴定，除非有遗嘱或生前的相关证明，原则上由最近亲属代理做出决定，依次为父母、配偶、孩子、朋友等代理。

关于 16 周岁以下的未成年人或无民事行为能力，除非事先法定，建议代理人依次为爷爷、奶奶、外公、外婆、母亲或父亲。虽然孩子是由父母共同抚养成长，但由于他们在亲子鉴定中与孩子在感情上或在利益上存在着较大的冲突，很情感化，并不能真正代表孩子的最佳利益。由父辈们做孩子的代理人的理由是：在现代中国家庭模式下，父辈们尤其是爷爷、奶奶更多地关心照顾孩子，更能熟知孩子的意愿；父辈们与孩子更不那么直接地存在利益冲突，也能更加理智地代表孩子的最佳利益做出决定；中国的家庭传统是重孝，比较尊重父母意见；还有中国人更不愿意"家丑外扬"，让家庭之外的人知道家庭的隐私。同时建议借鉴日本的经验，成立前置家事法庭（主要为诉讼前的纠纷调解），这样可以避免因协商无效后由公共权力介入调节而公开泄露家庭隐私。如果当事人对代理结果不同意或无父母之外的法定代理人，可向家事法庭申

---

① ALRC/AHEC, *Essentially Yours: The Protection of Human Genetic Information in Australia*, Canberra: Australian Law Reform commission/ Australian Health Ethics Committee, 2003.

请调停、裁决。

第四节 对婚姻目的及婚姻本质的伦理反思

家庭的原初点在于婚姻，婚姻缔结的联结点在于婚姻目的。对目前的婚姻状况进行反思，尤其是对婚姻目的及婚姻本质作一伦理反思，这有助于厘清亲子鉴定的目的。这样才能从本源上防止亲子鉴定不被滥用，成为维护子女利益、公民权益、家庭幸福的工具。

一 婚姻目的的伦理反思

一般而言，传统意义上的婚姻是指男女两性基于自然性别差异而相互爱慕、愿意共同生活在一起的社会性合法结合方式。婚姻目的决定着婚姻的组合方式，也影响着后来形成的家庭关系。

1. 婚姻的繁衍目的

婚姻并不是从来就有的。在原始社会中，两性结合完全是出于自然状态，这种状况适应了生产力低下的情况，通过繁衍人口达到维持人类种族的生存和发展的目的。后来随着性禁忌的出现，对两性结合方式有了社会性约束，才产生了各种形式的婚姻。血缘群婚制、对偶婚制、一夫一妻制的实行，实际上是将性的对象范围从血缘亲属关系中逐一排除。其最主要的目的是实现"优生"，延续种的繁殖。西周实行的族外婚制是忌于自然结合会"生而不繁"。

在我封建社会家族本位时期，家族是实体，个人是家族或宗族的偶性存在，其婚姻目的是受制于整个家族的保存、壮大、昌盛的目的。《礼记·婚礼》中对婚姻的定义是："婚礼者，将合两性之好，上以事宗庙，而下以继后世也，故君子重之。"因而婚姻"从少女看来，问题是嫁个丈夫，从男子看来只是娶个妻子"[①]。婚姻目的服从于"事宗庙"、"继后世"、"继香火"的家（宗）族目的，婚姻中的横向关系男女之情爱实际上受纵向的父—子关系的支配，在这一意义上可以说妻子沦为生育家族后代的工具。"婚姻的主要目的，也就是说，生育子女是如此重要，以致排除这个目的，婚姻就无法存在了。夫妇的全部道德忠诚不外乎是达到这个

---

① ［德］黑格尔：《法哲学原理》，商务印书馆1982年版，第178页。

目的的手段。"① 因而，不能达成生育目的也就成为休妻的理由，忠贞也必然成为绝对命令。《大戴礼记·本命篇》"妇人七出"之二——"无子，为其绝后世"、"淫，为其乱族也"——均是以生育后代、纯正后代为道德标准的。

2. 婚姻的经济目的

在私有制时代，由于男性在生产中的绝对性支配地位和对财富的占有，婚姻的目的之一除了继香火完成宗族使命之外，另有目的是实现私有财产的传承。私有财产由于其独占性、排他性，也要求被传承者的纯正性，因而也要求执行这一传承任务的载体——妻子保持忠贞，生者私有财产所有者之子女。同时，由于女性在生产中的地位尚未得到改观，在家庭中的经济地位依然处于依赖状态，结婚对于女性来说仍是实现生活满足的依靠和保障。婚姻的目的是出于经济利益的考虑，是经济资源的整合、协调。在当今现代化过程中，女性获得了一定的独立，参与了职业劳动，但传统的观念歧视，男女两性的自然差异还制约着就业、升迁，男性总体上在事业的成就上仍处于优势，在经济收入上也相对女性可观。但也有不少女性在较以往相对宽松和自由的环境中，脱颖而出，获得了丰厚的经济收入，因而成为备受男性关注的择偶对象。经济收入、经济资源占有的相差悬殊，在物质生活还是婚姻生活的重要组成部分的情况下，就可能使获取经济利益成为婚姻目的，甚至上升为主要目的。

这从经济因素在当今征婚启事的择偶标准、婚恋价值取向中的地位可以得到印证。在征婚启事中出现了男性青睐"富婆"的现象。同时女性寻找伴侣也有这种趋势。根据北大钱铭怡教授等人对 1985—2000 年间《中国妇女杂志》女性刊登的每五年征婚启事的统计中，1985、1990 年女性对对方学历的要求排序均为第三，1996 年第四，2000 年对对方事业要求排序第三。其原因可能是，在 20 世纪 80 年代初学历和职业直接体现着个人收入的高低，因此女性更关注对方的学历和职业。90 年代后随着经济的发展，经济收入的多元化和职业分化的频繁，学历和职业不再直接体现个人的经济状况。相比之下，事业与社会经济地位更为相关，有事业的

---

① ［俄］特洛依茨基：《基督教的婚姻哲学》，河北教育出版社 2002 年版，第 11 页。

男性对女性的吸引力更大，对婚后的生活更有保证。[①] 2003 年雷湘竹对广西四所大学做的大学生价值取向的调查中，有 31% 的女生同意或比较同意"干得好不如嫁得好"，4.55% 的女生同意或比较同意主张女性做"全职太太"或"全职妈妈"。[②]

由上可以看出，在现阶段婚姻中的经济目的还有一定影响，在经济资源的享有还是个人的生存、发展的条件下，婚姻中的经济目的考虑仍占有一定地位，甚至是主导性的地位。

在市场经济条件下，个人经济资源或财富的占有，受市场体系中的各要素、社会机制等因素的制约，也受个人风险的预测能力和判断能力、个人决策的影响，换言之，财富的占有和增值不是恒定的，呈线性发展，而是不确定、变动的。因而处于经济目的的结合的婚姻在既有经济状况发生转变甚至灾变的情况下，如果缺乏婚后相应的感情培养，"大难临头各自飞"，婚姻就难以维持；也可能会引发双方情绪、情感的变化，从而导致产生一方转向新的情感需求和发生婚外性行为或另一方怀疑的可能性。

3. 婚姻的精神性目的

在由传统社会向现代社会转型的过程中，基本的物质生活获得了满足，为婚姻的目的转向提供了契机：实现由传统的纵向型夫妻关系向横向的、平等的、追求完满统一的精神契合型夫妻关系的转变。

现代婚姻的目的是追求精神上的完满统一。单个男人或女人都是在世的、缺陷性的有限存在。而拥有理性和自由意志的人的特性是：超越有限的存在达到完满统一。其产生的基础就在于主体意识到了自身的残缺性存在，在追求完满统一的目的驱动下，对自身身上不存在的他方面的寻求过程中，产生了对对方爱慕的心理。"婚姻的主观出发点在很大程度上可能是缔结这种关系的当事人双方的特殊爱慕。"[③] 寻求婚姻的统一结合，是人的基本需要中寻求存在的归属向度的反应。人的实体性存在就在于获得类的存在，人实质上并不是单个人的存在，而是男人和女人的结合单位，

---

① 钱铭怡、王易平等：《十五年来中国女性择偶标准的变化》，《北京大学学报》2003 年第5 期。

② 雷湘竹：《对大学生进行婚姻爱情教育的理性思考》，《广西师范学院学报》2006 年第2期。

③ ［德］黑格尔：《法哲学原理》，商务印书馆1982 年版，第 177 页。

是类的存在单元。西方阿里斯托芬在讲述了关于两性同体人的神话后得出的结论是："所以每个人都在寻找适合自己的另一半……其原因就在于我们自古以来的本性就在如此，我们原来就是完整的人。这种对完整性的渴望的探求就叫做爱情。从前，我们曾经是一个统一体，但神却错误地把我们分开了。"①

单个自然存在的男人或女人，都是有缺陷的、是不完整的。东正教神学泰斗圣约翰·兹拉乌斯特写道："不被婚姻纽带连接在一起的人，不是完整的人，而只是半个人。男人和女人不是两个人，而是一个人。"② 因而这种追求完满统一的婚姻目的，因其舍弃了其他外在因素的纯粹的精神、人格上的高度契合，因而是内在的统一，持久而稳定。因其神圣性，它是构成单个自然人永恒追求完满婚姻、寻求和等待另一半的内在动力。"在现代，主观的出发点即恋爱被当做唯一重要因素。大家都理会到必须等待，以俟时机的到来，并且每一个人只能把他的爱情用在一个特定人身上。"③ 即使在出于其他目的结合的婚姻和组成的家庭后，在满足了低层次的需要后，与配偶达不到统一的情况下，解决这一矛盾、实现这种需求的可能途径是：离婚和婚外恋。

二　婚姻本质的伦理反思

以上对婚姻目的之探讨，实存婚姻目的之殊异，并不妨碍对婚姻的本质的追求。相反，婚姻本质的认识有助于纯化婚姻目的。家庭的原初点是婚姻，基于善的婚姻目的结合有利于建立美满的婚姻家庭。

（一）婚姻的本质："伦理性的爱"

婚姻内涵着人的自然属性和社会属性的统一。男女两性的自然属性和社会属性统一的基础是爱。在婚姻中，这种爱获得了它的伦理意义，取得了合法地位，上升为本质。黑格尔在《法哲学原理》中说："作为精神的直接实体性的家庭，以爱为其规定。"④ 尽管黑格尔的整个哲学体系是从客观精神出发，伦理是客观精神辩证地发展的第三个阶段，家庭是伦理的

---

① ［俄］特洛依茨基：《基督教的婚姻哲学》，河北教育出版社 2002 年版，第 14 页。
② 同上。
③ ［德］黑格尔：《法哲学原理》，商务印书馆 1982 年版，第 178 页。
④ 同上书，第 175 页。

第一个实体，但他把家庭界定为精神性的结合，把爱看做是精神的统一，仍具有合理的意义。

对于爱，黑格尔是如下规定的："所谓爱，一般说来，就是意识到我和别一个人的统一，使自己不专为自己而孤立起来，相反的，我只有抛弃我独立的存在，并且知道自己是同别一个人同自己的统一，才获得了我的自我意识。"① 也就是说，爱是一种"统一"，是单个的自由意志自愿地放弃独立的人格，而同另一个人达成统一，实现"双方人格的同一化"；是自己为自己立法，使自己的个体自由意志上升为普遍意志，对普遍意志的服从就是对自己意志的遵从。在作为普遍意志的实体家庭中，其成员获得了它的规定性存在，个体才能意识到自身的存在。实现爱，就有两个环节："爱的第一个环节，就是我不欲成为独立的、孤独的人，我如果是这样的人，就会觉得自己残缺不全。至于第二个环节是，我在别一个人身上找到了我自己，即获得了他人对自己的承认，而别一个人反过来，对我亦同。"② 爱使得独立的、感性的"单子式"的男人或女人在双方自愿放弃自己的独立人格达到"人格的同一化"，成为一个人，结合成家庭。在家庭共同体中，重新获得了伦理性存在：成为妻子的丈夫或成为丈夫的妻子。因而，在这一意义上，"婚姻的主观出发点在很大程度上可能是缔结这种关系的当事人双方特殊的爱慕……婚姻的客观出发点则是当事人双方自愿促成同一个人，同意为那个统一体而抛弃自己自然的和单个的人格，在这一意义上，这种统一乃是作茧自缚，其实这正是他们的解放，因为他们在其中获得了自己实体性的自我意识。"③ 由于自然的感性的个体自愿放弃自在之存在形式，合意地缔结婚姻、组成家庭，意味着家庭的责任、义务不是强加的，而是自愿承担并且不能放弃。"所以，应该对婚姻作更精确的规定如下：婚姻是具有法的意义的伦理性的爱，这样就可以消除爱中一切倏忽即逝的、反复无常的和赤裸裸主观的因素。"④ 婚姻的本质就归结为："伦理性的爱"。它有着其独特的要求——相互忠贞、相互信任。

---

① ［德］黑格尔：《法哲学原理》，商务印书馆1982年版，第175页。
② 同上。
③ 同上书，第177页。
④ 同上。

（二）婚姻的伦理要求：相互忠贞、相互信任

1. 相互忠贞

婚姻的缔结意味着实体由其主观精神性达到了客观性的定在。"缔结婚姻本身及婚礼把这种结合的本质明示和确认为一种伦理性的东西，凌驾于感觉和特殊倾向等偶然的东西之上。"① 因而，作为偶性存在的丈夫或妻子，应当服从家庭伦理实体的要求，反对任性，抑制主观的偶然欲望、偏好等感觉以防止脱离实体。

婚姻，从精神本性上来说，是统一的、专一的、排他的。"婚姻本质上是一夫一妻制，因为置身在这个关系中的，乃是人格，是直接的排他的单一性。因此，只有从这种人格全心全意地相互委身中，才能产生婚姻关系的真理性和真挚性（实体的主观形式）。"② 婚姻关系是夫妻双方"人格全心全意的相互委身"的伦理契约，是灵与肉的统一结合，是不容他人侵犯的和任意一方随意脱离的。任何一方的任意、偶性的行为破坏这种双方"全心全意的相互委身"的对称性的平衡关系，那么是对婚姻及家庭伦理实体的践踏与破坏，也将侮辱全心全意委身的另一方的人格。同时，也证明该方相互委身的虚伪性，否认婚姻关系的真实性和个体自由意志的实践能力。因而，相互忠贞就构成了婚姻关系的伦理要求。

相互忠贞不仅包括人格意义上心的忠贞，也包括身的忠贞。人是理性的存在物，心的忠贞要求包含着身的忠贞。任何一方的不忠，都将给对方造成人格意义上的伤害，从而使"人格全心全意的相互委身"大打折扣，削弱实体的普遍控制力。这是为普遍意志所不允许的，也是为大众所不能接受的。在我国婚姻法修改过程中，"根据全国妇联组织的一次民意调查显示，有 99.4% 的人认为，夫妻应相互忠实；75.8% 的人法律应当制裁婚外性行为"。③ 因而，我国新婚姻法明确规定"夫妻应当相互忠实"。

家庭还是婚姻发展的产物。婚姻关系中的忠贞与否不仅关系到夫妻双

---

① ［德］黑格尔：《法哲学原理》，商务印书馆 1982 年版，第 181 页。

② 同上书，第 183 页。

③ 王明胜、孙礼海：《中华人民共和国婚姻法修改立法资料选》，法律出版社 2001 年版，第 274 页。

方的身心健康，婚姻的稳定与否，还关系到子女或可能子女的相关利益。家庭是在子女身心健康成长的最初和主要的环境，父母的道德状况和言行都将给孩子以潜移默化的影响。由于一方的不忠贞给另一方和孩子的身心健康造成伤害，那是一种极度自私的不道德行为。同样，当事人良心也将在其内心的道德法庭上接受拷问、审判。这不仅在当时当事人本人遭受良心的谴责，同时也将长久地承担着隐藏秘密和害怕秘密暴露的心理负载。在这一意义上，相互忠贞是保护夫妻关系和子女利益的有力工具，也是家庭免遭亲子鉴定伤害的武器。

2. 相互信任

信任是维持婚姻关系的生命线。婚姻信任指的是在一定婚姻关系中的夫妻双方基于长期的相互了解之上，彼此对对方作出承诺及对承诺的信赖，进而形成合理的心理预期。

婚姻的缔结明示双方承诺的合法化及其可信赖性、可预期性。它标识"人格的同一化"，意即一方的承诺获得他方的认可的同时具有实践效力而形成自我连续性，进而化为自我认同。它所产生的结果是给双方都带来安全感。

婚姻信任与其他形式的信任都是根据人际交往中已获得的经验，在未来的可能世界对对象作出的心理预期。但婚姻信任又与它们有所不同。亲属群体的血亲信任是基于自然血缘关系的预先存在。从它产生的机制来看，是一种亲属的代际信任，是长辈对幼辈的预先照料中习得的。婴儿出生后，在被动、先定性地接受被亲人照料的长期体验中对照料者形成一种真实性的感受。这种真实性的感受是婴儿对亲人形成信赖、依靠的基础。血亲信任的特征是先己性、情感型。而社会成员之间的普遍信任是后来的社会交往之中形成的，属于认知型。它的发生机制是："人同此心，心同此理。"也就是，我有守承诺的个人品性，我希望别人也守信，别人有同样的价值诉求，他也应当遵守承诺。社会成员之间的普遍信任是境遇性的、临时性的甚至是一次性的，因而也是具有风险性的。信任程度的高低，依赖于理性的认知判断："信任别人是一件很冒险的事，信任别人就等于将自己拥有的资源主动放到人家手里。理性的人做任何事情都是为了增进自己的福利，或至少不损害已有的福利，在信不信任他人的问题上，理性的人的出发点应该是出于同样的考虑，因此，理性的人在决定是否信任他人的同时必须权衡两样东西，一是潜在收益与潜在损失相比孰重孰轻；二是对对方失信的可能性有多大。"① 之所以说是认知型判断在于：要根据对被信任者（或可能被信任者）的能力、才干的理性估计、预测，还有对其人品、责任感，及既有的声誉的真实性进行理性评估；还要收益与风险的权衡。总而言之，社会成员之间的普遍信任是信任者对被信任者的理性综合判断基础上的选择决定。

由于普遍信任是在信息不全、不对称甚至失真的情况下做出的带有风险性的选择，因而可以求助社会制度或社会机制的监督作用来规避风险。"当缺失的信息不足以让行动者做出关于信任的判断时，行动中所有涉及的制度性因素将会给予行动的达成以有力的支持。"② 同时，还可以通过制度对不守诺者进行普遍有约束效力的惩罚来纠错，通过补救性措施来迫使其遵守信用，回归社会正常运行的轨道。

而婚姻信任是在后来的社会人际中即恋爱与共同的婚姻生活中对对方人品、性格、脾气、责任感、自我控制力等多方面了解的基础上形成的感情和行为预期的一种信心。在婚姻信任形成过程中，情感性的爱慕中有关于对方的优缺点、脾气的理性认知中也有不可言说、无法辩驳的情感依赖，"情中有理，理中有情"，情理共通，这才是理性与情感共同作用下形成的"人格同一化"，并由此达成一个自我共同体。由于这种共同体的自我连续性和惯常性，情感和行为预期的信心就上升为稳定的信念。

正是这种信念，才使得在时空分离的现代社会中自我统一体容许另一方的"缺场"。自我统一体的两方在"脱域"后，能够通过信念"虚化"时空，从而达到双方的再嵌入。信念化的信任维系着自我统一体的存在，婚姻才有了它的不可离异性，双方才有了安全感。由于婚姻是建立在自我统一体中的两性高度信任化基础之上，一旦信任突然倒塌，将会导致自我统一体的分裂，婚姻陷入危机之中。同时，婚姻信任与普遍信任不同，是内在的个人情感的结合，信念型信任是经由情感与认知的反复多次的经验验证的基础上线性式形成的高度稳定状态，具有不可逆性。一旦破裂，社会制度或社会力量的强势作用是无法进行干预实现再融合的，具有不可补救性。

---

① 王绍光、刘欣：《信任的基础，一种理性的解释》，《社会学研究》2003 年第 3 期。
② 梁克：《社会关系多样化实现的创造性空间——对信任问题的社会学思考》，《社会学研究》2002 年第 3 期。

因而，"在固有的学界理念中，中国家庭的夫妻关系通常被冠之为较高的信任度，然而这种理念认知目前都在遭遇当代社会蔓延的婚姻信任危机的挑战"。[①] 目前国内的"亲子鉴定热"便是婚姻危机的见证者。随意地震动维系着婚姻的信念型信任，无疑会引发家庭地震，对于那些被无端猜疑的妻子们是一种人格上的伤害。即使自我统一体没有被破坏，也出现了难以弥合的裂缝。因而，当亲子鉴定被用来鉴定忠贞、求证信任的存在与否时，首先应当明白婚姻信任的内涵及意义，才能保证亲子鉴定技术发挥正效应，不引发家庭危机。

结 语

后现代是一个极富争议的概念，在指涉时期、艺术文化中仍有论争。在这里，后现代所涉及的各种理论所共同的特征，是一种思维方式和价值观念：反对中心主义，反对统一的价值标准，倡导多元的价值观念和多维视角。后现代性家庭模式就是要反对家庭观念中的血缘主义，提倡多元家庭模式；反对男权主义、夫权主义，提倡夫妻、子女共生共存的和谐家庭共同体。在现代社会转型过程中，传统的家庭概念已经开始被解构：子女不再是婚姻的必然产物，亲子关系不一定蕴涵着血缘关系。在婚姻观念发生转变和追求婚姻质量的背景下，离婚不再是耻辱的事，而是为了解脱痛苦、追求新的幸福，再婚也就成为获得新的幸福的途径，半血缘家庭也开始增多；丁克家庭也成为一些夫妻选择的家庭模式；在爱的驱使下形成的拟血缘制家庭也早已存在。在国外，同性家庭已经获得部分国家的合法承认了。

生命科学技术的出现，更是将传统家庭模式推向后现代化：辅助生殖技术改变了父母是生物学和社会学的统一的格局。人类的无性生殖也许在遥远的将来成为可能，两性结合将不再是生育的必然。

在这样的技术—社会背景下，血缘家庭不再成为家庭模式的唯一标准，而只是众多家庭模式中的一种。非血缘家庭也不再处于边缘，血缘与非血缘亲子关系相互交织在一起，维系和巩固亲子关系的应当是爱，对生命的关爱，对幼小生命的呵护与疼爱。在男女平等的时代，妇女不再是传

---

① 王淑芹：《论婚姻与信用》，《齐鲁学刊》2006 年第 1 期。

宗接代的工具，忠贞也不再是妻子的单向义务。婚姻的目的应当是夫妻双方情感追求完满统一，结合的本质是"伦理性的爱"，相互忠贞、相互信任是共同的要求。亲子鉴定不应当被用来充当鉴定忠贞、验证孩子身份的工具。孩子的利益不应当在夫妻的争吵中被漠视，亲子鉴定应当成为孩子最佳利益的维护工具。

即使在一方偶尔犯错被证实后，亲子鉴定也不应当成为家庭关系的判决书，而应当一种宽容的心态来看待，"人非圣贤，孰能无错？"人生活的不是在过去，而是在当下和将来。

人的生命存在，不仅仅是生理的和心理的存在，更是灵性的存在。灵性的生命超越生理的、物质的束缚，超越心理的纠缠，寻求的是终极的存在。在对生命终极存在的思考和追求中，家庭内在地超越亲生与非亲生、血缘与非血缘的界限，也将超越亲子鉴定和基因决定论。

第四章 胚胎研究的相关伦理问题探究

第一节 人工流产及相关伦理分析

流产胎儿干细胞移植在国内国外都在进行，这种把流产后的胎儿或胚胎利用起来开展新技术研究和应用的实践，使学界对人工流产的伦理争议引起了的重视。在人工流产后的资源应用国际化的今天，在中国学界，探究人工流产的相关伦理问题尤为重要。

一 人工流产和胚胎研究

美国 1973 年高级法院罗伊与韦德（Roe V. Wade）案件的判决中胎儿不是一个人。从此打开了可以自由选择流产的大门，也有了流产的胎儿是否可以用于研究的争论。中国也在应用流产胎儿进行研究。将流产胎儿的干细胞移植给脊髓损伤的瘫痪病人，可以改善病人运动机能和感觉功能。这是一项在人权、道德观、社会伦理等方面仍让国际医学界争论不休的技术，世界各国虽然有充分的理论依据，但还没有一家医院进行临床推广。这一手术的临床推广在中国进行，引发一系列对该项人体胚胎干细胞移植技术的质疑与人工流产等社会伦理问题的大讨论。

对于流产胚胎干细胞移植手术的理解可见下例：2004 年 7 月，年龄不满 20 岁的国外脊髓病患者小林（化名）在首都医科大学附属朝阳医院神经外科做了人体胚胎干细胞移植手术。人体胚胎干细胞是利用流产胎儿的胚胎干细胞得到的。治疗手术花去了大量费用。据了解，小林是在获悉北京地区可以做胚胎干细胞移植手术后，在母亲的陪同下专程过来的。据粗略统计，从 2001 年年底至 2004 年，已有 300 多位患者在北京接受了这样的手术，接受手术的病人包括中国内地、美国、日本和哈萨克斯坦等地的患者。2004 年，国内目前有能力进行该项手术的专家有三位，有两家医院神经外科开展了这种治疗。

据专家介绍，植入的人体胚胎干细胞，一般取自 6 个月以下流产胎儿的胚胎，胚胎来源包括北京和全国其他地区的自愿捐赠。据某妇产医院医生讲，流产后的胚胎在经当事人签协议书同意后，可将胎儿胚胎用于医学试验或其他临床医疗。胚胎的来源是在无任何不正当人为干扰的情况下，供体者自愿捐赠的胚胎，这是我们在医学道德伦理上的原则。①

据了解，尽管该临床手术在美国等一些国家有充分的理论基础，且在动物身上有过大量实验，但尚未应用于临床，原因可能有两个：第一，对堕胎的争论；第二，建议反复论证，经多家临床实验后才可获得合法资格。西方反对流产的一些人认为，因为人工流产本身是错误的，从人工流产胎儿中提取干细胞也是错的，从人工流产中获利，更是错的。他们认为胎儿是人，不应该杀害无辜的人，而且这也是对胎儿的不尊重，视他们为产品、货物。对由此引发的社会伦理问题，笔者认为利用流产的胚胎只要得到母亲的知情同意就是合乎伦理的，赞成对合理流产后胚胎的伦理应用。但反对由于不谨慎而导致的人工流产，也反对没有经过反复论证和伦理委员会审查的临床实验。得出这个结论是由于以下的伦理探究。②

二　人工流产及伦理争议

到 2008 年 1 月美国高级法院立法人工流产合法已经 35 年了，但是在立法当时，关于流产的争议就没有达到共识。尽管每年有超过百万例的人工流产，但美国人仍然对此有争议。尤其是在道德的接受性方面存在争议。而在另一面，中国有大量的人工流产，确切数据很难获得，人工流产的原因各异，但却少有人工流产道德争论的声音。③

（一）美国的人工流产和伦理争议

美国高级法院立法人工流产始于 1973 年的罗伊与韦德（Roe V. Wade）案件。案件中的达拉斯城的诺尔玛·科威（Norma McCorvey）没有结婚就怀了孕，由于生活窘迫，她希望做流产，但是根据得克萨斯（Texas）州的法律，除非母亲遇到生命威胁时才可以流产，其他理由的流

---

① 《北京晨报》，2004 年 08 月 04 日。

② Mary Anne Warren, On the Moral and Legal Status of Abortion, in Ronald Munson, *Intervention And Reflection*, USA：Wadsworth, 2000, p. 101.

③ Ronald Munson, *Intervention And Reflection*, USA：Wadsworth, 2000, p. 60.

产是犯罪的。但加利福尼亚州的法律不那么严格。科威很想到加利福尼亚州去做流产，但是她缺乏路费和流产费的经济来源。在没有希望的情况下，屈就于法律和经济的要求，她不得已没有流产，把孩子生了下来，送给了别人领养。

在两名律师的帮助下，科威决定向得克萨斯州的流产法律挑战，控告州的流产法律不公正。但联邦法院认为州的法律是有效的，于是，科威上诉到美国最高法院。为了保护自己的身份，科威改名为罗伊，这样，1973年的高级法院（Supreme Court）把此案件称为罗伊与韦德案件。在 7 对 2 的表决中，法院发现其他州的法律与得克萨斯州的有些不同，得克萨斯州的法律不连贯而且对流产有歧视。美国高级法院对罗伊与韦德案件的决定是对州的法律有所限制。按照此法，对 12 周以前的妊娠，州不能限制妇女做出流产的决定，但在妊娠第二个三个月，州法律为了保护妇女的健康要限制流产。在最后的三个月，因为胎儿是可以离开母体活下来，州要限制流产去保护妇女健康。

罗伊诉韦德案件决定后，早期流产变得容易了，但这个决定产生了反对流产者和反对立法者之间的争议。那些反对流产的人认为流产在道德上是错误的，允许流产的法律不应存在，流产应该是非法的。而非立法者认为，流产是个人的事也不应立法。因此，想尽办法去反对罗伊立法。①

美国联邦政府也有关于流产的政策。前总统克林顿曾经修改了联邦关于人工流产的限制条例：1. 重拟或修复国会以前对计划生育和流产的决定；2. 如果妇女可以付钱允许流产在军队医院进行；3. 允许使用流产后组织用于研究的目的；4. 由联邦立法重新调查 RU－486 避孕药的安全和有效性。

1996 年国会通过了立法禁止晚期流产，但被克林顿否决了。理由是这条没有保护妇女健康。白宫以 295 票对 136 票反对克林顿。一年后议会又以 64 票对 36 票反对克林顿。克林顿宣布他反对任何一个法案，因为法案不允许有例外地晚期流产，以保护孕妇的健康。而反对晚期流产者认为允许一个例外就等于没有法规。最终的议会法案进行了修改，得到了美国医学会（American Medical Association，AMA）的同意：在必要的情况下

① Ronald Munson, *Intervention And Reflection*, USA：Wadsworth, 2000, pp. 67 - 68.

不得以实行的晚期流产不犯罪，如果有错误只由医学会处理而不通过法院。①

伴随国会禁止晚期流产到 1997 年，22 个州通过了它的法律。1998 年一半的州都由法院出台了非宪法条例，在胎儿可存活前可以流产，没有关于在例外情况下防护孕妇权利的条文。1995 年俄亥俄州通过法律禁止一切超过 24 周可活胎儿的流产，仅有的例外是医生为了防止孕妇残疾、产生生命危险或对重要器官有严重损伤。很多观察者认为不需要任何州和联邦去制订一个有关晚期流产的法规，以罗伊与韦德案决定就可授予州处理晚期流产以防护胎儿的利益。到 1999 年，41 个州通过法律禁止能存活胎儿的流产，联邦法律也是如此，但仍不能解决对可存活胎儿是否流产的争议。②

在庆祝罗伊与韦德案件决定 25 周年的活动中，纽约时报/CBS News 以投票方式调查了美国公众对人工流产的态度。调查所见，一半的美国人认为人工流产等于杀人；尽管如此，这其中有 32% 的人仍认为在一些例外情况下人工流产的决定是对的；有 60% 的人认为从整体来说，高级法院以法律形式为妇女确立了人工流产的权利是好事；80% 支持对年龄小的女孩施行人工流产要有家长的同意。在人工流产是给予妇女自己身体的控制权还是与胎儿的生命有关这个问题有截然不同的意见：45% 的人认为是与胎儿的生命有关，44% 的人认为与妇女控制她自己的身体有关。在调查流产时间和原因时，61% 的人认为流产应在前 3 个月，15% 人认为可在中间 3 个月，7% 的人认为可在最后 3 个月。罗马天主教认为不可流产，但 74% 认为在例外情况下可以。80% 认为如果母亲有重大健康原因可以人工流产。75% 认为胎儿严重疾病可以。43% 人认为家庭的低收入可以。在 1989 年的调查中有 49% 的人对没有严重原因仍然要流产提出疑问。③

（二）中国的人工流产现状及伦理问题

人工流产在中国发生很多，人们对于计划生育失败的人工流产司空见惯，只有遗憾而没有争议；除了应用流产后的胎儿或胚胎开展新技术研究和应用以外，在临床上，产前筛查后异常胎儿的人工流产时有发生；在社

①　Ronald Munson, *Intervention And Reflection*, USA: Wadsworth, 2000, p. 71.

②　Ibid., p. 67.

③　Ibid., p. 71.

会上，未婚青少年流产日益增多。无论学术界还是在公众中，对于人工流产的利弊、伦理问题和道德意义在国内很少讨论。这其中的原因可以有公众从传统文化上对人工流产的认可，有对国家相关政策的认同，也有漠视生命无视母胎道德利益冲突的糊涂意识。在中国，面对不同原因的人工流产不断增加的状况，适时地讨论人工流产的伦理问题和道德意义很有必要。

中国当代青少年和大学生性观念发生变化，婚前性行为被肯定和增多，是人工流产增加的一个原因。2005 年《南京市大学生性知识、性行为、性观念调查研究》对 7 所高校 800 多名在校生同步调查，被调查者男女生各占 50％，平均年龄 20 岁。从这份调查报告显示，现在的大学生在性观念方面虽然比较开放，有 43.5％的大学生有稳定的恋人。对于婚前性行为，此次调查结果是：25.74％的人反对，27.96％的同意。有 40％的大学生追求纯真的爱情，认为应当只和相爱的人发生性关系。调查发现了一个令人担忧的事实：大学生普遍缺乏性知识。有 85.49％的大学生未接受过任何性教育，26.74％的人认为和感染艾滋病病毒的人有任何接触都是危险的。另外，大学生的自我保护意识较差，在首次发生性关系时，只有 31.21％的人采取了避孕措施，同时竟有 24.61％的人认为，人工流产对女性的健康没什么损害。由于青少年对健康的性教育知识的了解无法得到满足，在青少年中过早出现性行为，从而导致青少年意外怀孕的数量大大增加。2005 年从某市妇婴医院得知：今年到该院进行人工流产的大、中学生已有 100 余人，其中大学生占 70％以上，个别女学生还连续做过两次以上。北京妇联调查 32％的怀孕少女认为：没什么大不了，做人流就可以。一些城市大中小学 2004 年底刚刚开始开设健康教育课，增加大中生学使用避孕套避孕的知识，但这项措施并没有改善人工流产不断增加的现状。由于电脑高科技的发展年轻人以网络交往的方式认识后发生随意性行为而意外怀孕者也有发生。对于这样的人工流产现象应该怎样认识呢？①

产前诊断和产前筛查的结果与异常胎儿的人工流产密切相连，也对是否需要人工流产的遗传咨询带来了伦理难题。大约有 5000 多种疾病与基因或遗传有关。医学科学采用筛查、咨询和诊断这三种办法去获取与疾病

---

① 王延光：《艾滋病、政策与伦理》，社会科学文献出版社 2006 年版，第 227 页。

相关的遗传信息。产前诊断开展常见染色体病、神经管畸形、超声下可见的严重肢体畸形等的产前筛查和诊断，也开展常见单基因遗传病（包括遗传代谢病）的诊断。在一些发达国家，对主要的遗传性疾病，如各型地中海贫血、Duchenne's 肌营养不良症、囊性纤维化症、苯丙酮尿症、血友病、α1 - 抗胰蛋白酶缺乏症、脆性 X 染色体综合征，以及对胎儿危害严重的巨细胞病毒（CMV）、人类免疫缺陷病毒（HIV）、风疹病毒、弓形虫等感染的产前基因检测，已成为常规手段。目前在我国进行产前诊断的疾病仍然以胎儿感染疾病、先天畸形和染色体病等三大类为主。[①]

产前筛查性检测目前国外已经广泛使用，而国内部分地区正在进行的是对 21 三体综合征和神经管缺陷产前筛查，即所谓孕妇血清筛查。21 三体综合征即唐氏综合征（Down's syndrome, DS），又称先天愚型三体综合征，是一种严重的出生缺陷。在唐氏综合征的产前检测中，首先对妊娠14—20 周的孕妇进行唐氏综合征的产前筛查，筛查结果必须和各种影响因素如孕妇年龄、体重、孕妇疾病（特别是糖尿病）、种族等作校正并通过生物统计学计算得出风险值（危险系数）。[②] 如危险系数高，称为"高危人群"，即生"唐氏儿"的可能性大；危险系数低，称为"低危人群"即生"唐氏儿"的可能性小。通常，孕妇及其丈夫在面对可能生育"唐氏儿"或 21 三体患儿风险较大的筛查结果后，不知所措，他们更希望从医生那里获得医疗建议与指导。那么，在这种情况下，医生应该帮助夫妻作出生育决定吗？医生应该怎样帮助夫妻解决生育困惑呢？医生应该建议孕妇人工流产掉生育风险较大的唐氏综合征胎儿吗？另一个伦理问题是一些有较轻微遗传病家族史的夫妇，也会要求产前诊断继而做人工流产，这样的要求能否予以满足？一个重要的问题是，因为计划生育失败的晚期人工流产应不应做？晚期人工流产的临床适应证是什么？

三　胎儿是不是人

在流产这个问题上，很关键的是应用道德理论和原则去解决道德的主体和客体，这里的基本伦理问题是谁或什么是道德的人？什么样的特性能让我们认为它们就是人，并且值得去道德上的对待。假设胎儿是一个人，

---

① 王延光：《中国遗传伦理的争鸣与探索》，科学出版社 2006 年版，第 67 页。
② 同上书，第 70 页。

则流产就成了杀人；如果胎儿还不是人，则流产就没有多少道德上的困难。先假设回答这个问题的几个可能结果：

第一，如果胎儿是人，它对生命、生活有严肃的要求，我们也必须按这个要求去为它提供利益。对任何约束他生命的事都要去衡量，并要尊重他们，除非为了母亲的生命才可以流产。假设胎儿是一个人，流产就成了杀人，只有理由强到允许杀人的时候，杀婴是正当的。第二，比较起来，如果一个胎儿不是一个人，流产胎儿就不能与杀人相提并论。胎儿就等于一堆组织材料，流产没有多少道德的困难。第三，另外一个观点是胎儿不是人，但是一个潜在的人，是一个有重要意义的与道德相关的物体。这种胎儿的潜在性使婴儿与其他的组织器官区分开来。这样，因为胎儿可以变成人，流产就与道德相关了，一个胎儿被流产必须有足够的理由。

让我们看一看什么是胎儿可以成为人的合理论证。神学的观点认为人是在受精的一瞬间形成的，在这一瞬间，新的个体接受了遗传密码，是形成人性智慧的生物学基础，这些基因决定他的特性，使他演变为一个人。所以带有人的遗传密码的生物就是人。有人的潜在性就是人。流产违反了胎儿与理性人的平等生命的能力。

世俗伦理的观点认为，用胎儿的可活性来判断是不是人，胎儿在妊娠前几个月离开母亲是不能活的，这种依赖性是否定不是人的基础。但仅以可活性作为标准是不严密的，可活性可随着技术的改变而改变，可随种族的不同而不同。比如黑人胎儿在大小、长度上都比白人早成熟。而且，可活性并不是依赖性的结束，胎儿及小孩的依赖性一直可持续到 5 岁。

世俗伦理中另一个判定胎儿和人不同就是用经验的标准：一个人有活着的、受罪的经验记忆，人性可以通过经验形成。胎儿没有经验不应该是人。这种观点也是不成立的，实际上胎儿从 8 个星期后就对环境有反应了，活着的受精卵也对着床的环境有反应。不能以经验作为人的标准，因为一个人失忆了，他还是人，不懂得爱和学习的人还是人。

在决定人是什么这个问题上：有人认为由于胎儿存在人的所有遗传密码，以及潜在的存在就是人。笔者认为仅有这两点是不够的，一个遗传定义上的人与一个道德意义上的人是不同的。有些学者根据道德社群对人下定义，认为一个道德社群仅存在理性的人而不是生物上的人，接下来考虑什么特性组成人，需要给人性找到一个标准。由此，胎儿不具备社会可接受性，不能与人交往，不是社会行为者的一个角色和一个成员，那就不是人。这种观点以哲学家玛丽·安·瓦伦（Mary Anne Warren）为代表。

女性主义者、哲学家玛丽·安·瓦伦认为由于胎儿不具备人格性（Personhood）的条件，胎儿不具备任何道德地位，因此，胎儿不可以对怀孕者有任何权利或义务的要求。虽然她后来做了一点儿修订，但仍然判断胎儿的道德地位不足以挑战怀胎者作为一个道德行动者所拥有的权利，特别是堕胎的决定。

瓦伦认为如果证明胎儿不是人类道德社群的一成员，他就不是人。她提出五项标准来判断是否是道德人：1）知觉、感觉疼痛的能力，2）推理能力，3）自我动机的活动（活动是相对独立于遗传或直接的外部控制），4）交往的能力，5）对自我的认知（无论个人或种属或这两方面）。瓦伦认为胎儿不符合这5项标准，故不是人，不享有人的生命权，无法抗击任何一个妇女选择人工流产的权利。一个只有完全的遗传基因的胚胎不是人，一个几个月的胎儿，没有完全的自知、知觉和交往、推理、自我动机也不是人，就是一个完全发展了的高月龄胎儿也不如一个成熟的哺乳动物。用这五项标准，我们就会明确一个正在孕育的卵和正在发展的胎儿不是人。已受精的卵子和分化的囊胚都是一样的组织而不是人；在胎儿可成活之前、在有心跳时，或在有脑电波时都还不是人。

但是胚胎受精后的发展是一个连续的过程，胎儿存在人的所有遗传密码，有发展为一个人的潜能，是一个潜在的人，要给予一定的道德考虑。因此，无论是胚胎和胎儿却应该在流产时多加注意，没有合适的理由是不应该随意流产的。

四 人工流产中胎儿的道德地位

我们同意，因为胎儿不是人，妇女可以选择流产，但如上所说，我们要给予胎儿一个公正的对待，不能对不论任何理由的流产都完全赞成。为了阐明应该以什么样的道德尺度对待胎儿，就必须弄清楚胎儿有什么样的道德地位。当母亲的生命利益与胎儿的生命利益发生矛盾时，重要的是如何认识胎儿的道德地位。如果胎儿的道德地位与母亲的道德地位一样或更高，人工流产掉胎儿而保护母亲就有悖于伦理。如果胎儿的道德地位与母亲的道德地位不同或更低，人工流产掉胎儿而保护母亲就符合伦理标准。

要想研究胚胎的道德地位，首先要认识什么是道德地位。道德地位是对于个体而言的。假如我们相信一个个体应如何被看待，而不去考虑对其他人或事物所造成的影响、利弊得失，那么对我们而言，那个个体就有道德地位。这就是说，在做道德决定时，如果我们觉得应该为了个体自身的缘故，而将其利益纳入我们的考虑，不仅仅是为了我们的利益或任何人的利益，则此个体对我们而言有道德地位。举例来说，医生关注病人的身体健康，并且相信无端地引起病人身体和精神上的痛苦是不道德的。假设医生的这种相信，不是为了得到病人的好处，也不是害怕被控告，仅仅是发自内心的对病人的关怀，那么这个病人相对于医生而言就有道德地位。从另一例子来说，牧羊人照顾奶羊的健康，而他也相信不能虐待奶羊，但是假设他相信不虐待奶羊只是为了奶羊所产生的奶量多，他的收入不会少，那他的信仰就是为了他自己。这样，相对于牧羊人，奶羊并没有道德地位。由此，胎儿的道德地位，是胎儿相对于我们而言的。我们不去考虑我们在道德意义上如何对待胎儿对其他人或事物所造成的影响、利弊得失，而是为了胎儿自身的缘故，将胎儿自身的利益纳入我们的考虑。于是，这里就牵涉到胎儿是什么？胎儿自身有什么利益的问题。

　　玛丽·安·瓦伦用7个原则作为判定道德地位的标准：第一是尊重生命原则：对活着的生物或组织，在没有足够的理由时，不能被伤害；第二是反残忍原则：有感觉的生物不能被杀、遭受痛苦或疼痛，除非有更高道德地位的人类或其他生物在没有其他更好的办法时，才可以那样做。同时这条原则要与第三到第七原则相一致。第三是道德主体原则：道德主体有完全平等的道德权，包括生命权和自由权。第四是人权原则。与第三相一致，当人类有感觉，但不是一个道德主体时，有同样的道德权利。第五是生态原则：活着的物体如果不是道德主体，但对生态重要时，享有比它们的内在特性更多的道德权利。这条原则受一至四原则的限制。第六是相对特殊化原则：在原则一至五的限制下，在社群内的非人类成员享有比它们的内在特性更多的道德权利。第七是相互尊重原则：在一至六原则的限制下，每一个道德主体都要互相尊重。①

　　玛丽·安·瓦伦判定道德地位的7个原则标准，较全面地概括了我们应该在道德意义上以什么样的态度对待世界上的生物及他们/它们有什么

　　① Ernle W. D. Young, "Ethical Issues: A Secular Perspective", *The Human Emberyonic and Stem Cell Debate*, edited by Suzanne Holland, London, England: The MIT Press. 2002, pp. 169 – 170.

样的道德地位。我们应该按照第一条标准去对待活着的生物或组织；按照第二条标准去对待动物；按照第三条标准去对待理性人；按照第四条标准去对待非理性的有感觉的人，如植物人或婴儿；按照第五条标准去对待除人和动物以外的生态生物。显然按以上功能论的种种分析，胎儿应该是第一条标准的对待对象，即它们的道德地位是：活着的人的生物学生命，有自己的特性和内在价值，有发展为人格的人的生命的潜能，有一定的神经感觉，在没有足够的理由时，不能被伤害。同时按照尊重生命原则，我们应以尽可能尊重它们生命的态度去决定是否流产。

五　伦理学对人工流产的争论和辩护

伦理学对人工流产的争论，除了有对胎儿是不是人和人工流产中胎儿的道德地位进行探讨以外，西方的哲学家、伦理学家及神学家对人工流产有两个极端的观点和一个中间的观点。两个极端观点中，一个是自由主义的观点，另一种是保守主义观点，更多的人则秉持中间观点，他们并不绝对限制流产，但流产必须是负责任和出于极端理由的，应该是"安全的，合法的和较少的"。

被视为自由主义、无条件支持堕胎的观点，在堕胎问题上不认为胎儿有一点儿道德地位。一部分哲学家以"妇女拥有绝对控制自己身体的权利"作为堕胎的理据，认为妇女控制自己身体的权利可以用来辩护人工流产。这个权利以对自己的身体做什么的认知为基础。因为妊娠包括在妇女身体的某部分，妇女合法地可以决定继续还是流产，这个决定是她自己的，社会和法律约束她的权利都是不可辩护的。

如果按照密尔、康德、罗斯、罗尔斯对于个人自主性和自我决定的理论，一个人被授予控制自己生活的权利，个人可以控制自己的身体。按照这些理论，妇女有权利决定是否有孩子，非有意怀孕时可以合理地决定流产。功利主义也可以从后果的角度回答这个问题：如果生个孩子不能带来更多地幸福，流产就是可辩护的。①

在另一端的观点，即所谓保守主义的观点，这种观点视母亲和胎儿为两个独立的生命体，但认为胎儿有完全的生命权，因此认为堕胎在任何时候、任何情况下都是不道德的。罗马天主教认为胎儿是无辜的人，流产是

---

① Ronald Munson, *Intervention And Reflection*, USA：Wadsworth, 2000, p. 82.

不能得到辩护的。即使是强奸怀孕，胎儿也无罪。不应受到死亡的惩罚，即使母亲不愿要这个孩子也应保护他的生命。这种支持胎儿具有完全的生命权的观点是建立在某一宗教信念上，在基督教的教义上明确讲到"从受孕开始，每人都应视为一个有位格的人，具有人的权利"；"自受精始，该生命体视其为人，具有个体性"，而且人是上帝所造，不能侵犯上帝而夺走人的生命。宗教人士依此作为判断胎儿道德地位的理据，将受孕与位格、受精与个体视为等位关系，实在是犯了很明显的错误。

人工流产的中间主义观点最有道理。这种观点同意身体是妇女自己的财产，但就胎儿而言，他也有一定的道德地位，他有感觉，有成为人的潜在性，妇女并没有那么绝对的权利去决定怎样处置。尽管妇女被授权控制自己的身体，并可以做出流产的决定，但流产的决定一定要以很强的理由去支持。一个妇女是自主的，有自己关于什么是好的定义。为了一个很小的理由毁掉胎儿是错误的，立法应该提供流产的标准，反对仅因很小的理由而毁掉胎儿的流产。

义务论的观点也可为人工流产的中间观点辩护，像康德和罗斯认为，如果胎儿是人，他就有尊严和价值，他是一个无辜的生命，没有足够的理由不能流产。这些理由应包括妇女的利益。在正常情况下，我们也可以说怀孕的妇女有责任认真吃好避孕药等，简单地因为害怕生孩子时的疼痛而要实施流产是不对的，这样的妇女有道德责任去继续妊娠。青少年不经意的意外怀孕一定要尽量减少。争议较多的问题是，假如一个妇女不经意地怀了一个孩子，而且这个孩子会影响她的生涯和生活的方式时怎么办？著名的生命伦理学家卡拉汉对此类人工流产的观点是，胎儿有一定的道德地位，但一个妇女也是有责任的人，她要对自己、家庭和社会负责，在必要的情况下，妇女的这些责任要求可以超越不得流产的显见义务。

按照美国的女性主义的"关怀伦理学"的关系模式分析流产，关怀伦理学强调对于情境做具体分析，可以看成做出母亲终止与胎儿关系决定的参考。关怀伦理学认为，人之为人的特性并不是具有理性能力，而是能够对他人的关怀做出反应。因为胎儿可以做到这一点，所以妇女流产权利不是绝对的。母胎关系从胚胎受精就产生了，是一个动态而不间断的过程，这种关系是身体各个部分的连接，其感应可不借助其他任何媒介。母亲对胎儿的感应是有生理和心理基础的，胎儿对母亲关怀的感应也是有生理基础的，科学可以证明14天后的胎儿就逐渐有了感知能力。胎儿与母亲很早就建立了一种亲密的内在关系。在这个意义之下，母亲在作出流产的决定时有理由三思。

当然为了妇女健康或一些合理原因，前三个月的流产没有太多的争议。但晚期流产就是不好辩护的。目前，无论在西方还是东方国家，对20周以后的晚期流产争议最大。① 晚期流产是 20 周以后的流产，这种流产极少，仅占全部流产的 1.1%。这时的胎儿生出来已经是可活的人，马上就会以一个道德人的身份与家庭和社会有所互动，比 20 周以前的胎儿有较高的道德地位。为了尊重这样的生命，无论从义务论还是后果论来辩护，晚期流产都不应该发生。

但晚期人工流产也不能没有例外，那些到了 20 周以后才发现的胎儿有严重疾病、用药物后对胎儿的较大负影响，少女被强奸由于社会原因不得被发现等。这些原因的流产应该有理由做。一个女孩不应承担一个被强奸后的孩子，因为这对她自己和孩子都是一个巨大的伤害。因此，人工流产一定要有例外。哲学家朱笛·汤姆森（Judith J. Thomson）举例为这个人工流产观点辩护，他询问下列例子人们能否接受：假如，你被著名钢琴师组织绑架了。你醒来发现一个失去知觉的钢琴师在通过你的肾做血液循环，只有你才能救他，而且你要在床上呆 9 个月。在这个例子中，你是不情愿的，但因为每个人都有生的权利，钢琴师也有生的权利，你是否要给他这个权利，你是否为了他的生命而屈就 9 个月？

同样，反对强奸后流产的例子是否也应该如此，因为胎儿是人，被强奸的母亲不情愿也要怀孕下去。对此，汤姆森反问道，人工流产没有例外怎么行呢？假如要缩短母亲的生命呢？假如一个妇女怀孕后发现心脏病很重怎么办？母亲和胎儿两个都是人，当只有一个可活时做不做流产？实际上在此时，不流产，妇女就是等死，两个都死。结论是妇女确实可以流产掉危害她生命的小孩，即使胎儿间接死亡，胎儿有人的权利，但妇女也有活的权利。他更进一步指出，纵然胎儿是一个有完全生命权利的个体，那位著名的钢琴师，借一血管与一位女士身体相连，如果割断相连的血管，钢琴师即死亡，但这个女士仍然可以拒绝提供身体给其使用而割断相连的血管，正如怀孕者选择堕胎时，会使胎儿死亡，怀孕者仍然有完全的道德

---

① Daniel Callahan, "Abortion Decisions: Personal Morality", in Thomas A. Mappes, *Biomedical Ethics*, New York: McGRAW – HILL, INC, 1996, p. 452.

权利如此行动一样。① 此时，女孩的状态与钢琴师例子差不多，一个人没有义务在较大地影响自己生活的情况下为一个钢琴师在床上活 9 个月，一个女孩也不应承担一个强奸产生的孩子。

如果遇上述特殊情况，功利主义和义务理论都可以为治疗性流产辩护。在母亲的生命遇到威胁时，这情况便是自我防护。康德、罗斯都认为每个人有权利保护他自己，即使这会使另外的人丧失生命。对功利主义来说，保护一个人的生命是值得的，因为活着才有所有的幸福。如果流产是为了胎儿，两个理论也都可辩护。如果流产一个有病的胎儿无论对胎儿本身、家庭、社会都是有好处的。关于人工流产的争议在法院、街头、学校、媒体到处继续。这是一个很大的社会问题与人们的情感和道德观有关。问题的解决取决于有理性的讨论和求助于道德理论和原则。

六 遗传咨询与人工流产

近代以来，随着胎儿诊断技术的不断发展，将胎儿当做患者的概念逐渐形成。出生前检查结果对人生命权的意义很重要，当出现问题后往往会流产，于是流产与人的生命权有关了。简单地说，给予适当的遗传病信息，帮助其父母决定是否怀孕或人工流产一个有可能的遗传病的孩子就是遗传咨询（Genetic Counseling）。例如镰刀型贫血（Sickle – cell）是非洲裔美国人易患的病，若两个准父母都有隐性基因，则传给孩子的概率是1/4。因此在咨询时要告诉其二者。但有些情况使咨询师很棘手，因为这时有利原则和尊重求咨询者的自主原则出现了矛盾。②

（一）父母的自主权与不伤害胎儿

遗传咨询工作强烈地强调尊重病人的自主权，这与其他的有利和不伤害伦理原则有矛盾。一个典型的例子就是泰—萨克斯病（Tay – Sachs 病，婴儿型家族性黑蒙性痴呆），阳性的人拒绝向姐妹和其他亲属告知这个信息。这样常常导致咨询者陷入困境。一方面他要尊重阳性的人的自主决定权，一方面如果不告诉姐妹和其他亲属就对将来的孩子带来危害或不得不施行人工流产。遗传干预的困难还有：可能生出遗传病患儿的父母是否可

---

① Judith Jarvis Thomson, "A Defense of Abortion", in Ronald Munson, *Intervention And Reflection*, USA：Wadsworth, 2000, pp. 88 – 99.

② Ronald Munson, *Intervention And Reflection*, USA：Wadsworth, 2000, p. 579.

以要孩子？假设一个怀孕妇女在检查后被通知他的孩子将得神经管畸形，如果她拒绝流产这个孩子怎么办？已经是某方面残疾人还要生一个同样残疾的孩子，如聋哑父母还想再生一个聋哑儿怎么办？①

虽然正常情况下强迫性的诊断并不强迫流产和不生育，咨询师有责任尊重父母的自主，但也有责任去减少对孩子的伤害。这个矛盾可以被认为是求咨者的自主权和后代子孙权利不伤害的矛盾。这时有利原则和尊重自主原则也出现了矛盾。从一个功利主义的角度来说，若孩子将得神经管畸形，她母亲拒绝流产这个孩子的决定是错的，因为这种严重的遗传病孩子会受许多的罪，并可能死亡。从康德伦理学来说，尽管认为胎儿是人，但康德也会指出预防病痛是应该的。对一些有较轻微遗传病家族史的夫妇咨询的伦理问题，咨询者要讲清人工流产的害处，提出不宜于做人工流产的建议。对于不伤害母亲的晚期人工流产要尽量阻止去做。

（二）父母的自主权与胎儿开放性将来权利

尊重求咨者自主性确实遇到了挑战，瓦尔特·南希（Walter E. Nance）曾报告了聋人家庭的事件：一些聋人父母很不情愿生出一个有听力的孩子而宁可生养一个聋儿，聋人父母可能认为聋儿更适应聋人社区和文化，（尽管早期未植入胎儿就可以查出基因缺陷，一般不需要流产，只是要损毁一个胚胎，）但这是不是意味着咨询者可以按自己的决定去流产一个有听力的胎儿？这样的情况常使咨询师处于棘手的状况。②

哲学家约尔·费伯格（Joel Feinberg）曾讨论了孩子的权利可分4种：孩子与大人有的共同权利；仅仅是孩子的权利（依赖于父母吃、住、防护自己）；仅是成人的权利（如自由选择宗教）；一个孩子保留到成人的权利（可被成人性侵犯，少年时被绝育）；费伯格还提出了孩子有开放性将来权利。关于孩子的开放性将来权利的观点可以帮助咨询师面对咨询中的问题。③

有两个例子可以使我们更好地认识和尊重孩子的开放性将来权。一个例子是耶和华见证人教派（Jehovah's Witness）提出的，关于是否给持有拒绝接受输血的宗教观念父母的孩子输血的例子，法律判决的是成人有权

---

① Ronald Munson, *Intervention And Reflection*, USA: Wadsworth, 2000, p. 601.

② Ibid.

③ Ibid., p. 604.

利相信拒绝接受输血的宗教观念，但不允许这样的父母替孩子做决定，因为孩子还没有到达可以信仰某个宗教的年龄。所以是否输血要让孩子自己决定。另外一个例子是 1972 年高等法院审判的一个著名的案子：一个老族长阿米什（Amish）要求美国威斯康星州免除对本部族的孩子在 16 岁前必须到公立学校上学直至高中毕业的要求。族长的理由是部族内有自己的私人学校，孩子可以学习自己部落的文化技术。如把孩子送到公立学校学习，这个部族文化就有灭亡的可能。在本案中，阿米什赢了这场官司。但一些人的观点认为这样的决定是错的，因为剥夺了孩子实现开放式未来的权利，从哲学家密尔（Mill）的观点来说，应该给个人选择自己生存方式的更多自由。孩子没有理由一定要生存在一个或某种形式的部族社区中，孩子的自主应该先于群体的自主。部族和父母的伦理问题是损害了孩子的自主性和限制了开放性的未来。①

　　要产生一个聋儿是否是对孩子的伤害？在什么意义上可以伤害一个还没有出生的孩子？确实，在美国的一个岛上生活的都是聋人，他们以手势进行交流和生活，有相应文化传统，聋人进入这样的文化里生活有其方便的地方。但是无论如何聋是一个较重的残疾，聋人的生活不可能只限制于聋人文化中，聋人群居形成的这个文化是太狭窄的一个文化。一个聋人生活在健康人中间时将有许多困难，很难找工作、低工资，没有听歌剧、诗歌的能力，没有富有的机会，不易掌握生活技术。所以使后代成为聋儿不仅是自主性的伤害，而且使聋儿过着一个低水平的生活。反过来，如果父母知道怀有严重基因病的孩子还要生，就是不道德的，给下一代好生活的机会应大于父母的生殖权。很严重的遗传病使孩子不能过上最小满意的生活，这是很不人道的。社会和个人都有这个责任至少要给予下代一个最小意义上满意的生活。正义论、功利主义都要求后代最小的满意是健康。②

（三）人工流产的限制和残疾人的权利

　　对有较轻遗传病的胎儿也做人工流产，违背了人道主义和平等主义。对遗传缺陷引起的流产影响我们对残疾人的观点和行为，人们很容易认为一个患有较轻的唐氏综合征的孩子不应该存在于这个家庭、社区或世界。

　　从道理上讲，生一个有轻微残疾孩子并不伤害谁，生一个有不严重疾

---

①　Ronald Munson, *Intervention And Reflection*, USA：Wadsworth, 2000, p. 604.

②　Ibid. , p. 608.

病的孩子比不出生他好。这样的生育给了父母快乐，也给了孩子以自己为目的活着的机会。孩子可以给父母的好处是体味爱，看着孩子成长，分担他们的痛和成绩。反过来孩子可以赡养父母、照顾他们自己的后代，品尝自己的人生幸福。当然，前提是他们有基本的生活质量。就算他们有一些残疾，社会也要接纳他们。流产掉遗传上有缺陷的胎儿不能形成一个原则，这个原则就是"有缺陷的孩子不应该出生"。实际上所有的人都被认为是平等的。由于遗传诊断和筛查导致的人工流产不应该走向杀人的纳粹主义。

（四）唐氏综合征胎儿是否人工流产

在中国，应该怎样进行唐氏综合征人工流产胎儿的遗传咨询？通常情况下，医生对待人工流产的问题应该采取中立的态度，不能帮助夫妻作生育决定，应该交由孕妇或夫妻作决定。但唐氏综合征胎儿的人工流产不同于普通意义上的人工流产。在唐氏综合征的产前筛查中，涉及遗传风险的评估与计算，一般缺乏医学背景的人，很难理解遗传风险系数的高低与发病与否的关系，尤其夫妻在面对异常筛查结果的时候，往往感到焦虑困惑，甚至恐慌，无法独立决定继续妊娠或者人工流产，他们更希望得到医生的帮助与建议。进而，如果夫妻把生殖决定权转交给医生，那么医生作为夫妻的委托人，更应该从夫妻的立场考虑，尽量避免对夫妻的伤害，医生的建议应该得到夫妻的同意后再实施。所以，在唐氏综合征胎儿的人工流产抉择上，医生帮助夫妻作生育决定的行为是合乎伦理的。

在遗传咨询的时候，医生在考虑夫妻的利益时也要考虑胎儿的生命权利。医生在提供生殖建议的时候，应该以夫妻利益与胎儿权利之间是否存在伦理冲突为依据。之所以考虑胎儿的权利是因为唐氏综合征的孩子病症有轻重之分。在仅知道夫妻有生唐氏综合征的孩子的风险，不知道唐氏综合征的孩子病轻病重的情况下，如果夫妻认为即使唐氏综合征的孩子也会为他们的家庭生活带来快乐，并且夫妻有能力抚养患儿，那么夫妻的利益与胎儿的生命权利就协调一致。因此，医生考虑夫妻的利益可以建议他们继续妊娠，但一定要把唐氏综合征会有高风险的情况告诉咨询人。相反，如果夫妻表达本身没有能力抚养患儿，胎儿的生命质量又不知道的情况下，即使胎儿有生命的权利，但也无法真正获得有价值的生命，孩子没有一个幸福的人生，那么，医生可以建议夫妻选择人工流产唐氏综合征胎儿。

第二节　中国干细胞研究和应用的伦理管理

在过去十年里，干细胞研究已成为高端生物科学相关研究的希望和担忧的标志。一方面，人们希望部分最易使人虚弱的疾病和机能紊乱——例如，神经变性疾病、脊髓损伤、糖尿病、眼病、多发性硬化症、免疫失调和血液疾病——即使不能被治愈但最终也能够治疗。这些疾病带来的痛苦是漫长而持久的。另一方面，有效的再生治疗发展依赖于干细胞研究和对人类细胞进行操作以便产生能够移植到退行性疾病患者体内的干细胞株，而干细胞研究的材料来源具有伦理争议。这种自我更新的干细胞株可来源于体外受精后培养6天的人胚泡、流产胎儿的组织、脐带血、骨髓、脑细胞和其他体细胞。干细胞研究者所面临的挑战是如何寻找伦理上可接受的、能解释的方法来制造和保存再生性治疗所必需的足够大数量的干细胞株。干细胞来源于胚胎、胎儿或者成人，经过在实验室里被操作和培养，希望他们能够被移植回退行性疾病患者体内进行治疗。但干细胞的研究和治疗阶段即来源、操作和移植都面对着伦理挑战，

一　中国干细胞研究应用的现状

近年来，中国科学界正在进行着值得注意的干细胞研究。到2007年，至少培养了18个人胚胎干细胞系。由于这个数字是基于英文文献的分析得来，已建立的细胞系不可能都发表于英文文献，因此，有人估计我国培养的个人胚胎干细胞系高达70个细胞系。相比较起来，到2006年美国已发展了100多个细胞系，英国24个，日本7个，比利时3个。我国政府对干细胞研究提供了多种基金的支持。这些包括：国家科委973、863项目、国家教育部、国家自然科学基金委、中科院、军队医疗系统、地方科委的项目和资助。研究单位位于中国的大中城市，如北京、上海、广州、天津、长沙、重庆、深圳。

中国的干细胞系主要存在于公立医院和研究所，包括广州干细胞研究中心、北京干细胞研究中心、上海新华医院、同济医院生殖医学中心。这些干细胞从生殖门诊的过剩捐赠生殖细胞中产生。中国还从生殖门诊的过剩捐赠生殖细胞中产生了3个胚胎单性生殖干细胞系，在世界范围内仅有几个小组有产生单性生殖细胞的能力。几个国家重点实验室在进行干细胞

研究，在北京有国家人类干细胞培养中心，在长沙有湘雅医学院生殖工程中心，中国科学院和北京协和医科大学有主要的国家实验室研究血液学。重庆有肿瘤、烧伤和联合损伤治疗重要实验室。这些重要的研究由国家卫生部和科技部直接资助，研究成果也频繁地出版在相关刊物，可以得到同行评议。上述团体仅仅是中国正在进行中的研究中的范例，更多的其他研究群体在大学、医院、研究所中。生殖门诊是中国胚胎干细胞研究的来源，脐带血库也是临床干细胞研究的来源。①

　　在中国，实验和临床两方面的干细胞研究都受到了重视。实验室研究为了改善操作，提高对干细胞株的获得和培养，临床研究为了在神经变性疾病、肌肉萎缩症和其他疾病的治疗方面干细胞的潜在应用。在干细胞的基础研究方面：上海新华医院首先启动了干细胞研究的项目，他们的研究用于非人类生殖细胞，把人的皮肤细胞移植到兔卵胚细胞中。北京动物学研究所研究用干细胞核移植克隆动物，也研究早期克隆动物的发展；上海组织工程卓越研究中心重要的基础研究是间质干细胞（mesenchymal stem cell）；北京大学干细胞研究中心集中于干细胞的基因调节和分化，尤其是神经干细胞增殖；中科院的兴趣在于建立人体干细胞库。在中国有很多实验室在研究干细胞的一些领域，有的通过研究得到了干细胞系，也有干细胞临床研究，如神经退化病、肌营养不良的病。2009 年初，山东一家研究机构宣布利用人体皮肤细胞制造成了人类胚胎干细胞。对以上这些研究，一直以来，伦理审查不能确定和保证，全国有多少科研单位在进行干细胞研究也很难了解。

　　在干细胞的应用研究方面，中国在积极地探讨研究的实践和应用。2002 年，华山医院将神经干细胞注射到患者受损的大脑中，成功地培养了人脑组织，这是成人干细胞治疗脑肿瘤或损伤的临床试验。2004 年，中国还建立了从事干细胞治疗临床试验的群体网络，由 27 个医院和脊髓损伤中心组成，台湾和香港的一些研究单位也包括在其中，他们在 40 个患者身上验证用 HLA 匹配的脐带血干细胞治疗脊髓损伤，正准备做二期临床试验。上海组织工程研究中心创建了包括软骨、肌腱、骨、皮肤、虹

---

① Dominique S. McMahon, Halla Thorsteinsdottir, Peter A. Singer, "Cultivating Stem Cell Innovation in China", Mclaughlin - Roman Centre, For Global Health, University Health Network and university of Toronto.

膜、肌肉纤维、血管的几个组织型，还在鼠身上成功地培养了人耳，他们现在正在进行头盖骨重建的人体试验。中国发起的很多研究项目在于治疗一些特征性的疾病，比如，北京宣武医院细胞研究中心研究使用胎儿神经干细胞和胚胎干细胞治疗一型糖尿病，并在猴子身上做了帕金森氏病治疗的临床前实验；北京大学的研究者也在研究治疗糖尿病和发展异常鼠模型带有人血液的肝细胞系统，由国际资助，中国科学院和上海交通大学医院用干细胞研究移植医学以治疗眼白内障病。①

在中国已经有几个干细胞研究公司，如国际细胞生物技术公司（SinoCells Biotech）是一个北京大学干细胞研究中心的子公司，该公司计划为恶性分化病进行商业性治疗，发展了用干细胞治疗角膜病的方法；上海一生物工程公司的研究兴趣在于体细胞核移植技术和动物克隆技术；另一干细胞与基因工程研究公司在天津发展了脊髓血库和干细胞库，为使干细胞治疗市场化而工作。

除了这些公司，已能提供干细胞治疗的中国的研究者和临床超过200个医院。几个公司为了治疗共济失调、脑肿瘤和脊髓损伤、糖尿病、中风等形成了网络，他们不但治疗中国患者，还在旅游医疗越来越兴盛的情况下治疗外国人。贝克（Beike）生物技术有限公司是中国和泰国最大的干细胞治疗中心，共计有20个医院，他们已经治疗了超过2000个病人，包括500个外国人，此公司通过外科手术的方法提供净化的脐带血或骨髓干细胞，或注射到脊髓液中。此公司最近与清华大学一起建立了国家干细胞工程主要实验室，他们已经从深圳政府接受了4百万美元的项目资助。北京天坛神经科学医院与干细胞中心共同合作提供了两种类型的治疗，第一种是通过口服或静脉注射和复原，激活和增生身体中自我神经细胞，第二种治疗包括用腰椎穿刺输入脊髓干细胞、胎儿干细胞以治疗中风综合征、大脑性瘫痪、脊髓损伤巴金森氏病。这个医院也为从北美、欧洲、亚洲到北京的病人治疗。②

中国干细胞研究和发展能力的建立首先是政府的支持：863、973项

①　Dominique S. McMahon, Halla Thorsteinsdottir, Peter A. Singer, "Cultivating Stem Cell Innovation in China", Mclaughlin – Roman Centre, For Global Health, University Health Network and university of Toronto.

②　Taiantan Puhua Stem Cell Center Website.

目是主要的国家级项目。863 项目从 1986 年开始，主要研究高科技的应用，也称为高科技研究和发展项目，主要的目的是发展生物工程技术，完善生命质量和强调商业化和国际合作。项目资助的标准是创新性、可用性和可能的商业价值。① 973 项目称为国家基础研究项目，从 1997 年 6 月开始，由国家制定 5 年计划。主要的项目是干细胞研究和应用，至少有四个主要的干细胞研究项目：神经损伤修复和功能重建的应用和基础研究；治疗严重肿瘤和修复损伤组织的基础研究；组织工程的基本问题的科学研究；非人类灵长类体细胞核移植和治疗性克隆的机制研究。② 另外的资金由自然科学基金会，科技部提供，中国政府对科技财政上大力支持，使中国成为干细胞研究发展很快的国家。

二　中国干细胞研究和应用的伦理管理

伴随着一系列的发展，中国已通过了许多指导原则和法规来应对这些研究的许多伦理挑战。这些指导原则和法规包括《人类胚胎干细胞研究和应用的伦理原则和管理》，这是由中国社会科学院应用伦理研究中心、中国医学科学院/北京协和医学院生命伦理学研究中心、中国科学哲学学会和中国人类基因组计划 ELSI 委员会联合制定，并于 2001 年 9 月 15 日递交给卫生部伦理学委员会（ECMOH），卫生部伦理学委员会将其进行修订并改名为《人类胚胎干细胞研究伦理原则和管理》递交给卫生部。来自上海中国国家人类基因组中心伦理学委员会的《人类胚胎干细胞研究伦理指导方针》2001 年 10 月 16 日提出上交，并于 2002 年 8 月 20 日修订。2003 年 12 月 24 日科学技术部和卫生部通过了《人类胚胎干细胞研究伦理指导原则》（2003—460）。新的法规还有科技部的《国家科技计划实施中科研不端行为处理办法（试行）》（2006）和卫生部的《涉及人的生物医学研究伦理审查办法（试行）》（2007）。尽管这些法规不断出台，但是人们对法规执行情况的关注越来越多，尤其是那些没有得到证明的临床治疗让人非常担忧。一些科学家对于科学不良行为及同行评议的可信性也很忧虑。

　　2003 年 12 月，我国科技部和卫生部联合发布了《人胚胎干细胞研究

---

① 863 program Website.

② 973 program Website.

伦理指导原则》。原则的发布是为了使我国生物医学领域人胚胎干细胞的研究符合生命伦理规范，保证国际公认的生命伦理准则和我国相关规定得到尊重和遵守，促进人胚胎干细胞研究的健康发展。在制定政策的过程中，中国政府很了解干细胞治疗的美好前景和价值，科学家在关于政策与政府的对话中也担忧一旦干细胞研究被政府限制，我国干细胞研究的发展必定受到限制，而落后于一些发展中国家，因为他们知道美国和德国的双重标准和政策，美国的政策是对私人公司的研究没有限制，德国的政策是本国不可以研究胚胎，但可以研究进口的胚胎。

《人胚胎干细胞研究的伦理指导原则》首先明确了我国禁止以克隆人为目的的任何研究，规定了用于人胚干细胞研究的干细胞来源只能通过下列方式获得：体外受精时多余的配子或胚胎，自然或自愿选择性流产的胎儿细胞，体细胞核移植技术所获得的囊胚，自愿捐献的生殖细胞。在进行人胚胎干细胞研究时，必须遵守的行为规范有：利用体外受精或体细胞核移植技术获得的胚胎，其使用期限为自受精或核移植开始不得超过14天；不得将已用于研究的人胚植入人或其他物种的生殖系统；禁止将人与其他物种的生殖细胞形成嵌合体；禁止买卖配子、胚胎和胎儿组织；认真贯彻知情同意与知情选择原则；从事人胚干细胞研究者，必须具备相关的专业技术水平，并经过伦理学培训；从事人胚干细胞研究的单位应具备规范的实验研究条件，成立相应的伦理委员会，并要接受伦理委员会的审查和监督；申请人胚干细胞研究项目的单位，应在申请报告中附有本单位伦理委员会对该项目的审查意见。

《人胚胎干细胞研究伦理指导原则》主要包含了三类伦理问题：一类是禁止人的生殖性克隆；第二类是胚胎研究的基本伦理问题——胚胎的道德地位，体现在允许利用使用期限不超过14天的体外受精或体细胞核移植技术获得的胚胎、利用自然或自愿选择性流产的胎儿细胞和自愿捐献的生殖细胞产生的胚胎研究干细胞；第三类涉及我国人类胚胎干细胞的研究伦理，包括在人类胚胎干细胞研究中保护提供体外受精时多余的配子或囊胚、自然或自愿选择流产的胎儿细胞、自愿捐献的生殖细胞的捐献者的知情同意和知情选择权利；保护他/她们的隐私权利；禁止买卖人类配子、受精卵、胚胎和胎儿组织；伦理委员会做到合格的伦理审查，等等。对胚胎干细胞研究的一些基本伦理问题，如胚胎研究为何可来自四个来源，是否禁止超过14天的人胚胎的研究等，国内讨论得并不很充分。国际学术界对我国的上述规定也经常提出异议。为此首先要对胚胎研究的基本伦理问题，即"胚胎的道德地位"进行讨论，笔者认为，在我国人工流产较多、胚胎干细胞的研究状况纷乱、国人或科学家很少思考"胚胎的道德地位"的国情下，这个问题的讨论将有助于《人胚胎干细胞研究伦理指导原则》的执行。

三　干细胞研究中胚胎的道德地位

中国使用体细胞核移植技术研究干细胞并将研究对象限制为必须是14天以前胚胎，这个政策和英国的政策相似。国际人类基因组组织也支持用生殖门诊剩余的胚胎作为干细胞的来源，支持治疗性克隆。然而，中国的政策遇到了来自国内外的一些反对。在干细胞研究的初始阶段，一小群国内的科学家反对干细胞研究，他们认为干细胞研究应该被制止，因为这种研究与自然律相抵触，人类因此会受到自然的惩罚，干细胞研究违反了人类尊严。因此，首先要探究14天以前胚胎的道德地位。

（一）胚胎的道德地位

人工流产的关于胎儿是不是人，以及胎儿的道德地位的讨论，可以应用到胚胎。按照女性主义学者玛丽·安·瓦伦认为具备人格的五个标准去判定，干细胞研究中14天以前胚胎的道德地位不满足任何标准，它们的道德地位不属于人格意义上的人（Person），只可以说是生物学意义上的人（Human Being）。[①] 苏格兰哲学家邓斯·司格脱也认为每一个种属都有其共性，人类也有其共性，人格便是人类的共性。[②]

对于不具备人格的14天前的胚胎，精确的判定它们符合什么道德地位很有帮助。按照玛丽·安·瓦伦判定道德地位的7个原则标准分析，我们可以确定胚胎的道德地位。显然，14天内的胚胎应该是第一条标准的对待对象，即它们的道德地位是：活着的人的生物学生命，有自己的特性和内在价值，有发展为人格的人的生命的潜能，在没有足够的理由时，不能被伤害。而干细胞研究的多项人类受益构成了足够的理由去研究它，属不得已而损

---

① Suzanne Holland, "Beyond the Embryo: A Feminist Appraisal of the Embryonic Stem Cell Debate", *The Human Emberyonic and Stem Cell Debate*, edited by Suzanne Holland. London, England : The MIT Press, 2002, pp. 73 - 74.

② Thomas A. Shannon, "From the Micro to the Macro," *The Human Emberyonic and Stem Cell Debate*, edited by Suzanne Holland. London, England: The MIT Press. 2002, pp. 178 - 179.

毁。同时按照尊重生命原则，以尽可能地尊重他们生命的态度去研究他们。

由于胚胎是人类的胚胎，它们当然属于生物学上的人种（Human Being）。对于胚胎属于生物学上人种的哪个阶段，可从功能论或胚胎学来判断。14 天内的胚胎属于前胚胎阶段，也可以说属于二胚层阶段，它们没有神经和大脑，处于无知觉、无感觉的阶段，可以用于干细胞的研究。[①] 医学的观点也为 14 天前的胚胎可以应用与研究提供了理由，从医学观点看，14 天前的胚胎是不带有骨骼、器官和另外特性的一组细胞，胚胎在 20 周左右才有意识。14 天内的胚胎不具备人格的原因是它没有大脑和神经的发育，具备人格必需的社会文化培育就更不能提及。另外，如果认定大脑功能的丧失是（脑）死亡的标准，反过来说，14 天内的胚胎没有大脑和神经的发育就可以认定为还不是人格的人的生命。同时三个月以下的胎儿在有可接受的原因时可以人工流产是大多数人可以接受的。这样，在干细胞研究光辉灿烂的前景映照下，用 14 天内的胚胎做研究便有了充分的理由。

（二）为干细胞研究中应用胚胎的伦理辩护

当我们解决了胚胎干细胞研究的基本伦理问题——胚胎的道德地位后，我们便可以为我国胚胎干细胞研究应用的四个胚胎来源做伦理辩护。我国胚胎干细胞研究应用的四种胚胎的来源是：使用期限不超过 14 天的体外受精或体细胞核移植技术获得的胚胎、利用自然或自愿选择性流产的胎儿细胞和自愿捐献的生殖细胞产生的胚胎研究干细胞。这些标准比较起以美国和德国为首的保守主义的使用研究胚胎的做法来说是较为开放的。由此，回应我国干细胞研究的需要和国外保守势力的指责，我们要对应用这四种来源的胚胎产生干细胞给予伦理辩护。

对胚胎干细胞研究应用不超过 14 天的体外受精剩余胚胎和自然或自愿选择性流产的胎儿细胞这两种来源，进行辩护较为容易。那些胚胎或细胞是自然或自愿选择性流产的胎儿细胞，因一些必然的原因，它们作为胎儿的命运已经死亡或朝向死亡，可其中的一些生殖细胞还以一个生物学的生命暂时活了下来。一般来讲，如果没有科学的保护或支持，它们很快就会死亡。如果用来做科研，它们这些生物学的生命就不但继续保存它的内在价值，而且同时有了外在的价值——为人类造福。体外受精剩余胚胎的

---

① 丘祥兴、高志炎、陈仁彪：《人类干细胞研究中的若干伦理问题》，《科学》2001 年第 8 期。

命运有 4 个，一个是冷冻保存几年或多年，一个是转赠他人，另外是用于科研，当上 3 个选择都没有可能的时候，它们面临的最后一个命运是被抛弃而死亡。假如胚胎的所有者知情同意地将胚胎捐献给干细胞的研究，在它们死亡之前为人类作出了贡献，这符合道德，我们也永远地感谢和尊重它们。不但我们认为利用这两种来源在道德上能够接受，连保守主义者们也难以提出令人信服的反对意见。

其实，在自然界里有许多人生物性生命的浪费和死亡。比如，众所皆知，未受精的大量精子和卵子流失并死亡了，但为此而怜惜的人寥寥无几。人工生殖、事后避孕药、防止受精卵着床的子宫内避孕器都在杀死精子、卵子和胚胎，但除了某些宗教团体的反对外，没有人称这些现代化的科技为杀人科技。英国伦理学家约翰·哈里斯（John Harris）也曾指出：医学研究显示，每一次成功的受孕都导致许多（至少 5 个之多）早期胚胎的流失。这些流失的早期胚胎几乎都是不被察觉的。这些被流失的胚胎有些是因为基因异常，但有些也具有发展成为人的潜能。①

经调查所见，大多数中国的生命伦理学家也认为胚胎不是人，一个胚胎仅仅是人类的生物学生命。一个胚胎有确定的价值，值得尊重，但是如果有充分的理由，可以用于研究。对于生殖技术门诊的剩余胚胎或生殖性胚泡和通过流产而得到的生殖细胞，它们的伦理问题不是销毁干细胞研究，事实上，如果它们不用于研究也将被销毁。支持使用 14 天前干细胞用于研究的科学家认为反对干细胞研究与影响社会的价值不相一致，因为中国有许多流产的例子。如果反对使用生殖门诊的剩余干细胞进行胚胎研究就等于反对生殖技术。因为生殖技术门诊的冷冻细胞可以被销毁，不孕夫妇可以销毁不需要的胚胎，如果他们不想捐献别人。与人工生殖技术比较，人类干细胞研究是销毁了干细胞，但可以使另一个生命健康地存在。因此使用人类胚胎干细胞研究技术和使用生殖技术没有什么区别，将胚胎这个潜在人的利益凌驾于已存在的人之上是错误的。②

一些生命伦理学家认为儒家思想是公众对早期胚胎认识的思想背景。

① Suzanne Holland, "Beyond the Embryo: A Feminist Appraisal of the Embryonic Stem Cell Debate", *The Human Emberyonic and Stem Cell Debate*, edited by Suzanne Holland, London, England: The MIT Press. 2002, pp. 73 – 74.

② "Chinese Ethical Views on Embryo Stem (ES) Cell Research", *Asian Bioethics in the 21st Century*, Eubios Ethis Institute, 2003, pp. 49 – 56.

这些生命伦理学家认为儒家传统思想中可以知道胚胎的道德地位。儒家认为，人作为一个实体是有身有形的同时还有心理或精神，有情感和社会关系。因此，一个人类胚胎不能认为是一个人，一个人由生开始，由死而终。因此使用胚胎研究和销毁不是杀人。另外，儒家关于"仁"的解释是爱他人，关怀他人，照顾他人。"仁"是对不幸和病残的自然同情。对于中国的公众来说，干细胞研究的伦理问题不是支持和反对应用 14 天的胚胎做研究，以及胚胎的道德地位问题，他们主要考虑的是对病人的保护，为治疗千百万的病人而研究胚胎是最充分的理由。

由于我国胚胎干细胞研究应用的是体细胞核移植技术获得的胚胎，一个最大的争议是有意去创造胚胎做科研，不符合康德的"始终以人为目的，而不能视任何人为达到某目的的工具"这一哲学。换一句话来说就是，为研究有意产生出来胚胎，是把它当做工具，而不是目的。在以上澄清了胚胎的道德地位以后，我们会很快发现，康德理论在这里的应用是教条而错误的。既然 14 天的胚胎不是人格的生命，它就没有理性的存在。一个没有理性的胚胎，怎么能以自己为目的呢？当它还不属于人格性人类的一员时，当它还没有能感受外界刺激的生物学基础时，怎么能在被他人做工具后感受到受了伤害呢？我们理性的人类早已在出于不得已的情况下，利用生物圈内许许多多道德地位较低的生物去达到自己的这样或那样的目的。我们不但没有去谴责这样的行为，而且大多数人视这样的行为为必然，那么使用 14 天的胚胎产生干细胞又何足为怪呢。

抛弃以胚胎为工具的谬误，让我们再将使用体外受精产生胚胎与使用体细胞核移植技术获得胚胎产生干细胞进行比较，我们发现，两者于义于理皆能贯通。有人说，体外受精产生胚胎的目的是为了治疗不孕症，这个生殖的目的是自然的目的，道德上可以接受的，而使用体细胞核移植技术获得胚胎用于研究的目的不是自然的。但对此要明确的是自然在给我们生殖能力的同时，也赋予了人类治病救人、发展自身的能力，况且，二者使用的方法都是非自然的。有人又说，与体细胞核移植技术获得的胚胎产生干细胞相比，体外受精产生胚胎帮助了夫妇怀孕，功劳很大。[①] 但相对于

---

① Erik Parens, "On the Ethis and Politics of Embryonic stem cell Reasearch", *The Human Emberyonic and Stem Cell Debate*, edited by Suzanne Holland, London, England: The MIT Press. 2002, p. 44.

用体细胞核移植技术获得胚胎去产生干细胞可以与供核者的基因一致、避免供核者病患的免疫排斥来说，这一前所未有的技术帮助病患方面的惊人前景更加值得看好。有人说使用体细胞核移植技术获得的胚胎会加大妇女捐卵的压力。但我们只要切切实实地获得了捐卵妇女的知情同意，捐卵的行为就是对她们愿望的最大实现。同时，由于使用体细胞核移植获得胚胎的技术较使用体外受精产生胚胎的技术要难得多，所需人类卵子的缺乏也会使应用体细胞核移植获得胚胎受到限制，而不会大量泛滥。

（三）尊重干细胞研究中的胚胎

对人类胚胎的操纵和销毁如果没有充分的理由和原因是不允许的，为了研究故意地产生和销毁细胞是错误的，产生和销毁一个人用于研究也是错误的。这样的研究只有在例外的条件下才能进行，这个例外的条件和情况就是发展再生医学和抢救成千上万的病人的需要。我们有责任抢救有病的人，救人的技术被耽搁发展是不符合伦理的。尽管作为发育中的人类，14天前的胚胎没有与儿童一样的道德地位，缺乏更多的被认为是理性人的标准，但是我们也要尊重胚胎。使用期限为自受精或核移植开始不得超过14天的胚胎，应该得到值得严肃的道德考虑，以免除道德滑坡的后果。

在中国的传统哲学中，儒家认为胎儿不是人。人是有形体，有精神心理的生物。胎儿出生后才可称其为人。我国的继承法规定的也是"生命始于生"。这些思想对中国民众的影响是潜移默化的。在传统哲学的影响和人工流产较常见的国情下，一些科学家和大众认为"胚胎研究"相对于人工流产是小巫见大巫，无何问题。人工流产的当事人和家庭成员虽然心存对流失了"一条命"的可惜，但也许从未意识和想到"胚胎的道德地位"以及"要尊重胚胎"。这与我们的特殊文化有关，也是我们道德教育的缺失。在当前我国胚胎干细胞研究赶超世界先进水平的竞争白热化的情况下，正确地引导国人对胚胎的尊重，是生命伦理学家的责任和当前任务。

我们都很了解要尊重人，也知道要尊重动物。但尊重人和动物的内容是什么，能用于胚胎吗？如果能用，毁掉胚胎就是不尊重吗？关于"尊重"的标准有很多。康德认为：人有自主权，是理性的人，有自我决定自我行动的能力，所以值得尊重。邓尼·泰佛（Downie Telfer）认为，人值得尊重是因为人以自我为目的，有自我的行动规则和观点。这些规则和观点有时可以用于他人。因此尊重有两个意义：一个是同情他，一个是听从他人的规则和观点。因为以上二哲人的论点都建立在"理性"与"自我"之上，就都很难应用于人类 14 天前的胚胎。

怎样去尊重动物和有感觉的生物呢？凯伦·利本奎兹分析了"Respect"这个英文词。经过他的研究，Respect 这个词来源于 Latin 语中的 Re-Specere，这个拉丁语的意思是：To Look Back At 或 To Look Back Again，中文的意思就是去发现、再发现他们的内在价值。雷根（Regan）和彼得·辛格（Peter Singer）因此认为动物有权利。邓尼·泰佛（Downie Telfer）认为，我们有责任去避免引起动物不必要的痛苦，因为动物是有感觉的。感觉可以是理性的基础，因此我们有责任去避免引起有感觉的非理性生物的痛苦。但杀动物而食用并不意味着是不尊重，因为在不得已杀的同时可以带有尊重。如以色列人可以吃动物的肉而不吃动物的血。他们认为血可以回归大自然再生动物。美国的土著人在杀掉动物前要祈祷，求得动物的允许和原谅。泰姆泊·格然丁（Temple Grandin）认为尊重有感觉的动物应包括使疼痛、恐惧、压力最小化。[1] 14 天的胚胎还不能感觉痛苦，但与动物相同的是它们都有内在价值。

怎样去尊重植物和生物圈中的一切物体呢？芭芭拉·麦克林克（Barbara Mcclintock）从所做的与植物有关的工作中得到了启示：一切植物生长都有自己的规则和规律，只是我们人类不了解而已。因此，我们人类要多观察植物的现实表现及生活方式，做好自我检讨，学习和纠正对植物不正确的对待方式。凯伦·利本奎兹认为：一切生物都有自我生存、自我实现的价值，生物生态中的物体与人都是生态圈的一分子，因此要互相依赖。康德认为我们有责任不伤害一切物体，任它们按自己的特性发展。环境伦理学认为自己学科的任务不仅是不伤害，还有义务帮助它们、支持它们更好的相互作用。[2] 14 天的胚胎是生态圈的一分子，它们也像生物那样具有自我生存、自我实现的潜能。

怎样去尊重胚胎这样一个有内在价值的、有发展成人格人的潜能的，有像生物圈其他生物那样具有自我生存、自我实现的价值倾向的，带有人

---

[1]　Karen Lebacqz, "On the Elusive Nature of Repect", *The Human Emberyonic and Stem Cell Debate*, edited by Suzanne Holland. London, England: The MIT Press. 2002, pp. 153 – 154.

[2]　[美] 霍尔姆斯·罗尔斯顿：《环境伦理学》，杨通进译，中国社会科学出版社 2000 年版，第 206—208 页。

的全部染色体的一个生物学生命呢？无须多言，没有外在不可避免的原因时，我们不要去伤害它的生命，给它发展潜能、实现自身价值倾向的机会。尊重胚胎可包括两方面：一方面要尊重它的内在价值，一方面要不傲慢地对待它。14 天内的每一个胚胎都是一个有价值的个体，它是宝贵的，是其他的胚胎不能替代的。它的生值得庆贺，它的死值得悲哀。根据罗斯（Ross）的理论和二重原则，当不伤害成千上万患者的生命和不伤害胚胎生命的显见义务遇到矛盾冲突时，只得两害之中取其轻，不得已地毁掉胚胎、得到干细胞以拯救成千上万患者的生命。但在这个过程中，我们仍然要尊重胚胎。要使伤害达到最小。胚胎可以用于研究或毁掉，但必须带着尊重它的价值和减少伤害的观点，除对胚胎所有者做好知情同意外，仔细地研究使用胚胎的科研计划以避免对胚胎更多的伤害和死亡是必需的。而且要像以色列人、美国土著人对待动物的尊重那样，要像对罪大恶极的罪犯执行人道的死刑那样，要像医学生在解剖课上对人体、动物的尸体行礼那样去尊重胚胎。胚胎的道德地位是有限的，但也就是这有限的道德地位作为一把尺子，衡量着你，要求着你，使你带着尽可能多的尊重进行有限的研究。

四　干细胞的研究伦理问题

对人类胚胎干细胞的研究伦理，就我国目前的情况看，需要确定的是如何将《人胚胎干细胞研究伦理指导原则》中的相关研究伦理原则真正得以落实，目前已经出现了我们需要尽快解决的问题。

（一）干细胞研究资源中的利益冲突

干细胞研究资源中的利益冲突是人类胚胎干细胞研究中最具争议的伦理问题，干细胞研究资源是不孕夫妇捐献的卵和胚胎。生殖中心提供剩余的胚胎给干细胞研究中心，使不孕门诊与干细胞研究的利益紧密地联系了起来，引起了利益冲突和对不孕夫妇的压力。为了得到更多的捐献胚胎，医生可以刺激额外多的卵子去产生胚胎，而不是为了生殖的目的，这说明了这两种研究分开进行的必要性，所以胚胎研究的伦理审查必须严格。比如，上海某综合性三甲医院于 2004 年申请开展辅助生育项目，申请理由中有一位首席科学家正与该医院合作，进行有关干细胞方面的基础研究，需要有胚胎作为研究材料，而辅助生育项目中的剩余胚胎则为提供研究用胚胎创造了条件。伦理审查发现，该院虽然为申报此项目进行了精心的准备，配备了规定用房、仪器、设备，引进了人员，并建立了医院伦理委员会，但该院原先妇产科力量薄弱，没有开展辅助生育的历史，这次申请的目的非"生育"，而是"科研"，因此决定不予批准。[①]

（二）干细胞胚胎研究中的知情同意问题

在中国，关于胚胎来源的伦理问题包括怎样防护捐献者，怎样在临床获得可信的知情同意的过程，但知情同意在临床的实现有些难度，一些临床研究者在具体的知情同意实践上，遇到了棘手的问题。一个医生在实践中曾遇到了剩余冷冻胚胎处理的难题：外省某对不孕 5 年的农村夫妇，经辅助生殖专科医院检查，符合试管婴儿助孕的条件。女方控制性超排卵中，卵巢反应良好，体外受精共获得 10 枚一级胚胎，移植 2 枚，剩余 8 枚均冷冻保存。在冷冻胚胎的协议书上，夫妻双方均签字同意将冷冻期满后的剩余胚胎捐献给科学研究。但是，他们不愿当时就签署捐献剩余冷冻胚胎的知情同意书，而要等本次妊娠成功并顺利分娩后才签署。他们把自己的想法和要求写在知情同意书上，并承诺受孕后会主动和研究人员联系。半个月后，患者成功受孕；半年后，胚胎的冷冻期限到了，这对夫妇却始终未与医院及研究人员联系，他们留下的联系方式也是无效的。这种情况下，我们可以将这对夫妻的剩余冷冻胚胎用于人类胚胎干细胞的研究吗？

支持可以使用这些胚胎的人认为，患者夫妇双方在冷冻胚胎的协议书上，明确表示了同意捐献剩余冷冻胚胎用于科学研究，这可看做获得了捐献者双方的初步同意。在科研人员详细告知研究内容和目的后，捐献者虽然没有马上签署知情同意书，但仍书面表述了他们的捐献意向和条件。这说明研究者已经获得了捐献者双方的知情同意。在与捐献人联系未果的情况下，研究者有权将这些胚胎用于原先承诺使用的研究范围，即人类胚胎干细胞研究。反对使用这些胚胎的人则认为，即使有了一些初步的意向，但并不能代替正式的、规范的知情同意书。只有签署了知情同意书，才算充分地获取了捐献者的知情同意。而且，在胚胎冷冻的期间，未签署知情同意书的患者还是有可能放弃此次捐献的。因此，研究者不宜使用这些未获充分知情同意的胚胎。

事实上，体外受精的胚胎来之不易，在患者受孕后，这些胚胎成为临

---

① Bionet, *Ethical cases for discussion at the bionet workshop one*, Beijing: April, 2007.

床应用的剩余资源，供于科学研究是对这些剩余资源的利用，不使用并销毁这些胚胎对于科研资源来说无疑是种巨大的浪费。在患者成功受孕前，这些胚胎是患者下一次的受孕机会，患者不太愿意捐献这些胚胎，必须等到成功妊娠甚至分娩以后才有捐献的可能。如果患者对胚胎干细胞知之甚少或医患双方信息不对称产生的不信任感，剩余冷冻胚胎的捐献率始终不高。这也使得研究者无法获取足够多的优质胚胎。因此，如何从制度和技术上完善目前尚欠规范的伦理体系，及时获得有捐献意愿的患者夫妇的知情同意以保证优质胚胎的获取，是干细胞研究人员与伦理学者共同面对的问题。[①]

　　生殖门诊在收集脐带血时知情同意的获得与传统的思想有冲突，产生了脐带血收集的困惑。胎儿、儿童和成人组织中存在的多能干细胞统称"成体干细胞"（Adult stem cell），最近几年的研究表明，这些干细胞的分化能力远超过传统观点局限的范围。目前，造血组织（骨髓、脐血和外周血）干细胞技术已经日趋成熟，从脐带血和血液中分化而来的高度纯化的造血干细胞得到普遍认可，相对来说是不具伦理争议性的。但是，在脐带血的采集和保存的过程中有着严格的技术和伦理规范，中国卫生部在颁布的《脐带血干细胞库技术规范》中明确要求，"采集脐带血必须在分娩前得到母亲的同意。必须向供者说明脐带血采集目的、可能对母亲或婴儿造成的伤害、预防和处理措施、脐带血采集的益处以及医学和伦理学方面的问题与事项，包括母亲有权拒绝，而不受到任何歧视条款"。

　　但在现实中，为了收集脐带血进行干细胞的研究，一些研究机构通过与某些医院的产科达成协议，从分娩胎盘的残留脐带中获取脐血，但没有与产妇签订知情同意书。他们认为胎盘本来就是废弃物，研究机构采集脐带血的目的并不是为了建立脐血库和临床应用，只是从中提取干细胞进行分化研究，不会影响和伤害到母亲或婴儿，故略去知情同意的过程是符合情理的。另外，各协作医院的产科患者多，医务人员工作很忙，为了收集脐带血而履行知情同意的过程，将会增加她们的工作量，而且，一些产妇听到脐血采集是为了科学研究，害怕自己的隐私得不到保护而拒绝同意，这样，某些研究人员害怕病人拒绝合作，将失去脐带血的来源，因此，他们违反行业规范和伦理原则，在采集脐带血时不履行知情同意。

---

　①　Bionet, *Ethical cases for discussion at the bionet workshop one*, Beijing: April, 2007.

收集产妇不要的胎盘或者脐带血进行科学研究可否略去知情同意过程？首先要改变把胎盘当做弃物的传统习惯，改变以前医院将产妇生产后胎盘或者脐带归医院处理的做法，认为胎盘应属于母亲，使用要得到她们的知情同意，另一方面要教育母亲争取权利。医院的产科医生要求产妇就脐带血捐献问题签署知情同意书，才不会有伦理学争议。如果产妇的知情同意不能得到，就要尊重她的知情同意权，不能进行脐带血采集。[①]

（三）干细胞的实验性治疗

实验性治疗应该受到严格的科学和伦理的审查和知情同意的过程，患者的安全是第一位的，关键的原则就是小心和保护患者，而且实验应该从一小群患者开始，在证明了安全性以后，再扩大到大多数患者。但目前我国存在着一些"黑心医院"利用了患者求医无助时铤而走险的现状开展了不符合伦理的干细胞的实验性治疗。在中国有很多临床门诊提供干细胞治疗，花费可达两万元以上，从未得到卫生部的批准，也从未有伦理审查。据说中国有一个生物技术公司，投资声明可治疗巴金氏病、脊髓损伤等神经疾病。他们与几个医院合作征募患者，一大批求医无助的病人从国内外来到医院。4—6次注射就要价1、2万元，但这个公司的诊疗效果并未得到验证[②]

由北京某医院所做干细胞治疗神经再生和功能恢复，在媒体和科学杂志产生了很大的争议，从该医院发表的病例中可以看出医院的干细胞治疗没有很好地受到伦理约束和审查。该医院用流产胎儿的细胞治疗脊髓损伤和不同的中心神经系统病，到目前为止，估计超过500个患者已经接受了治疗，估计有3000个中国人和1000个外国人正在等待治疗，但从发表在杂志的研究文章所见，只有一个严重脑损伤的病例得到改善，7个有脊髓损伤的患者还没有发现治疗改善了病情，人们由此对这种治疗产生怀疑，质疑治疗的有效性和政府对未经证明的实验性治疗管理的松弛，政府对这样的医疗没有说"不"，中国的一些研究者希望政府颁布清楚详细的法规，可以保证病人的安全和治疗的有效性。[③]

---

①　Bionet, *Ethical cases for discussion at the bionet workshop one*, Beijing：April，2007.

②　Bionet, *The proceedings of Bionet Workshop Two*, Shanghai：Oct，2007，pp. 24－25.

③　Dominique S McMahon，Halla Thorsteinsdottir，Peter A. Singer, *Cultivating Stem Cell Innovation in China*，Mclaughlin－Roman Centre，For Global Health，University Health Network and university of Toronto.

　　与辅助生殖技术的管理相比较。辅助生殖技术的管理很好，有规范、有准入、有年检等。一些中国人建议修改 2003 年的《人类干细胞研究的伦理指导原则》，因为在中国，干细胞伦理原则没有强制性，没有对研究者资格的认证，也没有部门为违反原则负责。在中国，干细胞研究应用的管理有一些漏洞。一些实验性治疗不需要得到食品药品监督管理局的同意，但需要伦理委员会的检查，需要法规的良好执行，需要好的同行评议。对于违反也没有惩罚，也没有年度评估，只要求自己单位的伦理委员会负责。干细胞研究受到审查的只是提供资助的部门，这些部门伦理审查是否完善也不清楚。考虑到近几年的干细胞科学大会仅有个别伦理学家参加，众多科学家们对法规的执行情况令人担忧，我们希望政府尽早修改和完善法规。

　　最后，笔者期望我国的《人胚胎干细胞研究伦理指导原则》能够真正的奏效。希望我国干细胞研究的科学家们能做到尊重胚胎和遵守国际研究伦理。可喜的是，2009 年 3 月 2 日，国家卫生部颁发了《医疗技术临床管理办法》，此法在 2009 年 5 月 1 日开始执行。这个法规的出台给中国的干细胞研究在伦理学的正确引导下走在世界的前列带来了希望。另外，近年来，日本和美国的科学家培育出了"诱导多能干细胞"（iPS 细胞），iPS 细胞非常类似于胚胎干细胞，据说，用它研究和应用不需要破坏胚胎，那么，干细胞研究的伦理问题就可以避免，但是，目前 iPS 细胞的安全性问题还有待解决，距离 iPS 细胞真正投入临床应用可能还需要数年时间。

第三节　对条件克隆人的伦理辨析

一　克隆人与胚胎研究

　　1997 年英国科学家克隆出多利羊，多利羊的产生伴随着公众对克隆人的恐惧和期望，克隆人是利用克隆技术产生人类。克隆技术与有性生殖完全不同。哺乳类的繁殖方式称为有性生殖，哺乳类以及我们人类的卵细胞最先是由卵巢中的卵原细胞发生而来。卵原细胞与我们身体的其他细胞（称为体细胞，以别于生殖细胞）一样具有双倍的遗传物质，即为二倍体细胞。它经过数次分裂，最终成为只含体细胞的一半的染色体（故称单倍体）的成熟卵细胞。当然，这种卵细胞是不能发育成为一个新个体的，它必须与含有同种只有单倍染色体的精子结合（即受精）。重新成为双倍体的受精卵（即合子）才能继续发育下去，形成一个新生命。这个新生命分别接受母方（卵细胞）与父方（精子）各一半的遗传特性。

克隆技术可通过人体细胞核移植至去核的人卵细胞产生克隆人，或通过人胚胎分裂产生克隆人。克隆人技术要点在于：第一，不是精子也不是胚胎细胞的细胞核，而是移入人体细胞的细胞核，进行核移植，它也照样可以分裂并发育成个体。第二，由于移入卵内的是体细胞，不仅含有双倍的染色体，而且由此产生的后代细胞的染色体均是该体细胞的遗传复制，因而由此发育而成的个体的遗传物质与核供体的亲本是一致的。另外，核移植完成后，接着要将这种"核质融合"的卵置于体外培养，待它发育成早期胚胎（一般待它分裂至4—8个细胞），然后将它移植至可接受胚胎植入人的子宫，直至克隆人出生。在这个过程中，科学家进行了一系列的复杂的胚胎研究。

二 条件克隆人与人道目的

克隆动物出现后，人们对可能出现的克隆人甚为担忧，伦理争论非常激烈。在过去的几年里，有关克隆人的伦理争论大多集中在：对胚胎细胞的操纵是否道德；可使用何时的胚胎细胞进行试验；胚胎克隆试验滥用的道德危险；生物进化法则与克隆人；关于克隆人的自我认同；克隆人的家庭伦理定位；克隆人可否作为"工具"等方面。体现了人们对无性生殖这一新的生殖方式、研究过程和研究成果的担忧和伦理思考。国际社会普遍认为目前必须禁止，但禁止的大前提和主要原因是由于技术的不成熟可能带来的伤害。目前，我们还要讨论克隆人的原因是，克隆技术仍在发展，假设人的克隆技术发展已经成熟，而且用于人道的目的，更加理性化的讨论应该是目前学术界关于克隆人的伦理争议的方向。因此，我们可以在克隆技术已经成熟的假设下更深一步地有目地的讨论克隆人的伦理问题。当把克隆人的目的缩减在如下较合理的范围中，便可更深一步的，更有针对性地对克隆人的伦理问题进行分析。

关于克隆人的目的可以限定在这样几种条件中：1. 如果夫妻中的一个携带一个遗传病的基因，夫妻中的另一个就可以克隆一个孩子（可称为后代的子孙）。2. 妇女如果因为卵巢切除就可以用体细胞克隆一个孩子。3. 男人不能产生好精子时也可以用体细胞克隆一个后代。4. 死去孩子的不能正常生育的夫妻可以再克隆一个孩子。5. 妇女用一个死去伴侣的 DNA 克隆一个孩子。在这些特殊情况下使用克隆人技术，即条件克隆人。在这些条件下使用克隆技术来帮助生育是人道的，可理解的，也有相应的争议。①

三　对条件克隆的伦理分析

对上述几种条件的克隆人，从伦理争论的角度可展开如下分析：

（一）父母是否存在克隆人的权利

按照密尔（J. S. Mill）的个人自由论，父母可自由地使用克隆人技术，尤其是生殖生育应该是个人的自由。这样的生殖权利，包括用各种辅助技术帮助的生育。这些辅助生殖技术可有 IVF、捐卵、代孕和克隆人等。选择任何生育技术并以生殖自由来为之辩护，这样的理由似乎太强烈了一些，但当选择是出于特殊的个人需要时就应该可以成立。与克隆人有关的生育权是不需要政府和他人干扰的消极权利，因为某时，父母与后代想要有生物学的联系，克隆人是这些个人生育的唯一选择。

有人反对这样的观点，认为人类克隆不能由生殖自由权来辩护。当用辅助生殖技术帮助有性生育时可以被生殖自由权辩护，因为那是对两性生育的补偿。而人类克隆却是一种新的生殖方法，是与两性生育不同的方法，它是制造人而不是生殖。这种说法没有认识到人类克隆也是一种为人类生育利益服务的方法，其他辅助生殖技术也是在制造人。在一个人选择生殖办法时，人类克隆技术应当被选中，此方法的优势是它选择一个没有特定遗传病基因的孩子。现代生殖科学使用的方法是遗传检测胎儿，发现有遗传病或不正常，就得流产，这是很残酷的。父母在怀孕以前做遗传学检测是为了避免有遗传学不正常的后代，那么克隆人也是一种避免有遗传学不正常的后代很好的方法。用人类克隆选择了与自己相同的特定个人的基因组是此方法的优势，父母有自由去选择一个与他们自己基因有联系的孩子，与两性生殖中可获得与父母基因有联系的孩子一样，都是人道主义的善行。

父母为自我利益做出决定克隆人是行使生殖自由权一个理由，父母有

---

①   Ronald Munson, *Intervention And Reflection*, USA: Wadsworth, 2000, p. 647.

自由去选择一个对他们自己和对他们家庭都没有负担的孩子。生育选择不是一个简单的决定，父母可以适当地选择将来孩子是没有遗传病的。现在的公众和法律允许父母去流产一个有缺陷、遗传病的胎儿，即使这种流产是不对的，但他们也可以做，因为是实现生育自主权利。假如说严重的伤害超过使用克隆人类的好处，父母的权利将与孩子的权利相冲突，克隆人是不应当允许的，然而当我们确定克隆人没有什么严重的伤害时，权利可以被认为是强烈支持克隆人技术使用的一个理由。假设用克隆技术克隆的孩子可能带来的伤害比流产的或生出有遗传病的孩子小，那么克隆人也是应当允许的。

（二）条件克隆人将对个人和社会产生什么利益

条件克隆人对个人的好处是：人类克隆是解决人类不孕的新方法。人类克隆允许没有卵的妇女或没有精子的男人产生生物学有关的子孙。为了增加植入的胚胎和受孕的成功率，胚胎也可以被克隆，生殖自由的权利给了个人一个自由选择生育的办法。使用克隆人也给予了个人解决用其他方法不能生育问题的方法。用领养的方式有孩子，不足以说明那些有自己生物上联系的孩子的权利，也没有理由去拒绝人类克隆这唯一能让那些父母战胜不孕的方法。

人类克隆可获得救命的器官是另一个好处。如在细胞分化后，胚胎的一些脑细胞或胎儿的一些脑细胞可能被移除以治疗他们早期孪生子的脑死亡。这个克隆器官没有意识能力，不能受到伤害。

人类克隆是使夫妻战胜严重遗传病的一个无害的方法。当然使用别人捐献的精或卵，这样的生育危害也可以避免，但这些方法对于一些夫妻是不可接受的，因为引进了第三或第四个人的基因，而不只是他们自己的。人类克隆可能是仅有的避免他们有害基因的办法。还有，一个晚期孪生子的克隆可以使前期孪生子获得可用的对己无大伤害的器官或组织战胜免疫排斥。当然一些病症不允许用克隆人解决，克隆人不能捐献重要器官如心脏等，克隆人即晚期孪生子自己也要活下去。对于这样的实践有人批评，这是视后来者即克隆人不是目的，而是工具。然而这个批评仅以假设的动机决定二者的关系，在现实中却不是这样。众所周知的几年前美国加州出生的孩子亚拉斯（Ayalas）是为给他的姐姐骨髓移植而生，但生后父母认为他是家庭中的一员，非常热爱这个捐髓的孩子，虽然父母的动机使他作为工具去救姐姐的生命，但却没有影响父母对他的爱和健康快乐的一生。

这说明他不仅仅被视为工具。①

当然，在父母要孩子的时候，是否通过两性方法或辅助生殖技术，他们的动机和理由是很多的。父母的动机可能是给孩子一个灿烂的将来，另外的动机可能是获得一个养老的工具或一个玩具，或适合社会人口的需要，等等，但公共政策一般没有理由去评估这些父母的动机，笔者的讨论也已将这些另外的目的排除在外。

人类克隆技术可以满足一个有特殊意义的需要。如父母死去了一个孩子，这个孩子对他们有特殊意义，他们就可以克隆一个孩子。虽然克隆一个这样的孩子不能代替那个他们爱的和失去的孩子，因为那个失去的孩子和这个被克隆孩子的成长不仅仅是因为基因，更重要的是环境，以及与他们的关系，同样基因不同环境会有不同的另一个孩子，但后来克隆的孩子可能因为基因的相同和相似的环境，长成了与前者相似的孩子，这样一个孩子可以帮助父母从失去孩子的想念中摆脱出来。这对他们是一个很大的满足。

（三）使用人类克隆是否违背克隆人的人权

一个最大反对是克隆人技术违背了克隆人的人权。在这里，人权有两个内容：一个是有一个独特个性的权利，另一个是不可忽视一个人的"开放的将来"的权利。一般认为前一个的权利并没有被违背，后一个权利有两个人为其辩护，他们是哲学家汉斯·乔纳斯（Hans Jonas）和约尔·费伯格（Joel Feinberg）。克隆人技术并没有违背前一个权利，由于基因的独特性与个人的独特性不同，克隆的基因的独特性虽被提供基因者违反，但环境可使克隆人有一个独特的个性，两个基因相同的人是不同的人，一个独特的基因组不是鉴定一个独特的个人的理由。②

是否人类克隆违反了乔纳斯称谓的"忽视权"或费伯格称谓的"开放的将来权"呢？乔纳斯论述说早期和晚期孪生之间不同于一般的自然发生的单卵孪生，克隆人与基因提供者有一个时间跨度，克隆人这个晚期产生的孪生子知道或至少相信他或她知道关于他自己或她自己的命运。因为在这个世界里已经有另一个他或她早期的孪生子（提供基因者），就好像一个人的生活已经被另一个人经历了并扮演了，这另一个人变成了他或

---

① Ronald Munson, *Intervention And Reflection*, USA: Wadsworth, 2000, p. 98.
② Ibid. , pp. 103 – 104.

她自己，一个人将失去产生自己将来可能性的自由感。早期的孪生就是以这种方式决定了另一个人的命运。在一个不同的背景下，不是应用于克隆人，费伯格谈过孩子的将来权利问题。这个权利要求不关闭孩子将来生活的可能性，让他有一个建构和选择自己将来的范围。一个开放的将来的权利被违反的一个方式是否定了一个孩子的基本的教育，另一个方式是产生一个晚期的孪生子使他的将来已经被前期孪生子所决定。

笔者认为克隆人违反了这个人的"开放的将来权"是过多的担忧。自然发生的单卵孪生子有同样的基因选择点去做自己生活的选择，这些选择仍然在晚期出生的克隆的孪生子的未来中。克隆人可靠自由、能力和经验去创造自己的生活，不管他自己认为将来是开放的还是受阻的，将来仍然被自己的选择所决定。自然发生的单卵孪生子产生的孪生子以同样的基因遗传开始，他们也在同样的时间开始他们的生活，他们忽视与他人享有共同的基因，他们与那些不是孪生的人一样选择自己的不同生活道路，保留自己选择将来空间的能力，从开放的选择中建造一个特殊的将来。这里，忽略一个人基因组对一个人将来的影响是可以成立的。

哲学家丹·波诺克（Dan W. Brock）认为，评估克隆人的权利被忽视或"开放的将来权"被违反的中心问题是由于晚期的孪生子可能相信他的将来已被决定，但这个信念很明显是错误的，是基因决定论的翻版。实际上这个后期孪生子的自由选择和将来仍然保持着开放，是前期孪生子的活动无意地导致他去相信他的将来被关闭，他的权利被忽视。波诺克做了这样一个假设以说明克隆人的"开放的将来权"没有被违反，这种感觉是一种错误：我用我的新车走在这对孪生子住的街上，这个新车与后期孪生子的车一样，当后期孪生子看见我的车时可能相信，我偷了他的车因此放弃了再开车的计划。在这个案例中，他是错误的，由于被克隆，他认为他的"开放性将来"或车已经被孪生子拿去了，即使事实上没有。是克隆引起了他心理上的压力，但实际上没有违反他的权利，这样，我相信费伯格称谓的"开放的将来权"并没有被违反，尽管他们指出了晚期克隆人经历的心理伤害。①

（四）人类克隆对克隆人是否有不能克服的心理伤害

与违反"开放的将来权"相似，人类克隆将产生晚期孪生子克隆人

---

① Ronald Munson, *Intervention And Reflection*, USA: Wadsworth, 2000, p. 104.

的心理学压力和伤害。不能怀疑知道早期孪生子的生活道路对克隆人有心理学的影响。即使是错误的，由于前期有着共同基因组的孪生子，晚期孪生子可能觉得，他或她的命运已经被具体地决定了，他或她有困难去自由地负起选择创造自己的命运和生活责任。从这个角度来说，尽管伤害的比他们想的少得多，晚期孪生子的经验或自主感可能被伤害了、取消了，即使事实上没有伤害和取消。同时，也可能伤害和取消了个人的自我独特性和个性，如果这个提供基因的早期孪生子是一个有特殊能力的人，有一些能力和成就，他的克隆人就经验着过度的压力，努力去达到早期孪生子能力和成就的标准，在晚期孪生子的一生中，这些对晚期孪生子的心理影响可能很严重。

认为有对克隆人的心理伤害是一种推测，更现实地说，我们对人类克隆和前期后期孪生子的产生和相处还没有经验。自然发生的孪生子都在努力调节如何识别自己的身份，非孪生子也是这样，但自然孪生子做得更有经验，能很好地调节。人类克隆和前期后期孪生子也应该能够很好地调节。即使经验证明或确定被克隆的晚期孪生子真有这种的心理伤害，就有一个严肃的理由去避免克隆人吗？哲学家帕菲特（Derek Parfit）指出，去消除对后期孪生子的心理伤害，可以从"非身份"问题出发去考虑，即：避免伤害的唯一方法是"非身份"，即从不去克隆人，这个后期孪生子从未存在。[①] 这个观点是指，如果以后期孪生子的所有心理负担和伤害不可避免为由，就不去克隆孪生子是不对的，没有人说为了避免伤害，就得让他们不存在，或伤害大得他们不值得有生命。给晚期孪生子一个有压力的生命，总比没有生命好，这种观点值得赞同。另一个评论家认为心理的伤害可能只在于第一个或前几个克隆人。尽管公众的兴趣对第一个克隆人是很大的，但有影响的也可能就是那头几个克隆人，根据公众对第一个辅助生殖技术产生的路易斯·布朗（Louise Brown）的反应所带来的经验可以确定，公众会设法局限对克隆人的有害心理影响。

（五）克隆人可能减轻人们对人类价值的看重或减少对人生命的尊重吗

有人认为克隆人一个大的社会危害是，克隆人可能减轻人们对人类价值的看重或减少对人生命的尊重，因为克隆人使人的生命变得可置换了。

---

① Ronald Munson, *Intervention And Reflection*, USA: Wadsworth, 2000, p. 108.

通过一个有同样基因的后期克隆人，提供克隆基因的人可以被完全地置换。例如，一个 12 岁的有致命疾病的正要死去的孩子的父母，被他人告知可以克隆另一个他来置换他的生命，这减少了对他生命的尊重。但实际上人们都清楚与他们共享一些经验和生活的人失去后不可替代。对这个孩子的爱和价值不能被另一个孪生子克隆人所代替。因此，人类克隆不会导致个人价值的消失，因为被制造克隆人是人的生命，被制造的克隆人不比两性生殖产生的人价值低。制造克隆人的资源也是自然的、有价值的，值得尊重。

另一个敏感的问题是我们认可的价值可能消失。这是因为，为一个目的产生的有特定基因的人，他被看重的仅是他的基因，和他的工具价值。但是，从他们的工具性价值出发，父母能够判别出孩子的价值，每个人就是因为有不同的工具价值和特性而值得尊重。爱因斯坦与一个无天才的物理学研究生相比，作为科学家的价值区别是巨大的。但是，无天才的物理学研究生作为一个人具有人的一些基本价值。

（六）反对克隆人的人以资源的不公正使用为由反对克隆人，认为资源从更重要的社会和医学需要转移到了人类克隆，富人可用，穷人不能用，引起社会的不公平。但是如果这种事件的发生是在国家能对所有人提供基本医疗的前提下，富有的人为了上述条件而克隆自己时，自己提供资金消费就是公平的。而且，目前还不知道与人类辅助生殖技术比较，克隆人技术是否更贵。

（七）还有人认为人类克隆技术的使用将对人类基因库有一个恶化的影响，这种影响将通过减少遗传多样性来实现。但这不是一个现实的考量，因为克隆人不会大范围的使用，并且在广泛意义上代替两性生殖。人类对两性生殖已经很满意，从优生学（Eugenics）的实践看，20 世纪早期，赫尔曼·穆勒（Herman Mullers）企图用有才能的男人的精子使成千上万的妇女怀孕并没有成功。从美国的诺贝尔精子库来看，没有多少人对此感兴趣也说明了这一点。①

（八）最后，许多人提到克隆人对社会的伤害是"道德滑坡"，在"道德滑坡"中人类克隆可能被应用于商业的用途，有特殊才能的人的克隆胚胎可能被买卖；人类克隆可能被一些群体用于不道德和剥削的目的，

---

① Ronald Munson, *Intervention And Reflection*, USA：Wadsworth, 2000, p. 112.

如用基因工程做一些适合社会需要的克隆人；某政治领导人克隆一个人代替自己以防不测；运动员或电影明星的 DNA 成为货物给予买卖和产生孩子。买卖克隆胚胎违反了对他的道德尊重和尊严，即使胚胎不是人也有它的价值，不能买卖。不能买卖胚胎从法律上做出规定，至今绝大多数的人们在遵守着。买卖克隆人更无可能，这种行为侵犯克隆人的权利、尊严，也可以由法律制止。意欲克隆出希特勒或有特长的人，在一个较远的将来是不可能的。同时需要注意的是，以这样为目的的克隆人也不在笔者讨论的范围内。

四　结论

目前，因为大多数人和国家反对克隆人，克隆人技术的发展和理由还需要探究。但如何看待克隆人技术，笔者同意如下结论。1997 年美国国家生命伦理学委员会在调查研究后得出结论性意见认为：目前克隆一个孩子是不合伦理的，因为科学没有证明这个技术此时是安全的，即使技术问题解决了，关于使用这种技术对个人和社会的负向作用，公众的观点是有分歧的。很清楚，很多重要的公众和伦理学家的争论并未得到很好的解决。委员会相信，最基本的办法是去了解对克隆人各方面的反应、伦理争议和对政策反对的不同声音。伦理学家也认为：现在就完全去禁止克隆人研究没有足够理由。应该以广泛细致的公众辩论和观察技术的发展作为法律禁止或允许克隆人的基础。[①] 实际上，克隆人的实现也许离现在还很远，但我们这一代仍然有考虑这个伦理问题的必要。除此以外，还需要强调的是，目前说克隆人不合伦理为时过早，需要将来的研究来证明。

---

① *Human Cloning and Human Dignity：An Ethical Inquiry*，The President's Council on Bioethics，USA，July，2002 ，p. 20.

第五章　西方宗教遗传伦理初探

　　西方社会的遗传伦理由世俗和宗教思想两方面合成，在遗传伦理的探讨中，宗教遗传伦理是不容忽视的。宗教在西方社会中占有十分重要的地位，在西方多元化的社会里，宗教的教育已经持续了几千年，是西方思想和世界观的重要来源，宗教传统是形成很多公民思想的道德基础。宗教遗传伦理是以宗教的观念去解决遗传学的道德问题。它包括一个宽泛的不同类型的伦理分析和神学的解释。宗教伦理不但能发展出有关道德规范的指导大纲，广泛地给宗教社会做出指导，也能从更宽的角度对遇到的高新科学问题及其解决提出见解。宗教对于遗传伦理观点提供了不同的道德视野，这是我们解决由当代遗传学技术发展引起的道德问题时所必须考虑的方面。了解西方宗教的遗传伦理，探知宗教伦理与遗传伦理的关系，获得宗教的遗传伦理的历史方法和特点，有利于全面把握西方遗传伦理和思想，即时地应用到对中国遗传伦理问题的解决中。①

第一节　宗教遗传伦理概论

　　20 世纪发生的遗传革命给宗教社会提供了机遇和挑战，在宗教思想和遗传科学的分界面出现了许多有待解决的问题：什么是宗教伦理学选择的方法论？不同的宗教信仰者以什么概念面对遗传学？面对神学和遗传学之间的差异，传统神学人类学的意谓是否改变？宗教思想家和世俗思想家的区别在什么方式上？宗教伦理学在研究科学和技术方面必须和宗教历史传统联系吗？在多元世俗社会中，宗教思想家怎样思考遗传学？在广大世

---

① W. Mark Richardson, Wesley J. Wildman, *Religion & Sciences*: *history*, *Method*, *Dialogue*, 1996, p. 76.

俗世界的遗传学方面，怎样发展公众神学？①

一　遗传科学向宗教的挑战

宗教之所以对遗传学发展产生反应，是因为很多遗传学发展引起的问题与神学和宗教教义发生了碰撞。遗传科学中基因革命和人类基因组研究的目的是了解生命的本质——基因的奥秘，研究的问题包括基因的组成，排列、功能，基因与一般行为和犯罪行为的关系是什么，等等。这些研究直接与上帝用土造人、吹气赋予灵魂使人而动、人类有原罪等宗教教义相冲突。在宗教思想的范围内，上帝与人类关系的命题中最重要的有：人的本质是什么？一个人类的目的是什么？人的自由和责任是什么？人的局限是什么？在神学方面，人类做出每一个关于遗传学应用的决定，都需要判定人类作为道德主体对上帝的责任，对其他人的责任，对将来一代的责任，对创世秩序的责任。

遗传学发展对神学三个道德系统范围有潜在的重要性，这些道德纬度是：了解人类的内在性质和他们的世界，关于什么是好的，或什么应该做，什么不应该做的规则。基因科学对以传统信仰为基础的概念和理解有重要的意义，尤其是与神学人类学有关的概念的理解。在过去的每一个时期，宗教思想家的任务是企图公式化上帝的概念，为人性和与当代人的生活道德相关的世界找出伦理的限制。现今，宗教社会认识到，为了适应新时代的需要，其理论建构必须将科学考虑进去，应用宗教的价值和框架去解决前所未有的问题，迎接遗传学的新挑战。②

在不同程度上，基因实验和检测是不是上帝创世的一部分，引起了宗教界的关心。不同的宗教伦理和神学面对基因科学引起的问题反应不同。一些宗教成员认为要去认识遗传学的发展，这是一个人类的使命，上帝也在为此而工作。神学家罗纳德·克勒－特纳（Ronald Cole - Turner）认为基因工程的目的在于增强我们参与上帝的创世和拯救的能力。美国国家教会理事会（National Council of Churches，UCC）对生命和遗传伦理学很关注，

---

① Celia Deane - Drummond, Ted Peters, *Brave New world*: *Theology, Ethics and Human Genome*, continuum International Publishing Group, 2003, p. 47.

② Kevin FitzGerald, *Science, Religion and Ethics in 21st Century Biomedical Discoveries*: *Which Way is Forward?*, Georgetown University, USA, p. 1.

他们用圣经中的希伯来人的始祖亚伯拉罕（Abrahan）和圣经中犹太人的领袖摩西（Moses）的旅行来比喻由基因科学技术引起的生命伦理学的革命过程，他们把由基因科学技术引起的生命伦理学的革命比做是一次朝圣。①

很多宗教社群和思想家很早就了解到了遗传学发展的重要性，因为实实在在地感觉到了遗传学的迅速发展所带来的宗教危机。在意识到前所未有的遗传学将塑造人类的未来后，几个神学家早在 20 世纪 60 年代就着手解决与遗传工程有关的问题。1966 年世界宗教（教会）理事会第四次集会在预测遗传学的进一步发展时发出了一个警告：我们面对着第二次技术革命，基本的人类价值面对着危险，人类价值可能会加速退化或被销毁。是科学技术决定我们还是我们决定科学技术，将取决于我们能否认清挑战和理智的反映能力，也依赖我们使用方法的不同而不同。②

二　有关遗传伦理的宗教文献

在过去的 30 年，美国宗教思想家写有相当多的在遗传学，克隆和基因专利方面的文献。1980 年三个代表宗教主要信仰的组织理事会：美国国家教会理事会，美国犹太教理事会和美国天主教国家理事会给总统杰米·卡特（Jimmy Carter）写了一封信，希望国会提起对人类会产生危险的基因工程的警觉。1984 年美国国家基督教教会理事会预料人类基因学的发现将引起我们对世界和人类角色基本解释的革命。大约 1980—1997 年的文献里，作者多数集中于定义遗传学发现的意义，而较少地提供应用过程的伦理指导。

以基督教文献检索为主要来源的文献，反映了宗教在遗传学方面的工作。在这一时期个人宗教思想家有关伦理和神学的主要的几本书有：1993 年美国国家教会理事会神学家罗纳德·克勒－特尼出版了《新遗传学：神学和遗传学革命》（*The New Genesis*：*Theology and The genetic revolution*）对遗传学做了很有用的介绍，也介绍了由遗传学引起的一些神学的问题，此书比较了农耕培育方法和基因技术的方法，讲述了教会和几个神学家对遗传技术的最初反应。作者还根据几个神学家的断定得出结论，基因工程

---

① Audrey R. Chapman, *Unprecedented Choices - Religions Ethics at the Frontiers of Genetic Science*, Fortress press, Minneapolis, 1999, p. 15.

② Ibid. , p. 11.

是上帝的一个创造和补偿行动。按照作者的观点，上帝通过自然的过程和人类主动工作，获得基因遗传方面的知识。1996 年，作者与布伦特·瓦特斯（Brent Waters）共同出版了书《牧师的遗传学：神学和对早期生命的关怀》（*Pastoral Genetics：Theology and Care at the Beginning of Life*）。此书以案例研究的方法解释遗传实验的科学基础和神学注释的意义，结论是促进教派生活中关于遗传科学和技术的对话。[①]

1994 年罗伯特·尼尔森（Robert Nelson）出版了一本书《遗传和宗教的新前沿》（*On the New Frontiers of Genetics and Religion*）。此书是1990—1992 宗教会议的文献，综合了几个教会的观点。1996 年，罗杰·塞恩（Roger Shinn），一个研究宗教伦理的老前辈，出版了一本书《新遗传学：对科学、信仰和政治的挑战》（*The New Genetics：Challenges for Science, Faith, and Politics*）。在此书中，作者用了一个宗教的框架去解决与修正与生殖细胞有关的伦理问题。1997 年特德·彼得（Ted Petters）出版了《扮演上帝？基因决定论和人类的自由》（*Playing God? Genetic Determinism and Human Freedom*）。此书应对了基因知识对神学概念和传统提出的挑战，从广泛意义和深层次神学对人类遗传学给予分析。可以说彼得是第一个系统地探讨了这个棘手而复杂问题的作者。作者雄辩地批评基因神话论和基因决定论，保卫了人类的道德自由。他写到：通过遗传学建立一个更好的将来是一种责任，是一种人类活动的形式的表达，人类是上帝的形象，人类活动是神授予人类种属的。简·海勒斯（Jan Hellers）的著作《人类基因组研究对未来人的挑战》（*Human Genome Research and Challenge of Contingent Future Persons*）分析了基因科学怎样影响将来的一代，评估了人类基因组研究计划的意义，认识到当代人关于遗传应用的决定，会使将来的人承担的风险和利益，尤其是生殖细胞的基因干预后果将遗传下去。作者试图找到一个考虑道德问题的哲学—神学框架。还有一本正在编著是由宗教伦理学家的论文组成，这本书是《遗传伦理：是否基因符合目的正义？》。[②]

20 世纪 60 年代到 90 年代中后期的宗教文献组成了第一代宗教文献。

---

① Audrey R. Chapman, *Unprecedented Choices - Religions Ethics at the Frontiers of Genetic Science*, Fortress press, Minneapolis, 1999, pp. 48 - 49.

② Ibid. , pp. 50 - 51.

第一代文献的神学辩护是很不严谨的，尽管宗教团体包括专业伦理学家和神学家，尽管很多报告或宣言确实包含一个神学观点的一部分，但早期的陈述并没有显示神学的主要特征，在评估科学意义，伦理分析，公共政策形成的基础时没有提供神学的反思。在很多例子中，神学的框架就像一个传统信仰和宣言的叙述或背诵，对于了解遗传学革命或需要一个广度的传统教义重新解释遗传学没有仔细推敲。可以说，第一代宗教文献只是重新解释了神学的教条，而没有解释出对遗传科学研究和应用的意义。他们很典型地按照常规，断定上帝是创世者，上帝至高无上地统治着被创造者。他们断定人是有限的、附随的、相互依赖的、社会性来源的生物，因上帝的原因而存在。上帝按照自己的形象创造了人类，人类因此拥有能力、负有责任。这些文献还陈述说，探求知识是上帝的神圣的礼物，应在上帝的目的下使用知识。尽管一些文献涉及了科学之罪这个事实，文献还是倾向于积极地看待使用知识和技术去为人类和上帝服务。[①]

　　20 世纪 90 年代中后期的很多第二代文献承认遗传学引起了基本的神学问题，并开始解决这些问题。教会长老会在对信仰、科学和新遗传学的研究过程中，欲就新的遗传学精确地更新基督教传统。华盛顿主教区医学伦理委员会（The Committee on Medical Ethics of the Episcopal Diocese of Washington）对第二代人类遗传学和基因工程研究进行了研究，1998 年出版了他们的工作成果《将来的较量——我们的基因和我们的选择》，此书提及了出生前检查和成人遗传学检测。1998 年，美国基督教长老会的分支公理教会的神学和礼拜办公室（The Office of Theology and Worship of the Congregational Ministries Division of Presbyterian Church）出版了《谁的形象？信仰、科学和新基因学》这个卷本集中讨论了当代生物科学发展对教会神学的挑战，尤其是阐述了教会对于人在上帝面前的意义的理解和观点。21 世纪后，面对遗传科学发展的大爆炸，宗教有关遗传伦理的出版物空前增多，一些有代表性的著作大都以神学和世俗的观点结合在一起的方法讨论宗教的遗传伦理。[②]

①　W. Mark Richardson, Wesley J. Wildman, *Religion & Sciences: history, Method, Dialogue*, 1996, pp. 71、40 - 41.

②　Audrey R. Chapman, *Unprecedented Choices - Religions Ethics at the Frontiers of Genetic Science*, Fortress press, Minneapolis, 1999, p. 42.

三　与遗传学有关的神学基本伦理思想

基因革命要求神学必须对自然的演化和人的发展重新定义，大多数宗教学者不情愿地接受人类演化的科学证据，少数人根本不接受。罗马教皇约翰二世（Pope John Ⅱ）持改良创造者的概念，他接受人体是演化过程的产物，但断定上帝指导干预着对每个人的创造，上帝给人加上灵魂并形成人的基本本质。这一点与神学的传统一致。但神学没有系统地探索演化对人类的意义。神学家对自然演化和人类发展进行详细解释的能力有限。遗传学的发展产生了神学传统不能解释的一系列问题，这需要神学进一步发展一些概念和理论。在神学的概念中，一些前科学和当今科学的概念不得不用来解释和论述遗传革命发生的伦理问题。这些概念有：人类是护佑者和上帝的共同创造者，扮演上帝，人的尊严，爱邻人，公正，人按上帝形象被上帝制造等。了解这些概念和思想是我们理解宗教遗传伦理学关键的一步。①

（一）护佑（Stewardship）

很多第二代宗教文献使用了"护佑"作为遗传伦理的基础。护佑的传统来自于基督教的经文，是指人类的天职是作为一个护佑者而受命于上帝，有责任去管理和服务属于上帝的一些事和物。每一个被创造的物有上帝给予的位置。这意味着人类要尊重自然，对创造者给人类的东西只能护佑，不能改变。这个护佑者的古典概念居先于达尔文演化思想的发现，按照这个概念，我们就居住在静态的、完成的和分级别分层次的宇宙中，在这个宇宙中，护佑者意味着尊重自然的秩序和不要寻求去改变它。然而20世纪后的遗传科学打破了这个信仰，宗教人士认识到，自然是动态的演变的，人类要应对改变，相关的护佑者模式需要升级和重新解释。②

为了说明允许改变，宗教哲学家布鲁斯·雷申巴赫（Bruce Reichenbach）和韦灵·安德森（Veling Anderson）在他们的书《代表上帝：一个基督教的生物伦理》中，对护佑模式作了重新的解释，他们的方法是从

---

① Lisa Sowle Cahill, *Theological Bioethics*, *Participation*, *Justice and Change*, Georgetown University Press, 2005, p. 15.

② Thomas Anthony Shannon, James J. Walter, *The new genetic medicine theological and ethical reflections*, Rowman & Littlefield, 2003, p. 9.

圣经段落中把基督教有关护佑的伦理提取出来，他们将这个伦理解释为有三个部分：1. 人类对大地的责任；2. 统治大地；3. 与创造者共同照料创世者的财产。与传统的护佑模式相比较，他们基督教宣言中补充了一个去斗争的护佑者角色，这个护佑者有一个相互矛盾的责任，对财产又去保护，又去改变，既保存又要承担危险。① 为了给护佑改变的正当性提供辩护，雷申巴赫和安德森反对经典神学的原则，这类原则把上帝描绘为知道一切可能性，控制所有的现状，而他们把上帝也描述为一个危险的承受者，尤其是在上帝与自由的人类的神圣关系中去理解上帝对人类的要求。作者企图在这些问题中寻找答案：我们有什么责任去改变生命和生活？哪些是允许改变的？我们应以一个什么目的去改变创世？什么是改变的局限。但他们在解决特殊问题的两章中没有努力应用护佑伦理去解决遗传伦理问题。②

美国生命伦理学总统委员会中大多数人有科学和技术的背景，他们发现在科学和成千上万人对生物圈的改造活动后，去定义自然和非自然的概念已经很困难，但他们不认为基因工程违反了自然世界的秩序，1982 年，美国生命伦理学总统委员会在《粘接生命：人类基因工程的社会伦理问题》的报告中，一个解释圣经的工作组强调人对于自然世界秩序的宽泛责任，这个责任不是消极地作为一个大地的监护人，他们认为圣经中的训令要求人们去为创造而做事，也可以为人工操作生命去为人类的福利服务。工作组承认一些女性主义者和基督教的关于整体生物圈的概念，由此宣称基因工程可能倾覆自然的平衡关系、秩序和多样性。报告认为，上帝设定了种属之间的关系，是上帝决定一切，跨种属遗传研究颠覆了基督教。工作组主张宗教传统不能被生物学关于种属的概念替换。工作组肯定自然智慧的思想，指出，基因交换普遍地在自然中发生，对种属和自然的秩序的尊重是人类必备的智慧。③

大多数宗教派别以一种护佑关系模式发表的宣言都没有努力去更新和重新解释相关概念和难题，例如，在美国宗教卫理公会派教徒的教材中描

①　Audrey R. Chapman, *Unprecedented Choices – Religions Ethics at the Frontiers of Genetic Science*, Fortress press, Minneapolis, 1999, p. 42.

②　Ibid. , p. 230.

③　Ibid. , pp. 54 – 55.

述了因为人以上帝的形象被创造出来，人类作为护佑者要为创世者服务，他们像上帝一样爱着世界并有责任去使用自己的权利。教材中对护佑的讨论强调人类参与、管理、培育上帝的资产、公正地贡献、发展和提升创世者的资源，以他们有限的洞察力与上帝的目的保持一致。这个教材认为人类可以在 3 个方向应用知识：为上帝，为人类社会，为所有创造的可持续性。教材断定知识是一个资源，通过它我们去实践护佑的责任，这个责任与上帝统治自然保持一致，但在特殊问题伦理分析和政策分析中没有应用"护佑"这个概念。

（二）人是上帝的同伴或共同创造者（Co‑Creater）

一些宗教文献基于另一个概念：人是上帝的同伴或者共同创造者。与护佑比较，人类作为上帝的助手、被创造的共同创造者这个神学模式承认科学研究告诉我们创造不是固定的，是正在进行的，上帝要求我们包括在这个进程中。这个观点与人的创造性有关，人要持续追求知识，学习去控制 DNA 分子中的内在能源。两个神学家菲利普·荷菲尼和特德·彼得集中于发展了这个概念。荷菲尼用这个概念描述人在演化中的角色；人是被创造的共同创造者（Created‑Co‑Creator）人有自由参与上帝正在进行的活动，因此分享上帝的形象。彼得在遗传学中用了这个概念，是对人类创造和自由的隐喻。有人说，这个神学的共同创造概念对基因工程的应用和局限没有护佑模式解释得那么清楚，在护佑来源的文件中，神学对创造的假定主要地作为一个隐喻去指明人类在创世中的角色。①

一些文献应用这个概念去解释和处理遇到的遗传伦理问题。他们认为一些神学模式与科学领域中的遗传生物学发现有更大的相关性。加拿大联合教会假定：我们被要求和上帝是共同的创造者，在我们的社会中，每一个人都为全体而工作，为全人类而研究，并要适合上帝的意图。美国国家教会理事会教会长老会的政策宣言"生命和关注社会的契约"也假设了这个创世的动力特征，国家教会理事会认为上帝以神圣的能力去创造生物，人类参与了创造的过程，这个过程是通过不断的探讨知识，包括控制 DNA 分子的基因中的内在能量去实现的。长老会报告承认科学研究已向我们显示"创造不是固定的，而是进行中的，上帝要求我们包括在这个

① W. Mark Richardson，Wesley J. Wildman，*Religion & Sciences：history，Method，Dialogue*，1996，p. 14.

过程中"。应用这样一个模式，人类有机会做上帝的"共同劳动者"
（Co－Laborers）。我们作为一个创造者具有改变自然的能力。神学家菲利
普·荷非尼首先应用了这个词汇，但他认为人类这个共同创造者在目的和
方向上都没有超越上帝和自然。①

（三）扮演上帝（playing God）

一些人在伦理学和神学的分析中，提出了一个特殊的概念，"扮演上
帝"，并以此决定人类能力的局限。按照宗教的观点，代表上帝的人类对
世界的控制超过了范围，就等同于人类在"扮演上帝"。从基因革命的起
初，短语 Play God 开始被使用，后来，在科学界和生命伦理学中人类"扮
演上帝"的说法也空前增多。宗教思想家提出，在使用加强人类能力的基
因工程和新的生命科学知识中，因为人类要去改变生物，人类等于不适当
地使用了上帝的特权。一个生化学家雷瑞·奥真斯顿（Leroy Augenstein）
1969 年出版的《来，让我们扮演上帝》（Come，Let Us Play God）第一次
描述了医生在当代医学活动中扮演上帝的角色。后来这个词出现于 1977
年《扮演上帝：基因工程和操纵生命》和《谁应当扮演上帝》这两个出
版物里，渐渐的，这个词变成了关注当代遗传学技术过度使用的特征性表
达。②

一个福音主义的新教生命伦理学家阿莱恩·沃黑（Allen Verhey），写
了一个短文，认为拼接生命是"扮演上帝"，使上帝成为了多余。沃黑指
出，拼接生命不可避免地把人类放在中心，把上帝错误地放在人类知识和
能力的外围或边缘。此时，"扮演上帝"的意思就是篡夺上帝对人类知识
和能力的权威和统治，人类不适当地侵入了不应当涉足的禁区。他认为尤
其应该禁止人工生殖技术使用精子和捐献的卵子，不要在培养皿中培养早
期生命，适当地限制产前遗传检查引起的流产。③ 1970 年保罗·拉姆齐
（Paul Ramsey）也用"扮演上帝"向人类发出警告。拉姆齐的基本概念是
"基督教或犹太教的宗教伦理必须许诺一个世界观，在这个世界观里，上
帝是给予者（God is a giver），上帝是一个创世和维持世界的上帝，上帝

---

① Heup Young Kim, *Christ and The Tao*, Christian Conference of Asia, 2003, p. 22.

② Audrey R. Chapman, *Unprecedented Choices – Religions Ethics at the Frontiers of Genetic Science*, Fortress press, Minneapolis, 1999, p. 48.

③ Ibid., p. 52.

给人类放置了一道禁止开关。按照这样的一个对上帝概念的理解，人类的活动只有符合上帝的要求才是伦理学上的善。①"

在 1982 年美国生命伦理学总统委员会的报告"粘接生命"中，对扮演上帝有最广泛的讨论。报告得出的结论是，Playing God 一词代表人类了解生命的基本机制具有局限。这个词并不是反对研究，而是一个敬畏的表达。苏格兰教会（Church of Scotland Society）支持基因工程，认为是上帝给予人类的能力，是人适当的"扮演上帝"。神学家沃黑在应用扮演上帝和人类有局限概念的时候，没有主张我们依赖的自然秩序是上帝创造和维持的秩序，应该排除科学研究或禁止自然科学。他指出，不分皂白地反对"扮演上帝"是口号和标语，没有提供清楚的行为标准。在遗传革命开始被人们了解的时候，他认为可以带着怀疑惊讶和敬畏，适当地"扮演上帝"。要欣赏 DNA 的结构，欣赏创造者的工作，去检查这些创造物和遗传学，提升生命的意义和生命的繁荣。一些遗传研究、基因治疗和人类基因组研究会使穷人受益，这符合上帝照顾穷人的信条。②

特德·彼得是一个普通路德教会的成员，尽管他的书以 Playing God 为名，但他轻视这个短语，他认为这个词有 3 个意思：第一个意思是敬畏自然的神秘本质，相信人类不能像上帝那样获得基因和生命的奥秘，人类有一个获取上帝知识和能力的权限；第二个意思是代替上帝，决定人的生死，这与一个适当地决定生命和死亡的医疗实践能力有关；第三个意思是，遗传学是使用科学去改变基因、改变生命、改变生活、影响演化的技术，应用遗传学的人类将自己置于上帝的位置而反对上帝，使用基因工程和生殖技术就是把人类的命运放在自己的手中，超越了自然的界限，这是人类的过度傲慢。本来缺乏知识和智慧的人类以为自己能够改变一切，其后果必然像电影"侏罗纪公园"所描述的恶果，像产生弗兰肯斯坦怪物（Frankenstein Legend）那样毁灭创造者自己。③

特德·彼得用人类作为上帝的共同创造者这个概念，说明人是一个上

---

① Audrey R. Chapman, *Unprecedented Choices – Religions Ethics at the Frontiers of Genetic Science*, Fortress press, Minneapolis, 1999, p. 56.

② Thomas Anthony Shannon, James J. Walter, *The new genetic medicinetheological and ethical reflections*, Rowman & Littlefield, 2003, p. 11.

③ Playing God, p. 10.

帝创造的生物，要归属和共享上帝正在进行的创造的过程。人的创造力是模糊的，尤其是当与技术相关时。他将人类描述为与上帝一样的创造者是受到谴责的，人类时时处于使用工具和技术改变生活带来的好处和坏处的危险当中。不要"扮演上帝"的警告可提供人类小心从事，抛弃愚蠢的行为。对于彼得来说，真正的问题是我们怎样"扮演人类"（Play Human），了解人类与自然的关系，与上帝和将来一代的关系。"我推荐我们利用能力去思考、决定负责任的行为，我建议我们的自由意志心善为中心，这些善是长时期的善，是为了星球上我们整体的人类种族的。这里彼得的观点与基督的希望一致，但对如何应用遗传学技术并没有提供帮助和指导意见。"①

由于宗教界和世俗生命伦理学界都广泛地应用"扮演上帝"这个概念，在研究"扮演上帝"这个概念时，有必要澄清它的内涵，以对使用"扮演上帝"及人类在遗传学发展中的角色提供参考。为了更好地了解宗教界"扮演上帝"的意义，有学者将"扮演上帝"的多种使用作了归纳：他认为"扮演上帝"有以下 11 种不同意义：医生或法官决定病人的死活；于道德判断中以人有涯之知等同于全知；解读及修改上帝创造生命的密码 DNA；于生殖系细胞基因工程中，激活近乎上帝的能力，但却缺乏近乎上帝的知识及智能；于改良人种的优生工程中，有些人尝试全盘地塑造或主宰未来人的命运；于外交中做一些影响人类既深远又广泛的决定；择恶以求成善，为求操纵结果而不择手段；干预自然的运作；拒绝听天由命，作一些带有风险的重大决定；承担起作为上帝在地上代表的任务；效法上帝。②

概括起来"扮演上帝"这个宗教短语主要是告诫人：最好能记住人是生物不是上帝，人仅仅是上帝的形象，人如果不去接受局限性，妄图超越自己的生物地位，反对和忽视上帝的操控这就是宗教中的罪。上帝对世界许诺并应允，上帝是可信的，人是被创造的共同创造者，不能与上帝等同，只有部分责任去创造。上帝创造一切，上帝继续在创造，上帝是新物

---

① James J. Walter, Thomas A Shannon, *Contemprorary Issues in Bioethics: A Catholic Perspective*, Rowman & littlefield, 2005, p. 23.

② 罗秉祥、江丕盛：《基督宗教思想与 21 世纪》，中国社会科学出版社 2001 年版，第 49 页。

质的源泉，上帝给我们带来将来。这里需要进一步澄清的是：人类与上帝有什么关系？上帝为什么神圣不可侵犯？特殊的生物活动是上帝给予的还是人的作为？

（四）人是按照上帝的形象塑造的（Image of God）

宗教界的基本信条是，上帝是爱的化身，人是按照上帝的形象塑造的，人有责任去爱和行善。福音书注释了基督拯救饥饿和治疗疾病，还记录了耶稣（Jesus）的治疗 35 种不同疾病的实例。基督的一生是受难和去爱人，宗教一向主张基督是人类的榜样，基督的特性是施爱，行善，"爱邻人"，向所有人和邻人行善，去爱就是去服务。按照这一观点，行善也是为神圣服务，是在实践道德自由，基因科学可以释放成千上万人的痛苦，基因研究和医学技术有前所未有的应用价值，为将来更好地发展基因科学，应用科学和技术去寻求人类的福利，为上帝的生物的繁荣而奋斗。研究科学是回应上帝，使他创造的生物生命质量更高的要求，人类在自然中有能量，应该有意成就自己的将来和演化，创造一个社会和政治的次序。①

由于神学的使命是去减轻受苦，在面对遗传治疗研究时，相信遗传学将提供重要的治疗遗传病和人类疾病手段的观念，是一些宗教团体的主要的态度。美国国家教会理事会声明选择"基因工程对治疗人类的可能性"作为它的中心议题而没有应用"保佑"或"共同创造"。国家教会理事会的宣言详述基因工程对减小痛苦和增加食物产品的可能性，期望基因工程将开启一个帮助人们和同情他们需要的新方法，号召教会的成员跟随基督的榜样，应用基因工程对人们施以治愈。

断定遗传学可以促进健康和增加生产力的是犹太人社会，尽管犹太人可能对为了优生的目的使用遗传学很敏感，人作为一个上帝创造的同伴的观念还是使得犹太人宗教领袖和思想家支持医学发展和遗传学研究的应用。犹太教、基督教和伊斯兰教认为人是道德和社会的生物，他们被产生于并生活在社群中，因此有相互照顾和责任的关系。宗教的契约概念抓住了人与上帝之间、人与人之间的联系，而在道德社群中人的相互关系是共

---

① Heup Young Kim, "Christ and The Tao", Christian Conference of Asia, 2003, p. 23; Max L. Stackhouse, Peter J. Paris, Don S. Browning, Diane Burdette Obenchain, *God and Globalization*, Ian Barbour, 2000, p. 122.

同的利益和每个人的利益都被作为一个对上帝使命的信仰范围寻找出来。①

同时，国家教会理事会教会的成员分析了教会施治与遗传学治疗的不同。发现很多基督的神奇治愈包括用咒语趋魔，这个模式很难与遗传学的模式对等。尽管教皇指出治疗是早期教会给予人类灵魂礼物的实践之一，然而几个专家声明治愈在早期基督教徒作为一个救世主来临的证据，本质上没有当做履行去救治的义务。两个圣经学者查阅了文献的评论，指出圣经"使徒行传"中提供的治疗大都是精神（灵魂）治疗，很少提到物理治愈。有些文献提出基督教的治疗规则主要是朝向灵魂的完备和成熟。更进一步说，同情和治愈的框架倾向于掩盖一些遗传学引起的较困难的问题。遗传学将引起医学的革命，但社会首先要决定什么样的遗传学技术可以应用，可对什么类型的疾病和不正常给予优先治疗，什么样的病人可以得到遗传治疗？人类基因组研究提出了许多深奥的问题：如信息处理问题，基因治疗获得的公平性问题，富人有钱可以应用，将来还有可能用于人类基因增强而穷人则根本不能使用。宗教社会应当注意这些现实问题。②

人类尊严一词来源于基督教传统，但世俗也在用，"人类尊严"在西方文化中有两个来源：一个是希伯来思想（Hebraism），人类依上帝的形象制造；别一个来源是希腊文化（Hellenism），人类被认为是理性和自主的行为者。世俗的通用价值观也是一个来源。康德认为"人类尊严"是意志的自主，认为以自己为目的是人类的价值。人类尊严概念与人类胚胎的争议有关。人类尊严（Human Dignity）一词常用于反对生殖性克隆、治疗性克隆和遗传增强，认为这一技术违反了人类尊严。生命的神圣性（Sanctity of life）也来源于宗教，但也可以普世应用。宗教认为，生命的神圣是每一个人类的生命价值的神圣，所以是人类就等于有人格的人，人类尊严价值是人类作为一个种属的普世价值。人类胚胎是人类的一员，所以胚胎也值得人尊敬，现代遗传技术不成熟，使用人类胚胎为时过早，宗

---

① Suzanne Holland, Karen Lebacqz, Laurie Zoloth, *The Human Embryonic Stem Cell Debate*, The MIT Press, Cambridge, Massachusetts; London, England, 2002, p. 90.

② Audrey R. Chapman, *Unprecedented Choices – Religions Ethics at the Frontiers of Genetic Science*, Fortress press, Minneapolis, 1999, pp. 45 – 46.

教有责任保护胚胎。①

四　宗教遗传伦理的方法和特点

在西方国家，宗教社群被认为是重要的道德形成和对话的资源，也是道德判断和评价的中心。一个伦理学家劳瑞·瑞斯马森（larry Rasmussen）这样解释说：宗教的作用是将人对神圣负有责任和提升人的利益和好处这样的使命做一个结合，这个结合是一个非常特殊的结合，与上帝有很强的联系，事实上，在基因工程发展的早期，除基因工程的科学家外，宗教社会是试图思考基因工程并与科学家对话的唯一群体，在一定的意义上宗教社群可以解释基因工程这个遗传学问题，给解决重要相关问题提供指示。宗教思想家与世俗伦理学家一样也充当了一个对科学技术要求和限制的角色。比如1986年国家基督教理事会陈述的相关政策就是不同意科学的无限制发展和应用。②

宗教社群认为他们可以对遗传学革命引起的选择和解决两难问题做出贡献。遗传学社会问题的解决离不开宗教社群，教会在这场斗争中有重要的独特的意义。宗教思想家利用几千年来关于人类责任和人类关系的资源，在相当长的时间内反思了人的本质、人的关系、社会责任，在遗传学上的观点可以提供宽泛的理解框架。他们认为，与极端个人主义的世俗哲学家的伦理方法相比较，在神学传统中人类的概念是以社会为基础的，把人类作为一个社会的相互依赖的基本种属来考虑。人是在社群中有社会关系的个体，人与人有共同利益，并且依赖和寻求一个共同的使命。宗教思想家倾向于避免文化以人类为中心并用此解释人的生活命运。宗教思想家认为他们解释人类生活和命运比世俗哲学家伦理家有更明确的目标和意义。③

在遗传学伦理方面世俗伦理和宗教伦理的显见不同是什么？在一般情况下，这两个社群在解决同样的问题时是否有同样的关切点？传统宗教思

---

① 李瑞全：《健康照护之生命伦理学国际研讨会论文集》，国立中央大学研究所2006年版，第7页。

② Audrey R. Chapman, *Unprecedented Choices – Religions Ethics at the Frontiers of Genetic Science*, Fortress press, Minneapolis, 1999, pp. 17 – 19.

③ Lisa Sowle Cahill, *Theological Bioethics*, *Participation*, *Justice and Change*, Georgetown University Press, 2005, p. 42.

想家是否提供了独特的方法和办法？那些宗教观点是否有解释遗传学的特殊性，对澄清与遗传伦理有关潜在的利益和害处更有帮助？在遗传学前沿宗教伦理有特殊的方法吗？总结宗教社群在讨论遗传伦理时的特点，可以发现宗教传统本身也是多元的，比如乔治城大学的医生医学伦理学教授埃德蒙·裴来格里诺（Edmund Pellegrino），在 1999 年为美国国家生命伦理学委员会提供证词的时候，反对使用 IVF 剩余的胚胎研究干细胞，他的立场是基于罗马天主教关于胚胎道德地位的立场。而一个耶鲁大学（Yale）大学的天主教徒神学家马格瑞特·法尔雷（Marguret Farley），指出天主教有许多不同的观点，包括如何认识胚胎的道德地位。他认为早期胚胎的道德地位不是人，可以使用于一定的干细胞研究。①

　　神学的传统理论和当代神学由于来源于不同的女性主义、自由主义、公正理论，其观点不一样，就连来源于一个社群的神学家观点也不一样，并且相互不同意。遗传伦理是新问题，宗教没有解决过这样的问题，给出不一致的答案。美国长老会教派，承认自己以预先质问的方法处理由人类基因组研究引起的伦理学和神学问题。预先质问作为一个工具，用这个工具，使用现代科技的智慧，把现代科技的智慧整合到教会圣经传统中，以便更面向于上帝的全体国土和正义。

　　尽管宗教传统本身是多元的，在很多方面与世俗评估遗传研究和技术有类似，但宗教伦理框架、理由、标准或原则倾向于有不同的主题，其特点是：

　　1. 在考虑基因革命时，强调人的关系或社会特性及伴随的需要都要在社会、社群和个人的背景下考虑。

　　2. 宗教的作品更倾向于以一个宽的角度去考虑，比如考虑基因工程考虑对人的影响很大，还考虑对动物、对植物、对环境的影响。

　　3. 宗教对正义很关注，强调遗传学平等地为穷人所选择，需要评估基因革命对最穷的人、对最脆弱的人和社会的影响。

　　4. 宗教伦理的工作可能去主张基本人权，即决定有关影响自我福利的基本人权。

　　5. 人是按照上帝的形象塑造的，强调了人的责任和尊严。

---

　　① Audrey R. Chapman, *Unprecedented Choices – Religions Ethics at the Frontiers of Genetic Science*, Fortress press, Minneapolis, 1999, p. 244.

6. 人格的概念（Personhood）是与上帝共存的，一个人与上帝相互共存，与其他人也相互共存，与所有的生物共存。①

宗教伦理的一个方法是圣经的方法（A Biblical Approach）。从圣经中可知道同情病者和治疗他们，但什么治疗可行呢？首先要知道什么是病。从圣经教育中可知道这个世界本没有罪恶，是人没有服从上帝，使罪进入了世界，死亡进入世界，人们死亡的最终原因是世界上存在罪、病和暴力。神学使我们认识哪些是道德上可接受的，哪些是不可接受的，圣经告诉人类要与罪和病斗争，如果基因治疗可以治病，就是道德的。有人可能反对因为为了治疗的目的使用技术，认为这可能违反了上帝的意志，如果上帝控制所有事情，有人有病可能是上帝的意愿，与疾病战斗反对了上帝，病和死亡是我们违反了上帝带来的罪和结果。另一方面如果重组DNA 技术不是为了改变罪和结果而是用来改变人的发展，因而是不道德的，改变上帝给予的基因是不道德的。②

加拿大联合教会（United Church of Canada）的神学和伦理学框架很典型地表达了不同陈述中的伦理学原则，这些原则在分析一些遗传学特别的主题，可以提供做出伦理决定时的个人和文化气氛：

1. 生命是有无限价值的礼物，因此要给予尊重，要以自身为目的，生命和另外一些人的健康不能为他人的目的成为工具。

2. 从个人的、国家的、世界的水平上，人类是关系的而不是个人的。

3. 正义和同情在人类的灵魂深处，以人为本是我们创造社会的能力，在这个社会中弱者和需要者要被防护。

4. 在医学技术提供希望时，必须仔细评估和监测人类的财政费用和稀有资源使用的情况。必须建立起法规。③

詹姆斯·古斯塔夫森（James gustafson）描述了宗教伦理的很多方法，其中4 个方法与遗传伦理的研究有特殊联系：

1. 承认其他学术团体的信息、解释、评估对神学伦理的观点和内容

---

① Audrey R. Chapman, *Unprecedented Choices – Religions Ethics at the Frontiers of Genetic Science*, Fortress press, Minneapolis, 1999, p. 61.

② John F。Kilner, Frank E. Young, *Genetic Ethics – Do The Ends Justify The Genes?*, William Eerdmans Publishing company, United States of America, 1997, p. 186.

③ Audrey R. Chapman, *Unprecedented Choices – Religions Ethics at the Frontiers of Genetic Science*, Fortress press, Minneapolis, 1999, p. 220.

有重要意义，这样，需要传统神学和伦理学作出改变。

2. 在一个大的宗教和伦理学中，神学伦理重新描述和解释事件的意义和发生。

3. 另外的学派提供了描述和分析，宗教伦理学原则可以利用。

4. 找出神学与伦理学的一致性，观察其他团体应用的信息和解释，考虑如何应用到神学的解释和应用中，重要的是探索宗教学者与基因科学家的对话模式和方法。①

罗格·赛恩用来评估遗传学发展的 6 个伦理指导原则包括：提供遗传调查和实践时，目的是面向医治和行善，反对过度应用；干预和保护人类重要的价值；遗传研究和实践的伦理要认知人类的神秘性，保护人类在社群的自由；多样化是宝贵的财产等。这些原则需要在遗传科学伦理中进一步发展。但这些原则在没有修改时只是道德意识，没有应用于道德推理中。但以宗教为中心的观点内在地提供了一个视角，在这个视角里，人们有责任超越自己利益，对自己的种属和生活负责。从一个神学的观点看伦理，即以神学为中心的核心道德问题是：什么是上帝可能并且需要我们去成为和去做的？②

虽然，宗教神学家和伦理学家已经考虑自然生命的目的几千年了，传统的神学概念和诠释有可能应用于考虑高技术引起的伦理难题，但应用哲学伦理或神学的概念（他们发展起来是为了另一个目的）去解释和分析科学的发展是很困难的。多元世俗社会中，宗教角色的对话是受到欢迎的，宗教伦理思想家也致力于从事公众神学，但宗教对话和公众接受性之间的张力很难解决。因此，很多宗教思想家把宗教语言翻译成世俗语言，作为一个世俗伦理学家去写作。很多宗教学家也在讨论义务论、后果论、自主与家长主义这些伦理学和生命伦理学的基本理论，这说明宗教伦理在积极地应对遗传伦理的挑战。③

宗教思想家在基因革命的一开始对其引起的道德反应有很多迷惑，按照古斯塔夫森的说法：以神学为中心的宗教思想家常常需要问的是上帝需

---

① Audrey R. Chapman, *Unprecedented Choices – Religions Ethics at the Frontiers of Genetic Science*, Fortress press, Minneapolis, 1999, p. 22.

② Ibid. , p. 61.

③ Ibid. , p. 25.

要我们形成什么和做什么？他认为，与上帝有关的神圣使命与基因科学联系起来不太可能，因此相关的宗教观点很少，神学的辩护较少，而且，大多数宗教社会没有直接地去辩论遗传革命引起的具体问题。再者宗教伦理的原则和规范是以抽象的方式来形成的，应用起来需要足够的具体化，才能与发展的经验科学一致。当代遗传伦理问题的出现是前所未有的，所以在应用神学概念时要在与科学的对话中修改。① 要承认的是宗教思想家对基因发展的道德和伦理分析需要科学知识，缺乏科学的培训是一个明显的问题。而且宗教本身也有弱点，基督教只是在教堂里宣读圣经，政策草案委员会则常常不得已与大多数顶级科学家联合起来。神学概念更具体才能被政策应用，缺乏科学的标准使概念原则应用到经验数据较为困难，作为一个结果，宗教伦理学家常常以道德潜意识行动，而不是仔细地分析。在遗传学的飞速发展中，宗教团体需要与遗传科学和公众进行更多有意义的对话。②

　　在 20 世纪 60 年代和 70 年代医学伦理学发展的早期，宗教思想家扮演了一个重要的角色，但随着后来这个领域越来越专业化和特殊化发展，宗教的声音有所弱化。1990 年美国医学伦理学发起人丹尼尔·卡拉汉（Daniel Callahan）写到：在医学伦理学研究中，缺乏宗教的声音将会鼓励一种市场化的哲学形式，使社会不能很好地利用有较长历史传统的宗教。轻视宗教在公共讨论中的地位，将使人们更多地依赖于法律，以法律作为道德哲学的来源而在道德探讨中走向歧路。因此，尽管宗教对遗传伦理探讨有限，但对大多数人信教的西方社会和来源于西方的遗传伦理的研究，已经是一个躲避不开的重要领域。③

第二节　宗教的遗传伦理观点

　　虽然基督教认为自己提供了智力和道德的先前假设，但是科学技术大爆炸产生的新知识是教会前所未知的。从历史上看，大多数教会自称不反

---

　　① Audrey R. Chapman, *Unprecedented Choices – Religions Ethics at the Frontiers of Genetic Science*, Fortress press, Minneapolis, 1999, pp. 207 – 208.

　　② Ibid., p. 20.

　　③ W. Mark Richardson, Wesley J. Wildman, *Religion & Sciences: history, Method, Dialogue*, 1996, p. 80.

对科学的进展，但是他们还要对新技术和新知识做出判断。遗传学技术发展起来以后，宗教的教义和信仰遇到了前所未有的冲击，使科学和宗教的关系和利益到了最敏感的时期。在宗教看来，科学使人们得以深刻地揭示了人类道德和灵魂的内在含义，宗教渴望去了解科学发现和重新解释新世界和人类。许多宗教领袖把科学当做工具，视科学是宗教的眼睛和手，不但努力去帮助和处理宗教的问题，还力图去发现怎样指导科学和技术为人类和自然创造价值的方针和方法。①

一　基督教的技术观

基督教欢迎现代科学技术，这种态度，根基于这样的假设中：理性的上帝不但创造了一个理性的智慧的世界秩序，还按照上帝的形象创造了人类，人类应用科学技术可以发现和更好地完善世界秩序。如何应用科学技术去努力实践，可基于基督教的三个附加的原则：

第一个原则：世界是偶然性的，易于受影响，可以改变。

从历史上看，古希腊人认为自然是目的论的，自然是按上帝的目的有意安排的，人一旦知道了树木和岩石的目的就可以演绎出他们的基本组成，从而利用它们的功能。自然目的论与圣经的教义相一致，被西方历史上的许多基督教徒所认可，只有一些极端的例子，自然和目的不相匹配。例如，中世纪晚期，基督教的亚里士多德派学者认为，由于自然的内在律法的需要，宇宙是以圆形轨迹运动的。这种说法不但引起了一些神学家的抗议，后来也被实践认为是错误的。基督教而认为自然和目的的关系是上帝按照他自己的目的和意志自由地创造了世界，因此，自然内部不应有合理的自然律，自然被自然之外超越的神圣上帝的命令驱使。宇宙的顺序不是内在的，是上帝赐予的，如果他想要改变这个秩序，他甚至可以创造带有另一个秩序的另一个世界。宇宙的结构和存在不是必然的，它基于自由和超越的上帝的意志，是偶然性的。② 这个偶然性的思想给科学技术是社会改变和发展的推动力提供了证明。偶然性也反映了人类在自然中活动的

---

① Stephen. Lammers, Allen Verhey, *On Moral Medicine: Theological Perspectives in Medical Ethics*, Secound Edition, Wm. B. Eerdmans Publishing, 1998, p. 548.

② Max L, Peter J. Pans, Don S. Browning, Diane Burdette Obenchain, God and Globalization – the Spirit and The modern Authorities, Ian Barbour, 2000, p. 24.

角色。历史学家克里斯托夫·凯撒（Christopher Kaiser）在他的著作《创造和科学的历史》中说：事物不是必须保持像现在这个模样，他们的存在依赖于上帝，世界在开始时什么物质都没有，是上帝创造了它们，上帝同样可以按照自己的意志改变它们，例如从木头创造出纸来，从石头分解出矿物质，制造出汽车，这里纸和汽车不再是自然的目的，而是人加工于自然后产生的新目的。

以基督教的框架，偶然性直接意味着世界的秩序对重建是开放的。上帝和人有能力向已有的因果链注入新的事件，但这个重建必须由上帝和人类共同去做。从基督教的信仰根源来说，偶然性意味着非稳定状态，在世界上，一切东西都是演化的，甚至自然的稳态也被认为可以被操纵，这样，自然就成为了客体。今天人类可以操纵人类基因的可能性，正好迎合了自然是偶然性的概念，自然已经演化到了人类可以操纵人类基因的阶段。这种偶然性思想给人类一个创造性的自由，但基督教同时强调，这个偶然性的概念将限制在一个道德伦理的框架中，不然，将导致一些人使用新的基因技术使另一些人遭受控制和操纵。

第二个原则是技术的发展应该是认识论的，人类可以改变世界。历史上的泛神论认为，树木，河流都有神灵，神灵无处不在，人们的思想不能超越于神灵，只能在自然的范围内去解释自然。此时知识的目的仅仅是适应自然，和自然保持一致，没有利用自然的力量去创新。然而，圣经的信仰前提是一个超越自然的上帝创造了人和世界，人类的基本亲缘不是与自然而是与上帝联系，人类是上帝的代表者并扩展上帝控制自然的能力，人类可以以上帝的语言，代表上帝将他的控制扩展到自然。作为这样一个结果，人的思想可能超越自然，像主体面对客体一样，面对于自然进行活动。人类不仅仅寻求与自然一样的知识，而且自由地操纵自然，不断地去认识自然，遵循认识论的轨迹。为了完成人类的目的，人类有能力去改变自然，接受干涉自然这一过程。

第三个原则是宗教道德对科学技术的认可。在基督教早期教会，知识被认为是上帝去减少苦和罪的礼物，基督教徒强调用实践技术免除人的原罪和自然的祸根。例如，在公元4世纪，巴兹尔（Basil）建立了历史上第一个医院，并对公众开放。他的神学理由是两层的：上帝不但创造世界，还有一个改变和完善的可能性，就像圣经中的耶稣治疗奇迹一样，上帝可以改变世界的某些不完善；在耶稣施治的基础上，上帝要求人们施行帮助和治疗，这种活动不是必须奇迹般地进行，而是以慈善和服务的活动实现。这就是说，在科学革命之前，基督教学者给予技术和艺术一个神学的判断和正向的价值。[1]

现代早期神学家的作品贯穿着宗教服务于穷人和病人的概念，应用科学和知识去完善人类的生存条件被认为是宗教的责任，是一个顺从于上帝的基督教慈善活动。1654 年，科顿·马瑟（Cotton Mather）写道："研究自然及其发展过程是与上帝一起工作，是上帝赋予的责任。"以一个历史学家瑞塔斯（P. M. Rattasi）的话来说："基督徒有责任去使科学服务于两个目的，一个使上帝受益，一个是使人受益。"换句话说：科学技术被认为是道德和慈善目的的服务者。帕拉塞尔苏斯（Paracelsus），一个 16 世纪的医生，也是一个基督徒，他将化学应用于医药，他的医学基于圣经上的两个原则：他相信基督胜利地起死回生意味着疾病最终可以治愈；科学研究和技术可推动基督去完成治疗和恢复。这意味着人类可以通过创造、技术和艺术，为邻人做好事。宗教改革者也具有同样的传统思想，马丁·路德（Martin Luther）认为人的技术至少部分地可作为恢复亚当（Adam）原罪的工具，科学家可作为上帝的共同工作者去从事他的创造性活动。科学的使用是为了提升公众利益而不是实现个人的野心。对于以上基督教的技术观，我们要注意的是，历史上宗教言论对科学技术的支持态度，在遇到具体科学技术的应用时往往大打折扣。[2]

二　宗教的辅助生殖观

宗教对辅助生殖技术最初的反应是怀疑和警惕。例如，1967 年《科学杂志》发表了一篇题为"社会准备好了吗？"的文章，文章指出：在人类具有足够智慧之前，人类应该将一些技术的应用时间推迟。一个杰出的天主教神学家，卡尔·拉纳（Karl Rahner），1966 年出版了两本书，在书中，拉纳虽然较多地描述了什么是辅助生殖的形式，尤其是供精人工生殖，但主要考虑了一系列新技术的重要神学意义，他断定，在神学水平上，按照基督教人类学的观点，人实际上是一个自己操纵自己的种属，人

---

① 　John F. Kilner, Frank E. Young, *Genetic Ethics – Do The Ends Justify The Genes*?, William Eerdmans Publishing company, United States of America, pp. 42 – 43.

② 　Ibid. , p. 44.

作为一个自由的生物与上帝发生关系，人有自由操纵自己的现在和将来生存的权利。他更激进的宗教思想是，虽然人类与上帝密切存在，人类具有自我定义和自我判断的能力，人可自己朝向自己的最终目的。① 但当他将自己的观点应用到对辅助生殖技术应用的道德判断中时，他却认为，辅助生殖技术是人类的自我操作，它的应用会使人类生活在一个不可逆转的历史过程中，使后代生活在前辈制造的错误中。现代人改变基因代码会影响后代人自由选择自我基因类型的过程。由于相信遗传的整合性和每个个体应由性结合产生，拉纳因此反对人工生殖技术，认为侵犯了婚姻和性，使外来的遗传物质侵入了到了纯洁的婚姻关系中。②

彼得的著作也显示出神学的使命和人类应用科学技术自由的探索自然之间的张力。在一本书中他认为，人类应该回应上帝的召唤，去做一个有创造性和超越自然的人类，使上帝的生物生活得更好。但他的另一部书《对孩子的爱：基因技术与将来的家庭》（*For the love of Children: Genetic Technology and the Future of the Family*）却集中于对新生殖技术产生危险的担忧。在此书中，他的关注点是：由生殖技术引起的选择如遗传选择，将导致努力去设计胎儿，当胎儿不适合家长的需要时，将使选择性流产增加；选择和制造胎儿，将导致孩子的商业化；在扩张化的遗传服务市场中，使孩子的生命质量更好，生孩子成了机械化作业的一种形式。可以理解父母都希望把健康完美的孩子带到世界上来，使一个好的新生命存在和出现，是人作为上帝共同创造者（co - creator）角色的最好表达，然而广泛使用的胎儿遗传检查以预防生出遗传缺陷的孩子，可能导致丧失人类尊严和减少那些有遗传缺陷的人价值的危险，也可能导致由遗传物质的好坏定义人格的好坏。他做出的结论是，大多数基督教徒从不希望在基因中选择出所谓好的基因，也不希望选择性流产那些所谓有不好基因的胎儿。他的关注点体现了对生殖技术应用的过度担忧。③

1987 年 2 月 22 日罗马教皇约翰·保罗二世（John Paul Ⅱ）代表罗马天主教以"尊重人类生命和它的来源和对生育尊严的指示"为题撰文，发

---

① Max L. Stackhouse, Peter J. Paris, Don S. Browning, Diane Burdette Obenchain , *God and Globalization*, Ian Barbour, p. 24.

② Audrey R. Chapman, *Unprecedented Choices - Religions Ethics at the Frontiers of Genetic Science*, Fortress press, Minneapolis, 1999, p. 29.

③ Ibid. , pp. 58 - 59.

表了对一些当代生殖技术问题的立场。文中认为下列生殖技术是不合法的：目的在于发现有缺陷胎儿以便流产的超声波产前诊断；对胎儿产生不适当危险的治疗；商业性目的的非治疗性人胚胎试验；为了研究和生育目的损毁胚胎的人工生殖（IVF）；包括人和动物生殖细胞的（Gametes）跨种属生育；在动物的子宫或人工子宫中用人的基因材料单性分裂或孪生克隆产生人胚胎；为了性选择或选择合适特性操作基因材料；给单身女子、未婚妇女或寡妇人工授精，即使这个精子是他前夫的；以手淫获得精子；代孕母亲。道德上合法的技术有：去除不孕原因的医学干预；用药促进生育；以提高胚胎质量为目的的出生前检查；以提高胎儿发育和利益为目的的出生前研究，或基因操作。① 为了更好地认识生殖技术，1982 年美国生命伦理学总统委员会的一个报告认为要重新定义一些有关新生殖技术的名词，例如遗传学普查、选择性流产、人工生殖、代孕母亲和基因移植。这些词汇的内涵将帮助教会更好地了解新生殖技术，产生对生物科学的信任。②

三　基督教的基因工程观

面对人类基因组研究，教会遇到了许多挑战：首先他们肯定知识的可贵，圣经中说道："只有热情而没有知识是不好的。"教会里充满了热情，但只有有了知识才能使热情可信。在圣经中没有基因组这个概念，但圣经在很多地方都讲了要追求新的知识，对科学事实的正确理解并不会阻碍教会走向世界。教会认为应该避免简单地反对遗传学研究，不能简单地描述遗传学的困境，在科学研究有可能战胜疾病时，教会应仔细考虑伦理问题，有责任去合乎伦理地使用基因信息。教会的这种态度是人类要带着爱去使用基因工程，因为我们代表上帝。③

拉姆齐是一个道德神学的方法学家，他十分活跃地评估基因工程的意义。与拉纳的观点一样，他反对将人类生育过程与性分离，他还反对生物学演化论者为了完美基因的目的而倡导遗传操纵。拉姆齐警告说：人在学

---

①　Ronald Munson, *Intervention And Reflection*, USA: Wadsworth, 2000, p. 674.

②　Audrey R. Chapman, *Unprecedented Choices – Religions Ethics at the Frontiers of Genetic Science*, Fortress press, Minneapolis, 1999, p. 42.

③　Celia Deane – Drummond, Ted Peters, *Brave New world: Theology, Ethics and Human Genome*, continuum International Publishing Group, 2003, p. 343.

会做人之前，不要扮演上帝；在他们学会做人之后，将不会扮演上帝。在基因技术出现时"扮演上帝"将可能导致人类自我毁灭而不是种属完善。①

1982 年美国生命伦理学总统委员会组织了了一个小组，准备并公布了《粘接生命：人类基因工程的社会伦理问题》的报告。这个报告即考虑了宗教问题，也考虑了社会伦理问题，尤其是考虑了基因工程是否等于上帝的操控。这个报告首先给基因工程一个好的评估，但也承认基因工程技术挑战了人类的意义，触动了家庭的世袭血统等人类深刻的感情纽带。报告认为公众夸大了基因工程操纵自然的危险，没有理由得出结论说任何现在或将来的基因工程都是错的，本质上与宗教信仰相违背。但宗教有理由恐惧基因工程的快速发展将构成对人类价值或安全的威胁。尽管委员会没有发现遗传治疗引起的问题与其他新治疗有什么大的不同，但认为要特别关注能引起下一代伦理问题的新技术发展，并要求进行定期的再评估。②

委员会报告的第二个观点是认为基因拼接技术是对自然的傲慢干预。被指定代表三个主要宗教派别的学者们尽管关注基因拼接技术的应用，强调人类不仅有权利也有责任去利用自然，用上帝给予的能力去为人类谋福利，而且，尽管人类已经学会培育新的植物特性和动物特性，但基因拼接技术违反了上帝创世的自然律，违反了上帝的目的。③

委员会考虑的第三个问题是，尽管杂交种属在基因工程之先就有了，但跨越种属界限的研究违反了特殊的宗教禁令。委员会认为不像驴马杂交后骡子的不育，通过基因工程产生的生命形式可以繁育自我，因此可能使错误的杂交永存，人类与其他种属的杂交将产生类似于弗兰肯斯坦的怪兽，人与非人基因的混合很可能是有问题的。而且，宗教反对人类与低等动物之间的性关系。④

1989 年，在美国生命伦理学总统委员会的报告：《生物技术：它对教会和世界的挑战》中强调技术不是中立的或无价值的，要充分估计由基

①　Audrey R. Chapman, *Unprecedented Choices - Religions Ethics at the Frontiers of Genetic Science*, Fortress press, Minneapolis, 1999, p. 30.

②　Ibid. , p. 31.

③　Ibid. , p. 53.

④　Lisa Sowle Cahill, *Theological Bioethics*, *Participation*, *Justice*, *and Change*, Georgetown University Press, 2005, pp. 17 - 18.

因工程引发的潜在的利益和不利的后果。在苏格兰教会发布的一个关于技术社会和宗教的项目报告《基因工程：基因工程伦理》中，描述了对技术可能的支持理由包括：技术可以满足由于人口增加而出现供给的需求；技术可以为边缘农业贫困地区所利用；通过技术可以减少由于化学输入导致的环境恶化；通过基因工程在动物、植物和微生物上的使用给医学提供的利益。报告还指出一些基因工程可能的副作用，例如，在科学实验中，对待动物不像生物而更像对待货物或物品。另外一些文献也提出一些跨种属新生命形式对环境影响的不确定性；基因工程产生使产品最优化的基因池，有减少生物多样性的危险；倾斜性基因工程研究成果应用的副作用可能会引起世界范围的不公平，因为可能只在西方的市场消费，而不能满足全世界的需要；基因工程怎样发展才会使农业发展更有可持续性。文献指出基因工程本身没有错误，但使用时要更多考虑公众的利益和保护有较弱权力人群的利益。①

　　1984 年美国国家教会理事会组织了一个座谈小组，出版了著作《基因工程：社会和伦理的后果》，此书只是研究文件，不是官方政策陈述。1986 年此书的编委正式出版了《为人类利益的遗传科学》一书。1987 年罗马天主教的一个文件《尊重人的生命和它的来源以及生命尊严的指示》是一个官方教育的重要文件。1990 年美国天主教健康委员会也出版了有关基因工程的小册子。8 个主要的北美新教徒也以某些形式讨论了基因问题。与此同时，很多教会举行了有关基因工程的会议并出版了报告和著作。②

　　精通科学的道德神学家对基因工程的赞许常常从了解自然本身是一个演变的过程及对人类遗传工程敬畏而来。菲利普·荷非尼和彼得都持有人类是上帝的共同创造者或人类包含在创世中的观点。因此在彼得的伦理观念中，人类应该了解自己是一个被创造的共同创造者，使人类的科学和技术活动为爱邻人和他人的福利服务。他反对人类在独创世界的意义上扮演上帝。但是荷非尼提出了问题：我们怎么能知道技术确实服务于善？如果

　　①　Lisa Sowle Cahill, *Theological Bioethics Participation*, *Justice and Change*, Georgetown University Press, 2005, p. 28.

　　②　Audrey R. Chapman, *Unprecedented Choices – Religions Ethics at the Frontiers of Genetic Science*, Fortress press, Minneapolis, 1999, p. 33.

人类的自由是由基因决定的，而自由是使严重的人类罪过可能发生的条件，那么人类是否现在冒着一个将来灭绝人类自己的危险？他认为，下列基因的应用是人类的罪：为了社会中富人利益而进行基因干预；伤害穷人和使一些人边缘化的基因干预；保险公司和雇主使用由基因组图提供的信息去拒绝投保和雇用；改变个人的生殖细胞；违反人的尊严，重新定义人的生命；遗传学发展的商业化；灾难性地影响人类基因池的基因治疗；反对上帝，影响后代将来的生殖基因治疗等。[①]

四 遗传学研究和应用

在遗传学研究和应用中，教堂寻求去定义和解决与基本的神学和道德有关的新技术。教堂或相关的团体组成一些委员会同专家一起研究和实验遗传学并形成一些陈述草稿。在这些有关遗传学研究的文献中，有一些变成了官方政策的基础。除此以外，教皇的宣言也表达了罗马天主教在基因科学应用方面的一些立场。随着遗传缺陷诊断技术的出现，公众对遗传咨询需要的增加，1973 年，世界教会理事会和基督教医学委员会（Christian Medical Commission）进行了第一次遗传学咨询，同时组织撰写了有建设性结论的 19 篇文章，这些文章以《遗传学与我生命的质量》为名结集出版。[②]

1989 年 8 月美国生命伦理学总统委员会的下属教会和学会发表了一个报告《生物技术：它对教会和世界的挑战》这个报告被美国生命伦理学总统委员会中心委员会采纳并且送到了下属教会去学习和履行。1980 年美国基督教国家教会理事会（National Council of Churches of Christ in the USA）组织了成员包括科学家和神学伦理学家的特遣小组，这个小组工作了 3 年，完成的一个报告是《人类生活和新遗传学》，以帮助普通人了解相关问题和做出决定。[③]

撰写有关遗传学伦理的很多宗教思想家倾向于基因技术可能应用的正向观点，但是他们也意识到了危险的存在。在《遗传学检测和普查》这

---

① Audrey R. Chapman, *Unprecedented Choices – Religions Ethics at the Frontiers of Genetic Science*, Fortress press, Minneapolis, 1999, p. 58.

② Ibid. , p. 31.

③ Ibid. , p. 32.

本书里，路德教会一个有重要观点是"批判地从事遗传学"（Critical engagement），这个重要观点也是广大宗教社会中有代表性的观点。按照编者罗格·维勒（Roger Willer）的说法，这个"批判地从事"意味着基因技术的出现和应用是应该赞许的，但同时人类必须批判地考虑任何一项遗传技术的特殊应用，也就是必须按照基督教资源中的信仰和标准衡量使用遗传技术的任何立场，因此，以神学道德家的思想为基础形成对遗传学研究和应用的指导纲领，以保证任何科学和技术的特殊应用在伦理学上是适当的，而不会去充当"扮演上帝"的角色。[①]

　　怎样决定适当的遗传研究和应用？罗马天主教道德神学家理查德·考米克（Richard Mc Cormick）认为，遗传技术的应用必须尊敬人的独特性和人的基本平等。人的生命是神圣的，需要避免承受危险，对遗传学的干预是提升还是破坏了人的利益要从整体上适当地考虑，而且，由于人类之间的生命系统是相互联系的，伤害任何人都意味着对他人产生坏的影响。关于遗传研究的优先性，利益的优先性要与分配正义的需要相匹配。他强调科学家委员会要促进公众对相关问题的思考和提供信息。为了达到遗传研究和应用的适当性，考米克还提供了一组道德标准。犹太人（Jewith）和伊斯兰教徒（Islamic）和大多数基督教思想者还考虑了基因治疗。英国天主教（British Catholic Bishops）的工作组 1996 年的一个报告认为，体细胞治疗与其他医学治疗没有地方不同。道德与否可用治疗性还是增强性来区别。在许多文件中可以看到，接受不接受体细胞和生殖细胞基因治疗的道德考虑都是基于安全性而不是神学观点。[②]

　　遗传学应用和发展引起了遗传检测和治疗性流产的难题。在世俗伦理讨论流产的道德性，尊重生命，胎儿的道德地位的问题，什么是生一个有遗传缺陷孩子的道德意义时，新福音主义者和新教对产前遗传学普查及选择性流产采取保守态度。本·米切尔（C. Ben Mitchell）是一个伦理学家，他是南方浸会联盟（Southern Bapist Convention）的咨询员，他指出遗传学普查用一个所谓正常的标准来衡量胚胎，就像对待奴隶一样，这是对

---

　　① James J. Walter, Thomas A Shannon, *Contemprorary Issues in Bioethics*: *A Catholic Perspective*, Rowman & littlefield, 2005, p. 97.

　　② Stephen Lammers, Allen Verhey, *On Moral Medicine*: *Theological Perspectives in Medical Ethics*, Secound Edition, Wm. B. Eerdmans Publishing, 1998, p. 555.

残疾人生命的歧视,除了对那些曾有过遗传缺陷儿的遗传父母的胎儿进行遗传学检查以外,教会不应该支持做大规模的遗传普查。罗马天主教会(Roman Catholic Church)没有反对遗传学检测,但做出了一些限制。教皇约翰二世对遗传学检测的态度是,只有在保证一些确定的利益、不伤害胎儿遗传学本质、不导致流产时才可以做遗传检测。遗传学试验对正统犹太教(orthodox Judaism)的教义提出了挑战,正统的犹太教只允许在危害母亲生命时才可以流产胎儿。犹太律法(Jawish Law)不允许选择性流产有缺陷的胎儿,只有未婚先育的有病胎儿才允许流产。但一个犹太学者艾利奥特·道夫(Elliot Dorff)认为,面对新技术的出现,犹太律法应当作出修改,他认为家族性黑蒙白痴症(Tay-sachs)胎儿可以流产,因为有缺陷胎儿出生后将遭受痛苦。[①]

彼得在其著作《对孩子的爱》(For the love of Children)中提出了建议:合子的道德状态与成人一样,最好在卵子和精子上解决遗传缺陷;选择性流产是最后的选择,选择要基于将来孩子的最大利益;考虑国情和不伤害原则;家庭作出关于一个特殊孩子的决定是可接受的,这不是优生学,要最大可能地避免在人口中不良特性的发生率;确定是预防疾病还是增强特性。在论证中他模仿了圣经新约中的训令:"上帝热爱每一个人类,不管他的基因形态如何。"

罗格·赛恩描述了宗教在遗传学方面的工作。宗教的工作是提出人的行为规范,这个规范适合去辨认遗传研究和实践的对错,这样的工作意图为形成人类遗传学活动的法规提供一些线索,一些法规的形成尽管不是用神学的精确词汇,却反映了宗教的价值观,可在普通的和宗派的文件里找到。人类遗传学活动法规要体现以下的原则。1. 保证人类物理性的身体健康。2. 尊重人类和自然的关系。敬畏自然,尊重复杂的生态系统,我们可以干预自然,但是要小心去保护重要的价值。3. 保证在社群工作中的自由。在社群中,人类的自由是人类规范的一个标志。一个有责任的遗传研究和实践项目,要认识到人类身体包含的因果机制和他们的一些遗传特征,并且记住人是超越这个机制或群体的机制,要认识到自我人格的神秘性并寻求去保护人在社群中的自由。4. 要尊重多元化,多样化是值得

---

① Suzanne Holland, Karen Lebacqz, Laurie Zoloth, *The Human Embryonic Stem Cell Debate*, The MIT Press, Cambridge, Massachusetts; London, England, 2002, p. 90.

珍视的，任何一般规范应该包括多样化。5. 保护形象和理智。形象和理智是上帝给人类的礼物，但是当他们被遗传病威胁时，欢迎治疗。了解遗传特性，遗传知识最密切地联系着人的特性，遗传特性将指导我们对社会和个人知识的使用，但遗传学不能用于有害于人类和社会的活动中。①

五　宗教的基因专利观

1980 年美国高级法院制定了一个接受微生物基因专利的决定，这是前所未有的。几天后，国家教会理事会秘书处、美国老兵理事会（The Synagogue Council of America）和美国天主教会合写了一封信，敦促生命伦理学总统委员会研究生物学领域的伦理问题。为此，生命伦理学总统委员会开了一个会议，会议代表来自医学、生物学、伦理学、法律、社会政策及私人公司，委员会邀请秘书处从神学传统观点着手，确认神学能解决和关注的问题。委员会最终由 19 个神学家和伦理学家以及联邦部门的代表组成，这些代表都是在人类遗传学研究上和应用方面的活跃人物。②

宗教认为生物专利产生了对神圣和生命尊严的威胁。1980 年由国家教堂理事会秘书处、美国老兵理事会秘书处和美国天主教会（U. S. Catholic of Churches，UCC）秘书处给总统杰米·卡特合写的信中就认为人类遗传工程的发展使个人或群体能够控制生命，是对人类的潜在威胁。1984 年联合公理教派的会议（General Conference of the United Method-ist Church）宣布基因是所有人的共同财产，不能被专利化。1992 年联合公理教派的会议发布：上帝是神圣的创造者，上帝是生命的拥有者，人、植物、动物的基因和基因修饰的组织是世界共同的资源，不能被专门控制或专利化。1989 年美国生命伦理学总统委员会一个出版物《生物技术：对教会和世界的挑战》中也建议：专利的概念使生命和非生命的区别变得模糊了，动物生命形式不能被专利化，专利与生命的神圣性相矛盾。③

人类是上帝的形象这一宗教传统信仰在反对专利时起了主要的作用。由于人类只是按上帝的形象制造出来的，人类不能将基因专利化，上帝应

---

① Audrey R. Chapman, *Unprecedented Choices – Religions Ethics at the Frontiers of Genetic Science*, Fortress press, Minneapolis, 1999, pp. 60 – 61.

② Ibid. , p. 30.

③ Ibid. , p. 127.

该拥有基因专利，基因专利应是神学和上帝对自己拥有财产的了解，尤其是智力财产的了解。对这一观点，一些赞成专利的人认为用这种断定作为反对专利化人的组织和基因片段的理由太不充分了。①

对于反对或赞成将人和动物的 DNA 等生物物质专利化的争论也建立在对生物物质不同的理解上。赞成专利化人和动物的 DNA 等生物物质的一派，反对将 DNA 神圣化。罗纳德·克勒·特尼认为，DNA 可决定我们每个人的身份，但认为 DNA 功能是神圣的理由不足。他们认为不能把上帝的神圣降低为酶、病毒、性生殖的水平。需要考虑的是：认为 DNA 功能是神圣的是什么意思？上帝创造物的一些东西是神圣的是否与神学观点不匹配？把 DNA 归属为具有神圣状态是否适当？DNA 是神圣的观点意味着 DNA 是人格的来源，这将导致人的还原主义概念。神学对于人"是上帝的形式"有不同的解释。②

邦迪的文章以一个世俗哲学家的观点认为专利化基因片段、单个基因和人类基因序列不违反人的尊严，另一些人承认单独人类基因线不是人类，人类基因或细胞系不同于非人类基因或细胞系，要区别对待。彼得的观点是，将作为人的一部分的 DNA 专利化不影响人的尊严，人的内在价值是存在于整个人的，而不是存在于部分。他承认 DNA 序列在一定水平上值得尊重，因为在维持人生命的认知（同一性）上有重要角色，但人的基因不能决定人的同一性，"每个人都比我们的基因组多，只有作为一个整体的人，尊严才能应用于人类"。③

宗教反对基因专利的另一个理由是专利使生命商品化。宗教社会深深关注这个严重的伦理问题，认为人的生命进入市场是使基因奴役化的一种形式。基因序列、人细胞系被标识后卖给投标人，使人的部分被专利化，这等于把人的价值等同于商品价值，使人的尊严减少到了只具有经济价值。④

在宗教界，反对基因专利的呼声大于赞成的声音。1995 年 5 月 18

①　Thomas Anthony Shannon，James J. Walter，*The new genetic medicinetheological and ethical reflections*，Rowman & Littlefield，2003，p. 10.

②　Ibid.，p. 35.

③　Audrey R. Chapman，*Unprecedented Choices – Religions Ethics at the Frontiers of Genetic Science*，Fortress press，Minneapolis，p. 150.

④　Ibid.

日，超过 80 个宗教团体和派别的领导人发动了一个由天主教、犹太教、基督教、穆斯林、佛教、印度教等组织的联盟，举行了一次会议。在会议上宣布联盟反对国家专利办公室专利化遗传工程动物和人类基因、细胞和组织器官。他们做出的证言是：我们反对人和动物等生命形式被专利化，我们相信，人类和动物是上帝创造的，不是人类创造的，人和动物不能作为人的创造被专利化。事后他们还计划在全国范围内发起一个教育运动，这个运动要在教堂、犹太会堂、清真寺和寺庙里进行，以引起神学对人类专利化的关注。[①]

六　遗传学与人的本质

遗传学关于基因与人行为的关系的研究进展，迫使宗教探讨了基因、人、上帝之间的关系。按照基督教的教义，是上帝按照他的形象造了人，给了人内在的价值，而遗传革命向这个观点提出了挑战，那么上帝给予人的本质理论怎么才能和基因理论协调？如果遗传学发现了基因、行为及个人身份之间的关系，那我们就是基因吗？遗传学第一次把人灵魂的尊严和神秘都还原为生物学或 DNA 序列，打破了原来神学认为命运在星座的假设。按照遗传学的解释，是基因，基因序列形成了圣经和圣杯。[②]

因此，神学对遗传和人本质进行了反思。20 世纪 80 年代一些神学文献承认现代生物学发展向一贯以来基督教的教义中关于人生命和尊严及表达的方法提出了挑战。这些文献了解和认识到，基督教历史教义中关于人的本质和人类生活目的及意义正被新技术质疑。如 1989 美国生命伦理学总统委员会报告了反思"生物技术的革命要求教会重新检查人和上帝的关系和创造次序的关系的基本了解"；1992 年在联合卫理公会教派的教会政策陈述"遗传科学的新发展"中讲述了遗传科学的发展迫使我们重新评价已接受的神学伦理学问题，这些问题包括：基因决定论与自由意志，罪的本质，公正的资源分配，人与其他生物的关系和人的道德地位，人格的意义等。[③]

---

① Paul Flaman, *Genetic Engineering*：*Christian Values and Catholic Teaching*, Paulist Press, 2002, p. 5.

② Audrey R. Chapman, *Unprecedented Choices – Religions Ethics at the Frontiers of Genetic Science*, Fortress press, Minneapolis, 1999, p. 173.

③ Ibid. , p. 168.

　　由于生物演化论的出现直接与上帝创世有矛盾，神学不得不重新对上帝在生物演化中的意义进行思考：有几个神学家认为演化不是必然与上帝与世界关系概念相矛盾。另一个罗马天主教神学家，汉斯·昆（Hans Kung）创立了一个演化的理论，认为有可能上帝没有在世界之上和之外，而是在演化之中。亚瑟·皮库克（Arthur Peacoke）是一个科学家和神学家。他写道："上帝使人类的行为受基因的限制，但通过自由，上帝允许生物的演化，他也已经打开新的可能性。"但他们认为，人性的神秘性超越了现在和将来科学解释的程度。①

　　DNA 的性质不能解释人的尊严，神学家也不能赞同基因决定论，他们以一个新的更复杂的形式解释自然和环境在道德演化中的作用。更重要的是基因决定论对神学有关身体、灵魂和精神的二元论的挑战和冲击，使神学家不但要抛弃基因决定论还要重新考虑人的本质。因为现代遗传学知道了人类获得性特性的遗传基础，行为改变可以从基因序列的变化中解读出来，遗传科学提出了遗传基因和行为和人类的罪之间关系的新问题。遗传科学甚至指出我们的道德能力和灵魂生活都有生物学基础的，连自私、利他、同情都是生物学决定的，这使神学不得不重新考虑人类"罪"的性质。

　　1996 年 10 月罗马教堂教皇约翰·保罗二世接受这样的观点：人类身体是演化过程的产物，但上帝直接干涉每个人的产生，在每个生殖细胞结合时上帝对其赋予了灵魂，这一点对人不是由演化而来有重要意义。海夫勒的理论有 3 个中心因素：上帝产生人，人是创造中的同伴，上帝使人有生命，这个生命是上帝带着目的创造的；上帝创造了这些生物，组成了演化；自由是人这个上帝创造的共同创造者的标志，人创造了文化也创造了一个工具，这个工具可使人参加以上帝为目的的创造和实践。②

　　彼得在他的书《扮演上帝》中仔细分析了基因和自由意志的关系，批评了人仅是基因的观点，认为尽管基因决定我们，但人仍然是自由的，对道德负有责任。他认为：自然，包括我们的基因组成，建立了特殊方式

---

　　① Audrey R. Chapman, *Unprecedented Choices – Religions Ethics at the Frontiers of Genetic Science*, Fortress press, Minneapolis, 1999, p. 205.

　　② Robin Gill, *A textbook of Christian ethics*, Continuum International Publishing Group, 2006, pp. 286 – 289.

上的特殊条件，在这个特殊方式上，作为个人可以实现我们的自由。自由实践于个人的一定水平中，如思考、决定、责任行为。基因决定论在基因水平上不能有自由道德意志，上帝的自由就人自由的来源，上帝使人类的意识超越于物理组成之上，我们演化的历史包括 DNA 的演化并继续朝向确定的将来演化。①

基督教神学认为罪（Sin）是人的本质之一，历史上罪从亚当与夏娃犯罪开始并存在，已整合到人类的大脑中。罪还包括自私、死亡、疾病、暴力、不良行为等，只有神圣的礼物才能战胜这些罪行。但基因理论使宗教开始重新考虑基因和罪的关系如何。有几个当代的神学家解释道：罪与遗传学上的发现相一致，但并不简单地流于基因学的模式。菲立普·海夫勒（Philip Heffler）建议重新定义宗教原罪的特征，他认为是"前人"的不协调信息，携带于我们的基因上，这种不调和在社会文化和个人自私的人类本性之间，这种脆弱性和易错性是我们人类的特征。海夫勒假定人大脑皮层中存有祖先的脑，是人类行为的条件，他假定这种祖先的遗传形式与现代环境不适应，所以我们现在的调节常常失败，自私的基因与复杂的社会环境有矛盾，罪遗传在我们的本性中与现代文化不协调。马乔里·荷威特·苏斯柯（Marjorie Hewitt Suchocki）提供了另一个不同于神学传统的罪的模式，她不认为罪是上帝创造的不完善，也不是人类对上帝创造的反抗，她认为罪有生理学基础，存在于人的本质和境遇中，原罪包含于社会和文化中，原罪产生罪人，一代一代地传下来。②

科伦·莱巴奎（Karen Lebacqz）认为人类尊严是上帝赋予的，特尼将人类的灵魂定义为由基因确定的能力，但不完全取决于基因。他写道：按照基督教神学，人类和动物一样由地上的土形成，但人类有几个方面与动物不同：人类的精神能力、情绪、语言、道德警觉、自由选择、艺术能力永远与上帝有关系，这些特殊功能加在一块是人的灵魂。他认为自我和灵魂在人类复杂的器官中是相连的，这种相连与基因条件有关，但超越这些基因条件。遗传学与神经科学向宗教的灵魂和身体二元论提出了挑战。遗

---

① Ted Petters, *Playing God – Genetic Determinism and Human Freedom*, Routledge, New York and London, 1997, pp. 177 – 178.

② Audrey R. Chapman, *Unprecedented Choices – Religions Ethics at the Frontiers of Genetic Science*, Fortress press, Minneapolis, 1999, pp. 193 – 195.

传学的发现与宗教神学的关于灵魂完全独立于身体的观点不一致，宗教学家认为灵魂不灭。还原论学者自己认为人的思想感情都有物理基础。比较起来，非还原主义认为人的物理器官有复杂的功能与社会和上帝有关，从中产生更高的道德和灵魂性，人类灵魂是物理地包含在人的本质中，但它不是一个具体的存在。① 这种联系存在于与上帝的关系中，上帝护佑我们的生命，使我们更多地集中于生活在好的目的，使道德和灵魂上更有能力。罗马教皇二世约翰改善了创世理论，他认为人的灵魂是上帝在创世时造的，但人的身心不是二元的，一元的理论也有可能正确。②

第三节　宗教神学的干细胞研究伦理

宗教对于干细胞研究方面的伦理研究有不同的声音，了解不同的声音可以理解不同观点对不同人群生活价值和信仰的影响。宗教界对灵魂，人类和上帝有自己的看法，神学家们在是否支持医学科学家研究人类胚胎干细胞研究方面有相互竞争的四个道德观点。这四个伦理观点是：保护胚胎；防护人和自然的本质；防护医学利益；神学应相信科学真理。人们可以以任何一个观点反对或赞成干细胞研究，有些人以医学利益为由支持干细胞研究，但也有人反对说这个医学利益仅仅是理论上的。有许多人以保护胚胎为由反对干细胞研究，但也有人说即使胚胎从一开始就是一个人，也可以用来研究。从对这四个观点和宗教关于胚胎道德地位的观点的总结和认识中，我们可以对多元化的宗教思想有深一步的了解。③

一　宗教神学关于干细胞研究的四个伦理观点④
（一）保护胚胎

第一个观点是保护胚胎，胚胎保护框架提醒我们注意分化的胚胎，这

---

① Max L, Peter J. Pans. Dons. Browning, Diane Burdette Obenchain , God and Globalization – the Spirit and The modern Authorities, Ian Barbour, 2000 , p. 140.

② James J. Walter, Thomas A. Shannon, *Contemporary Issues in Bioethics: A Catholic Perspective*, Rowman & littlefield, 2005 , p. 67.

③ Rose M. Morgan, *The Genetics Revolution: History, Fears and Future of a Life – Altering Science* Westport, CT: Greenwood Press, 2006 , p. 137.

④ Gaymon Bennett, Karen Lebacqz and Ted Peters, *Stem Cell Ethics: A Theological Brief*, http://www. counterbalance. net/stem – brf/index – frame. html.

个伦理问题的起源是干细胞的来源是胚胎，损毁胚胎得到干细胞是研究的一个中心步骤。世俗与宗教伦理争议最突出的是干细胞研究中胚胎的道德地位。某些宗教团体同意胚胎要作为一个人受到保护，因为他们认为受精卵具有与人一样的道德地位，损毁一个胚泡就等同于杀人。宗教指责那些支持干细胞研究的人不尊重人类生命的价值，在指责的人群中主要的是罗马天主教的发言人、基督教徒和一些美国新教福音主义者。

最有说服力的理由由梵蒂冈天主教（Vatican Catholics）提供，即上帝对受精卵有灵魂的授予，上帝创造了受精卵，人因此有了尊严；受精卵有了新奇的基因，因此要受到道德的防护。罗马天主教官方认为胚胎从受精那一刻起就值得尊敬。1974 年，罗马天主教就声明从受孕那一刻起，一个生命就开始了，他不是父亲的也不是母亲的生命，他是一个自己成长的新生命。有三个因素与新生命有关，一个是父亲的精子，母亲的卵子，和由上帝赋予的灵魂。灵魂授予是建立一个神圣道德主体的事件。人被认为是一个有肉体、有灵魂的整体。但是，由于灵魂是不可见的，罗马天主教因此采用了"最好比遗憾强"的理论，也就是：最好在受精的那一刻，受精卵就要以尊敬和保护来对待，不然会导致遗憾。

1987 年罗马天主教给"最好比遗憾强"的理论增加了内容。后来变成罗马天主教有关干细胞研究争议的官方立场。他们认为现代遗传科学证明，关乎产生道德重要性的三个主要因素是父亲的精子、母亲的卵子和神圣授予的灵魂。一个受精卵的 DNA 不是母亲的也不是父亲的，他建立了新的遗传密码，这个密码是单独的，不与任何人共享。从基因物质来说，他就是一个独特的个体，他怎么可以不是一个人呢？这个受精卵已经是一个人的存在，一个人有生活的权利，有在道德上不被医学研究使用的权利，按照这样的观点，反对用目前的方法去研究胚胎就可以理解了。这个新基因组的诞生是作为独特的个体出现的证据，一旦独特的基因组被建立，我们在道德上就有义务保护胚胎不被伤害。基因组的独特性，就是所谓的胚胎具有这个即将成为人的神圣地位的经验证据。如果干细胞研究不伴随着胚胎的死亡，很多基督教徒都会支持干细胞研究。因为很多基督教信仰的人相信胚胎有灵魂，在胚胎生长的每一个阶段都伴随着尊严。基督教还用康德的理论来证实尊严的理论基础，认为胚胎作为他自己的目的，不能为其他的目的而牺牲，即使这个目的是完善人的健康。所以，损毁细胞不但杀人，而且违反的上帝的创造。

然而，在神学上在受精的一瞬间就有了灵魂的说法，历史上也有与天主教相反的证明。例如，托马斯·阿奎那认为，在子宫内，男人在第40天被授予灵魂，女人在第80天被授予灵魂。如果天主教接受阿奎那的观点，科学研究使用40天的胚胎就是可以接受的。因而，神学重要的问题是上帝在胚胎发展的时间里授予灵魂，不管在什么时间授予，这个灵魂是胚胎独有的，就值得保护和尊敬。

有另一种可能的陈述，就是用人和上帝的关系去代替以上说法。很多经书都证明了上帝对我们每一个人的照顾和注意，使我们从非人类变为人类，最终地与神圣发生关系。以赛亚书说道：上帝在我未出生前召唤我并给我命名（以赛亚书49：1）。圣诗（139：16）有力陈述了上帝在我们未形成时就在爱我们："你的眼睛含有我未形成的物质，你的书在写每一个人，在形成我的那天之前。"灵魂不是私人的事情，是上帝给我们单独的基因组附加的。最重要的是我们人类和上帝的关系，这是一个上帝建立的甚至在我们没形成前就建立的永恒的与神圣的关系。不管怎样去想象，灵魂描述了我们与上帝重叠的生命，我们享有与上帝的精神和永恒的关系。以这样的理解，我们被上帝以很多方式和很多目的召唤，出生不是我们被形成的仅有目的。

对所谓的胚胎有这个神圣地位的世俗说法就是人有基因组的独特性，一旦独特的基因组被建立，我们在道德上就有义务保护胚胎不被伤害。世俗伦理依据的保护胚胎不受伤害的生命伦理学原则是"不伤害"原则，夺走生命违反了不伤害的原则，那些支持干细胞的人必须辩护早期胚胎或胚泡不是人，损毁他们不等于杀人，胚泡不是完的人因此不用保护。两者确知一个共同的伦理责任就是在干细胞研究之前是否预先保护。那么接下来的问题就是一个发展中的受精卵什么时候应当加以保护？公众的争议也大多在于这个问题。

（二）保护人和自然的本质，不要进入"美丽新世界"（Brave New World）

第二个观点是防护人和自然的本质，不要进入"勇敢的新世界"。宗教的这个观点提醒人们注意先进科学技术对人类的威胁，要保护人类的本质，不要扮演上帝，滑向"美丽新世界"。"美丽新世界"是小说家阿道斯·赫胥黎在20世纪30年代警告我们不要进入的危险世界。不管我们今天的意图是多么好，将来的世界是不可能被控制的，因此，我们不要迈出第一步。

这个观点的形成是认识到干细胞研究对人的本质的威胁，这个威胁是我们的科学家将扮演上帝改变人类的基因组，使社会走向"美丽新世界"。持这种观点的人把注意力朝向干细胞研究的潜在不可预料的不良后果，这个后果是由于人的局限和傲慢而触发的。尽管科学求知的愿望是好的，可那些持这种伦理观点的人们认识到面对生物技术的发展使自然及人的本质所受到的威胁。这第二个伦理观点是世俗伦理没有考虑到的，上述认识的前提是相信上帝的存在上帝创造了人，上帝赋予人的性质，上帝创造了自然及本质，主宰人类世界，除非科技是上帝创造的，任何科技不能影响上帝创造的秩序。

宗教从设想研究的将来负面结果开始，回溯到现在的状态，去估计是否当代的科学可以朝向将来发展。如果技术的使用使我们朝向"美丽新世界"，我们还不停止对新的技术使用，我们将走向"美丽新世界"这是"滑坡论"或"允许骆驼的鼻子在帐篷之下，然后它就会进到帐篷之中"的论述。一旦我们迈出第一步，例如发展干细胞，我们就不能防止将来那些破坏性技术的发展，最终，我们会做出不道德的事情，并后悔我们的先前行动。例如，一些人说损毁干细胞，将损害公众良心，减少社会对人类生命的尊重，这将违背我们人性的基本标志。

然而，对另外一些人来说，这不道德的一步不是间接和最终的，而是直接的不道德，即第二个框架里还有第二种论述，这个论述指出，使用干细胞技术违反人的本质的基本方面，不是简单的结果问题，而是直接侵犯了人和自然的重要边界。例如，一些人论述到，体外培养一个卵子是"不自然的"，因此是错的，克隆技术给了我们深深的不一致、不自然的感觉，我们的道德判断应该考虑到这种不一致和不自然的潜意识感觉。

上两个辩护认为，任何对基因的操纵，即使是为了提高人们的健康水平，也都冒着违背我们神圣的内在本质的危险。这些技术操纵反映了人类的骄傲和傲慢。伦理议程的中心应该是禁止人类的科学家以保护我们的社会为名扮演上帝。人类不要认为可通过遗传技术完善我们自己。与此相反，我们应感谢赠与我们人生活的自然，认识到人类的局限和不完善。

（三）医学利益

医学利益观点提醒我们注意再生医学可能给人类带来健康和安好。应该说没有几个人怀疑人类胚胎干细胞研究对医学的巨大前景。与其他两个观点比较，这个观点以一个对将来的美好前景开始，将我们带到了现在的状态，提出了生物医学科学以什么样的方法帮助我们达到美好将来这个问题。

神学用世俗的生命伦理学原则"有利"或"行善"来为其辩护，这个原则认为我们有道德的责任去追求善。干细胞研究似乎是一个得到善的好办法，人类胚胎干细胞有再生人器官和组织的潜在性，至少在将来是这样。而且再生医学的研究是以实验证实的理论为基础的，这个预言是可信的。缓和人的苦难，延长人的健康的生命，使人类繁荣是赞成这个观点的人的最好理由。

古代希腊的希波克拉底曾说的有利而不伤害，是第一个有关有利不伤害的版本，这两个原则之间的特殊的关系是有利原则是在先的，但与不伤害原则形成冲突。不伤害和有利原则的顺序可以以基督的撒马利亚人的寓言为例，牧师和利末人的行动以不伤害为指导，他们没有对路边的伤员施加另外的伤害，他们只是走过去。比较起来，撒马利亚人的行动是遵循有利原则，他们寻找机会去帮助伤员，他们停下脚步将伤员治愈。这就是为什么许多基督教的医院都命名为好人撒马利亚人的医院的原因。

那些以医学利益支持干细胞研究的基督教教徒认为干细胞研究可以使成千上万的人得以治疗，任何对干细胞研究的拖延都会影响成千上万的人的生活。而且，他们认为反对干细胞研究和应用就是仅以不伤害为原则，等于见到伤员绕着走而不去治疗，违反了去爱和帮助你的邻人的宗教原则。

犹太人伦理学大多数使用的是医学利益观点。犹太人认为人有责任去加入上帝修复和改变一个破碎世界的工作，对科学技术尤其是医学技术提供一个神学的支持。犹太人对圣经的解释包括上帝的使命是去治愈和使世界成为一个更好的地方。犹太人认为上帝的使命并没有完成，正在进行中，上帝的愿望仍然包括使人得到治愈和赎罪，就是说治愈和改善是上帝的指示和工作，因此医学利益观点在犹太人的伦理思维中占有决定性的角色。

犹太人伦理学家伊利奥特·道夫写道：干细胞研究能制造移植器官，有治疗疾病的潜能，至少在理论上，是让人敬畏和有希望的。确实，就我们维持生命和健康的使命来说，从犹太人的观点来说我们有责任加速这个研究。如果从保护胚胎的观点来看，犹太人的传统道德上并不接受精时的胚胎就是受保护的人，他们都认为人格人和灵魂的授予直到 40 天，由于这个信仰，犹太人很少应用胚胎保护理论。

美国穆斯林完全支持干细胞研究。他们大多数人反对人类生殖性克隆，支持用废弃的胚胎做干细胞的研究，有一半人支持催生干细胞用于研究。我们发现在埃及首都开罗、德黑兰科学研究所，都在进行干细胞研究。穆斯林伦理学家没有在保护胚胎的理论中提出伦理问题，也没有阻挡干细胞研究的进展。他们对胚胎状态的认识与犹太人相似，从他们经书中可以知道胎动在妊娠后的 40 天发现。经书在很多地方都写了授予胚胎的灵魂在 120 天。他们的任何例子与罗马天主教授予灵魂时带有尊严都不同，胚泡不被认为是人，使用他做干细胞研究不违反伊斯兰律法。华盛顿的伊斯兰研究所，强烈支持把临床过剩的冷冻细胞转入实验室，实验室认为研究多余的干细胞比丢掉这些细胞要好。

伊斯兰思想很有趣的一点是，遗产的获得取决于直系血亲，所以，遗传学可使用科学决定谁可合法得到家庭的遗产，这一点很重要。这个附加的支持使用剩余胚胎研究干细胞的理由在伊斯兰学术圈里流行着，因为某些伊斯兰人担心生殖门诊的剩余胚胎被移植到陌生人的子宫中，财产因此落于陌生人手中，所以生殖门诊的剩余胚胎用到实验室干细胞研究中，可以保证按遗传物质传递财产，结果，实验室将发现许多干细胞研究的生物材料来源于穆斯林人群。

干细胞研究的更多的伦理问题有：公正问题，干细胞的研究和应用很昂贵，怎么分配资源？这个治疗是否仅提供给富人，怎样使每个人都得到干细胞治疗？正义也关注到妇女，因为干细胞研究需要人卵，取卵是否危及妇女的健康？是否向捐卵妇女付钱，如果付钱是否对贫穷妇女造成剥削？这些问题值得神学伦理学家去思考。另外，为了研究的目的，故意产生干细胞和克隆产生干细胞是否可以？

（四）神学要尊重科学

当代的几位神学家认为保护胚胎的观点不论在神学上还是在科学上都是有问题的。他们认为在科学上说受精卵是人，必须在受精的一瞬间受到保护是说不通的。首先受精是一个过程，没有受精的"那一瞬间"。从受精卵到长成一个婴儿，有许多阶段，是不是每个阶段都要尊重？在这个过程中怎样给予尊重？很明显，受精产生一个新的基因组，然而受精卵可以分裂，也可以成为多个带有同样基因组的个人，两胞胎，三胞胎都可能有同样的基因组。另外，两卵可以同时受孕，再合为一个胎儿，这时他带有两套基因组，称为杂合体。事实上，一些科学家认为杂合体是很常见的。

简单说，从胚胎开始到 14 天，早期的胚胎可以以很多方式分化和结合，一直到 14 天，胚胎植入子宫壁，原始条纹出现，我们可以辨认出一个个体，这个个体将成长为一个孩子。如果具有灵魂，和作为一个个体是受到保护的标准，那就应该从受精 14 天开始，因此有些科学家制定了"14 天规则"并广泛地被接受。

几位神学家认为从科学和神学的理由来看，受精卵有绝对的价值，反对干细胞研究中损毁胚泡这样保守的观点是有问题的。然而，他们知道基督教徒将不会同意他们的观点，因此，他们建议几个原则，相信所有的基督教徒都会肯定这几个原则。这三个原则是：相信真理——承认基督是真理，是人类生活的真谛，承认我们的信仰根植于真理，虽然没有任何信仰可以使我们与上帝分开，但神学的信仰要和科学的真理相一致，在我们更好地了解人的发展后，我们的神学要包含这些真理。以我们的能力去护佑——在我们的世纪，我们要认识到科学和医学有能力去提升人类的健康福祉，基督教在公共政策中的贡献就是护佑，基督教的声音被听到是很重要的，包括医学利益的观点，尽管这个观点受到保护胚胎的声音反对。爱上帝和邻人，努力使人类变得更好，这个圣经的戒律可以被我们直接和间接地应用，间接的是，有思想的基督教徒支持广泛的社会提升正义和平、关照和人类繁荣，直接的是，我们相信基督带着好的良心，支持科学家从事干细胞研究。几位神学家认为，应该仔细地听公众的争议，并分析其道德立场。基督教应该检查上述三个道德观点，看他们的内在逻辑是否一致，是否可以获得真理和神学的支持，是否有一个共同支持的理由。为了社会的发展，基督教有一个对干细胞研究进行仔细的道德分析的使命。①

二　宗教关于胚胎道德地位的观点

宗教的观点最近在世界范围的争议中很显著。

犹太教的观点：按照犹太法典，在胚胎的前 40 天，胚胎像水一样简单。第 41 天直到出生像母亲的大腿一样。为了研究的目的精卵细胞可以

---

① Karen Lebacqz, "Stem Cell Ethics: Lessons from Context", *in Stem Cell Research: New Frontiers in Science and Ethics*, ed. Nancy E. Snow, Notre Dame, In: University of Notre Dame, 2003, p. 91.

在器皿中培育，如果没有好的使用目的，他们可以被抛弃，因为宫外的遗传材料没有机会发展成人类，他们的地位比 40 天的胚泡还要低。而在一个夫妇捐献了胚胎后，我们就得尊重他，因为是用来治疗疾病，所以犹太教是接受干细胞治疗的。犹太教教义写道：我们的传统需要我们使用所有可得到的知识去治疗疾病。

基督教的观点：一个基督教会的基本信仰是人生命的神圣性。人类胚胎的地位与神圣的创造有关。很多基督教的观点和辩护认为胚胎干细胞研究与流产一样，一个胚胎的生命和胎儿的生命是关注的主要伦理学问题。罗马天主教不允许胚胎为了获取干细胞而被损毁，罗马天主教对美国国家生命伦理学委员会的证词中，来自天主教传统的三个代表有不同的结论：医生埃德蒙·裴来格里诺认为正式的教育是：人的生命从一个细胞开始直到死亡。天主教道德神学家玛格丽特·法利（Margaret Farley）和天主教道德哲学家凯文·法利（Kevin Farley）采用天主教传统中的多元观点。法利教授认为：从传统的观点看，允许科研使用胚胎又损毁它是忘记了胚胎是在子宫中生长的早期人类。基督教徒认为受精的瞬间胚胎有了灵魂。而一定数量的天主教徒认为早于脑脊线（Primitive Streak）出现的胚胎不是人，可以使用于某种形式的研究。正统的基督教人认为生命在所有发展阶段都很神圣，只要是没有出生的生命就应该受到同样的保护，因他们有同样的机会长成上帝的形象。建立胚胎干细胞系是以花费人类生命为代价，胚胎即使不是人，也不能为了实验而牺牲。不管目的怎样神圣，建立胚胎干细胞系是不道德的，因为胚胎是会变成人类的人。①

东正教会相信胚胎有一个潜在人的地位，但在正式场合他们从未宣布他们认为胚胎是人。联合基督教会的遗传委员会（The Committee on Genetics of the United Church of Christ）没有反对人的前胚胎研究，包括不反对研究和克隆 14 天前的胚胎生命，但这种研究要接受公众的评价，并在公众的理解和支持下才能进行。他们认为已存在的细胞系可以用于治疗的目的。

穆斯林的道德观点是，胎儿和胎儿的发展在特殊时期有道德和法律的状态。可兰经的段落描述了发展的人格和灵魂的统治。按照可兰经，胚胎

---

① *Eubios Journal Of Asian and International Bioethics*，March 2008，p. 47.

的生命有几个阶段，神从泥土中产生人，造出一个凝块，给凝块造出组织，再造骨，然后用肉覆盖骨骼。可兰经也提到神从精子造出一个凝滴，再造成人形，把灵气吹到人的呼吸中，并给予耳朵、眼睛、心。神对天使说，我要用黏土造人，在我给了他灵气和形状时，你必须尊重他。

可兰经的评论者描述了一个胚胎发展到一个人的过程，首先神造人，然后，在神的指令下，一个道德的人在生物学发展的同时形成。这时，胚胎在子宫的早期是否有法律道德地位的问题提了出来，可兰经认为胚胎发展允许有一个生物人和道德人的区分，因为在一个特殊的点有了灵魂。最终，穆斯林认为干细胞研究使用早期生命阶段的胚胎可以被认为实现了神最低的信仰目的，只要这个干预是为了完善人的健康。

大多数伊斯兰逊尼派（Sunni）学者把妊娠作了一个区分，以4个月分为两个阶段，4个月时灵魂出现，所以，逊尼派法理学家一般允许流产发生在4个月之前，同意胚胎的生命在4个月后应得到承认。

胚胎干细胞研究产生了胚胎道德地位的问题和初始人类生命的问题，回答这个问题依赖于神学传统中的信念。可以看到，犹太教、基督教和伊斯兰教支持大多数形式的干细胞研究，这三个宗教以生命从什么时候开始的教义作为支持的理据。这三个宗教传统都视人类生命是上帝的创造——而且上帝创造一切——也都提供了人类生命神圣性和尊严性的有力证据，有些宗教思想家认为当科学和技术发展时应当更多地思考怎样解决和评估，用基本的宗教信仰和规范是不够的。①

第四节　宗教对克隆人的立场和观点

宗教对克隆人的立场可以分为三类：第一类立场是，人不能扮演上帝。这个立场是以一个神学的观点反对克隆人，基本的主张是人不能超越上帝。第二类立场是，人可以"扮演人类"。这个立场是以一个神学的观点赞成克隆人，基本的主张是人可以"扮演人类"。他们相信克隆人是不可避免的，最好是仔细地制定规则而不是去禁止。第三类立场是，有条件地接受。这个立场由伦理学家的观点组成，他们有条件地接受克隆，但对

---

① Mansooreh Saniei and Raymond de Vries, *Monotheistic Religions' Perspectives on Embryonic Stem Cell Research*, p. 89.

人类克隆的后果给予评估，不是去禁止克隆人，但要制定规则而有所限制。宗教关于人类克隆研究的伦理关注点是：克隆与社会正义；人的尊严、神圣和价值；伤害和问题。

一 宗教对克隆人的立场分类

宗教对克隆人的立场可以分为三类：

（一）人不能扮演上帝

宗教界第一类人的立场是以一个神学的观点反对克隆人，基本的主张是人不能超越上帝。这一类人包括一些教派、官方群体和神学家个人。罗马天主教会主张人类克隆是非自然的，反对神圣的计划。按照神学，人类克隆的出现违背了上帝创造人赋予人类尊严的来源，也违背了上帝创造人赋予人的独立性。梵蒂冈罗马教廷办公室很快地召集会议规定在世界范围内禁止克隆人，认为在婚姻之外产生人的生命违反了上帝的计划。罗马天主教生命伦理学研究所的主任还反对动物克隆，认为只有在为了增加人和动物的重要利益时才允许。南浸会和联合卫理公会派教徒领导人很快地表示反对人的克隆实践和应用。1997 年 5 月 22 日苏格兰教会理事会通过一系列活动，重申他们尊重人类基本尊严和每一个人在上帝之下的独特性，并敦促政府通过一个国际社会广泛接受的不许克隆人类的宣言。苏格兰教会的一个有关遗传工程的伦理组中的一个成员就是成功培养出克隆羊的专家伊恩·威尔姆特（Ian Wilmut），他发表了一些保证不会去克隆人类的文章，以申明立场①

宗教团体用护佑伦理（Stewardship Ethic）的观点解释了为什么不允许克隆人的伦理观念。护佑伦理认为人类要照料上帝创造的一切，对上帝的创造物有可信赖的管理责任。罗马天主教派有一个护佑伦理的版本，即在天主教的传统中，上帝在世界上存在和活动，人被要求去识别上帝创造的神圣性和识别自己的责任。天主教一个重要的传统是自然律传统，这个传统认为自然为人提供了行动的指导原则，自然可被保护和维护，人类应该遵守自然次序，而不是改造自然。②

---

① Justine Burley, John Harris, *A companion to Genethics*, Blackwell Publishing, United Kingdom, 2002，p. 43.

② *Eubio Journal of Asian and Internatioal Bioethics*，Vol. 18（2）March，2008，p. 46.

在克隆羊出现后，美国国家生命伦理学咨询委员会（National Broad Advise Commitee，NBAC）邀请宗教出示的证词和文章，NBAC 觉得这是重要的，因为宗教传统是很多美国公民的道德基础，宗教的教育已经持续几千年了，是思想的重要来源。尽管在多元化的社会里，宗教观点不能决定政策，但政策制定者要了解和尊重关于克隆道德接受性的多元道德思想。①

美国国家生命伦理学咨询委员会关于《克隆人类》的报告用七个条目解释了人以上帝的形象被造，人不能超过上帝的西方宗教传统：人是道德主体生而自主，同时产生了道德责任，包括尊重同等的自由，和他人的主体及人对自己活动的责任；人类都是以上帝的形象创造的所以是基本上平等的，这种平等超越了性别、种族和阶级；人类是相互有关系的，是社会化的生物；人类的多样性，包括性别多样，反映了上帝的形象，提供了不能克隆人的积极辩护；人通过身体显露和表达，不仅仅具有灵魂、意志或智力的本质；作为具体的自我，人类是自然的并不能超越自然；尽管人按上帝的形象产生，但他们的能力是有限的。人类以有限的能力去指导自我活动的过程。②

艾伯特·莫拉泽威斯基（Albert Moraczewski）博士代表国家天主教会议（National Conference of Catholic Bishops）在给 NBAC 的证词中强调克隆人类违反了人类固有的尊严，认为尊严是由耶稣（Jesus Christ）许诺的。按照莫日泽威斯科，克隆人违反了人的尊严，危害了每个人的独特性，提供了一个人工遗传操作细胞核基因组的机会，并可能带着优生学的意图。他反对这个技术的另一个理由是，克隆者使自己的权利凌驾于被克隆者的权利之上，超过了人类对人世的可控范围。③

美国联合卫理公会教堂（The United Methodist Church）和 美国国家教堂理事会这两个宗教还组织了研究小组去探究有关克隆人的政策立场。联合卫理公教堂的小组由教会会员组成，这些会员大多与科技和伦理领域有关，有微生物学家、细菌学家、神经学家、基督教管理者、律师等。几年

---

① Audrey R. Chapman, *Unprecedented Choices - Religions Ethics at the Frontiers of Genetic Science*, Fortress press, Minneapolis, 1999, p. 114.

② Ibid. , p. 233.

③ Ibid. , p. 94.

前，由于基因工程的发展，为了出台遗传伦理的政策，曾组织了类似的一个团体。在多利羊事件公布后，美国国家教堂理事会领导决定成立一个临时委员会，负责起草一个与 NBAC 报告相似的草案，作为几星期后宗教大会关于使用克隆技术的结论。①

宗教用上帝和人的关系说明人类的创造力是有适当极限的。当人们刚开始意识到有克隆人的可能性时，保罗·拉姆齐就以一条格言做出反应："在人没有学会做人之前，人不能扮演上帝。"面对着发展速度惊人的科技，他说在人类的将来，必须知道有很多事情是我们可以做，但不应当做的。桑德拉·威瑟勒（Sondra Whceler）认为制造克隆人缺乏对孩子的尊敬，它动摇了犹太教和基督的信仰：我们的孩子不是我们，也不是我们的，他们最终属于上帝。几个科学家认为掌控克隆技术的人控制了另外一些人，这是不应该的，只有上帝才有这种能力。另外一些科学家指出人类克隆越过了人类适应于上帝的活动。艾略特·道夫（Elliot Dortf）指出，在犹太教传统中，人是正在进行创造活动中的上帝伙伴，如果超越这个创造活动就是扮演上帝。犹太教的传统是倾向于中立的，技术的道德价值依赖怎样使用技术。他指出一系列与克隆有关的一些社会经济的分化，减少人类神圣感，或导致优生学的应用。对于天主教道德哲学家里萨·斯奥威尔·凯西尔（Lisa Sowle Cahill）来说真正的问题是上帝或和自然没有给予人类去干预生命过程的权利。② 拉比·莫赦·特德勒（Rabbi Moshe Tendler）是一个生物学家，在纽约犹太高等大学任犹太医学伦理委员会主席。他指出圣经文献强调了人类的局限，圣经文献将人类比为客人。客人到别人家做客，只能享用人家分配的入住房间，而不能自己重新安排房间。他还指出一些克隆引起的神学问题：克隆技术超过了上帝给予的完善世界的人类训令，超过了人类是由上帝的形象产生的这样一个神圣的性质，克隆提升了自我崇拜（Self – Idolization）。③

---

① Audrey R. Chapman, *Unprecedented Choices – Religions Ethics at the Frontiers of Genetic Science*, Fortress press, Minneapolis, 1999, p. 115.

② Lisa Sowle Cahill, *Theological Bioethics*, *Participation*, *Justice and Change*, Georgetown University Press, 2005, pp. 104 – 105.

③ Audrey R. Chapman, *Unprecedented Choices – Religions Ethics at the Frontiers of Genetic Science*, Fortress press, Minneapolis, 1999, p. 96.

（二）人可以"扮演人类"

宗教第二类人的立场是以一个神学的观点赞成克隆人，基本的主张是人可以"扮演人类"。犹太教、穆斯林教的几位宗教思想家接受克隆人技术，他们相信克隆人是不可避免的，最好是仔细地制定规则而不是去禁止。一般来说，追求科学知识与基督教、犹太教和伊斯兰教传统是没有抵触和矛盾的，对于干细胞研究，宗教思想家从他们的传统上仔细考虑了干细胞对世界的潜在的治疗意义和危害。例如，伊斯兰教学者强调所有的科学发现最终是神决定创造的揭示，另一个伊斯兰教学者认为，克隆是一个神给予人的道德训练和成熟的机会。在一些穆斯林的思想中，主张人可以"扮演人类"是指人类是神创造活动的同伴，人类可以活动地从事增加人类福祉的工作，这个工作可干预早期胎儿的发展，完善人类的健康。按照穆斯林的观点，宇宙的创造者已经建立了世界的因果系统，所有的创造仅仅通过上帝的意志来实现。克隆也是神的一个操作，因此，科学家不会变成神和代替神。根据这个观点，自然世界是可变的，可以以几个不同方式服务于有价值的人和神圣的目标，克隆人类在某些情况下可以看作是人类为了达到好的目的而创造的新技术。

一些新教潜在地接受克隆人类的观点。用新教的模式来解释，人类和上帝是一个伙伴关系（partnership）。人类一方面被上帝创造，依赖与上帝的命运，一方面人以上帝的共同创造者（co - creator）的角色去获得知识完善人类的世界。人类被号召不要"扮演上帝"，但可以"扮演人类"（Play Human），通过人类的自由和责任去创造一个开放的将来。用生殖和基因技术产生克隆孩子，可以表示为人类是有责任地被创造者。拉比·道夫（Rabbi dorff）写道：在上帝创造的过程中，我们是上帝的同伴。犹太教传统强调上帝已经给予人们一个积极的使命去掌管世界。犹太教传统认为掌管世界有两个内容："去工作"（To Work）和"护护"（To Pre-serve），就像亚当和夏娃在花园里工作一样。"去工作"自然是应满足人的需要去完善自然，这个活动是权利也是责任，也包括怎样"治愈"。人的责任还包括平衡人类和神圣活动之间的同伴关系。作为上帝的同伴，人类是完成创造活动中适当的行动者，因此，一个传统的犹太教领导者会同意治疗性克隆。①

---

① *Eubios Journal of Asian and International Bioethics*, Vol. 18（2）March, 2008, p. 46.

一些佛教和印度教思想家也倾向于第二类立场。罗纳德·纳卡苏恩（Ronald Nakasone）是一个佛教思想家，他断定克隆是人类将来使用的技术，重要的问题是怎样扩张我们人类的观点和道德特性。他用一个相互信赖的佛教概念，关注克隆人作为一个活的个体是否像自然生的孩子一样被带着尊严、尊重和感谢去对待。另一个佛教思想家达米安·凯欧恩（Damien keown）认为没有理由说克隆技术不道德。三个印度教徒的文章关注的是当克隆人从一个生命被克隆到另一个生命时，是否会影响克隆人的灵魂和健康完好。宗教学家海夫尼的概念是，人类是一个被创造的共同创造者，做一个这样的创造者，一方面宇宙、生物学和上帝给予了我们形象，另一方面我们有可能使用我们自由和能力去改变历史和演化的过程。①

（三）有条件地接受

第三类宗教的立场由伦理学家的观点组成，他们有条件地接受克隆，但对人类克隆的后果给予评估，不是去禁止克隆人，但要制定规则而有所限制。路德教会（Lutheran）的神学家彼得认为科学并没有证明克隆人违反了上帝给予人类的身份。他关注的是克隆技术可能影响孩子的尊严和加速孩子商业化的倾向。他得出的结论是，克隆技术不是内在的不伦理，而是不智慧，他支持暂时地禁止克隆人，同时寻找克隆的安全性和解决伦理问题的出路。②

特德勒（Rabbi Moshe Tendler）对 NBAC 提供的证词是一个对克隆人的有条件接受。他提出克隆的两个问题：犹太人法律中代际的区分是很严格的，一个克隆人不知他是姐妹兄弟还是孩子，可能产生一个代际的倒置，造成一个遗传规律的大破坏；生命的神圣强调了不要伤害生命，人类克隆可能产生很大危险。尽管提出这两点，特德勒还是提议，对克隆技术最好是规范而不要制止。而且，对克隆技术的限制不要影响胚胎研究，他同意两种情况下的克隆：只留下最后基因线的生物，为另一个孩子提供器官。③

---

① Audrey R. Chapman, *Unprecedented Choices – Religions Ethics at the Frontiers of Genetic Science*, Fortress press, Minneapolis, 1999, p. 105.

② Justine Burley, John Harris, *A companion to Genethics*, Blackwell Publishing, United Kingdom, 2002, p. 40.

③ Audrey R. Chapman, *Unprecedented Choices – Religions Ethics at the Frontiers of Genetic Science*, Fortress press, Minneapolis, 1999, p. 96.

　　几个神学家建议最好努力思考面对克隆技术应该做什么，而不是反对它的应用。南希·墨菲（Nancey Murphy），一个新教哲学家，断定防止私人公司研究克隆人很困难，因此，主要担心的事是我们的文化是否能优先地制定出解决道德伦理问题的规范。路德教会神学家海夫尼思考的是：不是我们克不克隆，而是为什么我们要克隆，克隆有什么好处？[①]

二　宗教关于人类克隆研究的伦理关注点

　　在讨论克隆问题时宗教的独特观点关乎神学，这与世俗克隆研究有区别，但实际上我们见到的有关上帝与人关系的语言是贫乏的。例如，为NBAC 提供证词的 7 个宗教人物中只有一人使用了圣经语言和神学的参考，其他人参考了圣经和神学，但用的是世俗的语言。NBAC 的报告用了一章讲宗教观点，强调宗教有关克隆人方面的观点、立场和结论在是多元的，但宗教社会在克隆争议上的声音有一些共同主题。一般来说，宗教思想家倾向于以更宽的视角和道德框架思考克隆伦理问题，而不是像世俗伦理那样多用个人主义的道德参考框架。宗教关于人类克隆研究的伦理关注点或主题是：社会正义、人的尊严、神圣性和价值、可能的伤害等。

　　（一）克隆与社会正义

　　正义的传统在宗教社会中是很明显的，在评论克隆时，几个宗教思想家都考虑了克隆对社会正义的影响。UCC 传统中特别提及了正义的履行，从社会正义的角度，对克隆人技术是这样看待的："在世界上还存在饥饿，孩子们遭受着慢性营养不良，在世界的人们每天成千上万死于饥荒时，发展克隆技术是为了那些有权势的、无忧虑的和舒适的人，这违反了正义。"在对 NBAC 的证词中认为克隆人可能导致对穷人的剥削，她特别提到要保护妇女、少数民族和吸毒者。

　　宗教伦理学对于社群与人的关系认识超越了世俗伦理学个人主义的观点：宗教伦理学的世界观是个人关系与社群联系，人和社群最终与神联系。几个宗教社会的框架都强调社群和共同利益的重要性。天主教的社会教育很明显地强调制定政策时应考虑比世俗伦理学中自主性原则、个人性及个人自由更多的方面，这些强调典型地被社会制定政策时所应用。凯黑

---

　　①　Thomas Anthony Shannon, James J. Walter, *The new genetic medicinetheological and ethical reflections*, Rowman & Littlefield, 2003, p. 139.

欧曾雄辩地对 NBAC 的报告倡导考虑更宽泛的社会正义，尤其社会上所有的个人和社群都应相互依赖。相似的，塞赫迪娜（Sachedina）认为伊斯兰教的一个中心伦理问题是克隆可能影响人之间的关系。他质问生物技术的发展和创造是否危害人和社群的基础。[①]

（二）人的尊严、神圣和价值

宗教和世俗都关心人的尊严问题，然而宗教的方法不同。世俗伦理的方法用自主来定义人的尊严，对人尊严的侵犯在于限制自主性，缺乏生殖权利选择，个人选择生活的自由等。比较起来，宗教思想家倾向于有一个较宽的人的尊严的概念，超过了自主的定义，凯西尔和莫拉泽威斯基（Moraczewski）认为自主性是一个重要的价值，但是在道德生活中是不足够的，对人格的实现也是不足够的。[②]

宗教有关人类尊严的概念与人是按照上帝形象造出来的这个信仰。从宗教语言我们知道人类是上帝创造的生物，生命有自己的目的，不是为了要满足其他生物的要求和需要而创造。每个人类作为上帝的孩子有内在的尊严，自由地寻求他和她的永恒命运，这个命运与上帝相联系，因此克隆人类是遭到反对的，因为产生这个克隆人可能是为了他父母的目的。像几个宗教思想家写的那样，在父母决定要一个孩子时，他们都希望是一个完善的孩子。但是企图产生一个带有一个特殊的基因组、为了一个特殊的目的设计的孩子，会大大超过了他们所要求的完善的孩子的目的，而是带有优生目的的生育，影响了克隆人内在的尊严，减少了人类神圣感，降低了生命价值。[③]

凯西尔给 NBAC 的证词写道，当前社会有一个危险是将克隆人与商业化结合起来。商品化的意思是把人作为货物对待，作为可以交换的事物，可买，可卖。克隆人将做为工具被更有能力更有权威更高地位的人利用。在市场上，人类的商品化将诋毁人的生命的神圣化特性。[④]

---

①　Audrey R. Chapman, *Unprecedented Choices - Religions Ethics at the Frontiers of Genetic Science*, Fortress press, Minneapolis, 1999, p. 119.

②　Ibid. , p. 98.

③　Thomas Anthony Shannon, James J. Walter, *The new genetic medicinetheological and ethical reflections*, Rowman & Littlefield, 2003, p. 25.

④　Lisa Sowle Cahill, *Theological Bioethics*, *Participation*, *Justice and Change*, Georgetown University Press, 2005, p. 15.

在另一方面，赞成克隆人的几个正式的宗教团体认为克隆孩子作为完全的人类可以被授予公民权。从另一个神学角度他们认为可以克隆人：尽管克隆人会影响他的尊严，但产生的克隆孩子也是人类按照上帝的形象造的，也有独特的精神和灵魂，只要这个孩子也被人爱，没有人认为克隆将剥夺孩子与上帝的关系。

宗教关于人类尊严的概念与世俗伦理的确有区别，但宗教伦理对此没有深入和清楚的解释。我们要问的是：神学意义上人类的尊严与物理身体和身体的完整有关吗？什么是宗教人格的基础，宗教的人格和人的行为之间的关系如何用非二元论和非还原论来定义？这些问题宗教教义并没有很好回答。

（三）伤害和问题

在克隆问题上宗教伦理和世俗伦理的一个区别是世俗生命伦理学家重在考虑克隆会带来什么利益，而宗教思想家表明，应当优先考虑引起的问题和伤害。例如，世俗生命伦理学家鲁斯·马科林（Ruth Macklin）认为，以可能获得利益的人太少为由就关闭所有的研究是不成熟的考虑。比较起来，宗教的思想家倾向于更在意谁可能受害而不是谁可能受益，寻求保护更重要的社会价值，需要限制科学和技术引起的问题。

联合卫公理教遗传研究小组的（The United Methodist Genetic Science Task Force）陈述抓住了防护的假设，提出了下面一系列问题：是否清楚克隆人风险大于利益？人类克隆是否是达到不伤害和利益的最好方法？人类克隆是否伤害孩子、妇女、家庭和父母的利益？在分配稀缺资源上，我们怎样实践上帝的护佑者的义务，钱和人的努力是否应花费在昂贵的研究上？全球各国有什么工具可以用于阻止克隆技术的滥用和剥削人类？社会可以怎样有效地去履行、加强和维持克隆人技术的规范和规章？①

宗教认为克隆对爱情、生育和正常的家庭关系有所伤害，吉尔伯特·梅拉安德（Gilbert Meilaender），瓦尔帕莱索（Valparaiso）大学教授、神学家，发现克隆人是有问题的，因为伤害了婚姻和生孩子的过程，他以圣经作为规范指出：性是为了产生子孙和孩子，孩子应当在婚姻关系中被接纳。他强调人没有自由去制造或重造自己。凯斯（Kass）认为生育是复

---

① Audrey R. Chapman, *Unprecedented Choices – Religions Ethics at the Frontiers of Genetic Science*, Fortress press, Minneapolis, 1999, p. 121.

杂的活动，参与的因素有身体的、情欲的、灵魂的、理性的。克隆人抛弃了生育中的性、爱和亲密，将导致非人类化。①

　　几个天主教的神学家都反思了这个问题。早期生物学发展时，拉姆齐反对人类克隆，也反对使用人工授精这一人工生殖的生物技术，因为技术破坏了性活动的生育目的，违反了人生育的尊严和配偶的联合活动。犹太教和伊斯兰教专家对 NBAC 提出克隆人充当了代际和家庭关系变化的危险角色，凯西尔给 NBAC 的证词写道：单身父母的孩子的出现是人类的一个革命，但要注意父母与孩子之间的生育关系，生殖与社会和个人意义上的关系。大多数宗教思想家都同意，克隆人对家庭关系有一个根本的挑战，南希·杜夫（Nancy Duff）代表了遗传学的新教观点，他认为克隆破坏男女和基本家庭单位的关系是不合伦理的，不能为神学所辩护。②

　　宗教还以孩子的利益是否被伤害去评估克隆的意义，关注对克隆人人类地位和独特个性的危险。宗教反对简单的基因决定论，大多数宗教参与者认识到每一个人是一个独特的表达。基因和环境相互起作用，而不是简单复制，克隆人的遗传结构应当从环境和基因的作用中得到。

　　对于克隆人，宗教担忧虽然他们有独特性但很难建立他自己的同一性，从事克隆人的人也很难尊重他的个性。对独特个性的侵犯，主要在于引起克隆人的心理负担。几个神学家认为克隆人与提供基因的人好似同卵双生者一样，克隆的孩子的基因可能与提供基因的人相同，尽管二人有时间跨度，但克隆孩子生活在他的同胞的生活轨迹中。在这样的情况下，克隆人遭受到一个预期的负担，这个预期的负担会影响他发展自我和人格的自由，用另一句话说克隆人被剥夺了开放将来的权利。基因提供者的先前知识产生了一个预期的压力，影响克隆人对自己身份的定义。在基因决定论的当代文化中这个压力将可能与克隆人的自由需要不相一致，而克隆人需要一个自由发展个人的身份。

　　天主教社团也关注影响克隆可能独特的身体感觉的因素。天主教社团的教材描述了每个人有生物性质也有灵魂，这是一个个人身份的组成和个

　　①　Audrey R. Chapman, *Unprecedented Choices – Religions Ethics at the Frontiers of Genetic Science*, Fortress press, Minneapolis, 1999, p. 117.

　　②　Lisa Sowle Cahill, *Theological Bioethics*, *Participation*, *Justice and Change*, Georgetown University Press, 2005, p. 15.

人生命过程的绝对独特性。在美国的天主教会议上，莫拉泽威斯基提问道，是否一个克隆的成年人很注重他自己的生物学、心理学和社会学的发展，是否这个克隆孩子的生活轨迹在某种方式上被另一个人的生活演绎过？是否父母可以在孩子应该更接近自己形象的诱惑下，冒险克隆孩子以实现自我崇拜？①

宗教建议 NBAC 反对克隆的理由，部分还在于技术缺乏安全性，克隆技术会产生不能预料的心理—社会恶果。UCC 的一个由遗传工作小组（Genetics Working Group）呈上的草案就采用了这个观点，被 1997 年 7 月的宗教会议（General Synod）采纳。除了技术的安全性以外，草案认为，以克隆方式产生孩子满足父母的期待，与孩子或个人的自由不相匹配，与发展一个个体完善的个人身份也不相匹配。②

---

① Thomas Anthony Shannon, James J. Walter, *The new genetic medicinetheological and ethical reflections*, Rowman & Littlefield, 2003, p. 25.

② Audrey R. Chapman, *Unprecedented Choices – Religions Ethics at the Frontiers of Genetic Science*, Fortress press, Minneapolis, 1999, p. 102.

第六章　女性主义遗传伦理观

女性主义一词原意指"妇女解放",最早产生于 19 世纪末的法国,后在英美等国以及世界范围内流行开来。18 世纪的法国大革命直接导致了第一次大规模女权主义运动的兴起。并且在这次运动中产生了最早的现代女权主义流派——自由主义女权主义。[①] 20 世纪 60 年代和 70 年代初的美国经历了一段大分化、大改组的政治动荡时期。民权运动的兴起,促进了受压迫、受歧视的各社会阶层及团体纷纷起来,为争取自身的权益而斗争。妇女运动正是在这一形势下如火如荼地发展起来的。女性主义这个词传到我国是在"五四"新文化运动中,我国最初把它译成"女权"或"女权主义",1995 年联合国第四次世界妇女大会前后,我国学者根据 20 世纪西方妇女解放运动的发展,开始把它译为"女性主义"。[②] 我国的女性主义运动早在明末清初就发展起来了,1995 年联合国第四次世界妇女大会后,形成了女性主义研究和实践的高潮。[③]

第一节　女性主义伦理学

在西方女性主义发展的历史上演化出形形色色的女性主义,如激进女性主义、自由主义女性主义、社会主义女性主义、马克思主义女性主义、精神分析女性主义、生态女性主义、无政府主义女性主义、同性恋女性主义、后现代女性主义等。虽然伦理学的女性主义进路全都是以妇女为中心

[①] 张广利、杨明光:《后现代女权理论与女性发展》,天津人民出版社 2005 年版,第 15 页。

[②] 鲍晓兰主编:《西方女性主义研究评介》,生活·读书·新知三联书店 1995 年版,第 73 页。

[③] 邱仁宗等主编:《中国妇女与女性主义思想》,中国社会科学出版社 1998 年版,第 114 页。

的，但它们并没有将单一的规范标准强加给妇女。相反，它们向妇女提供种种说法，确证她们的道德经验，指出了给传统文化贴上"女性"标签的那些价值和德性的优缺点。而且它们向妇女提出了通向一个目标的各种各样工作方式，这个目标就是性别的平等，或者"性别公正"，或者消除社会性别不平等，这是女性主义伦理学的基本目标。①

可以这样来理解女性主义：女性主义是思想文化领域的一种学术视角。女性主义即是抽象的思想意识，又是具体的政治纲领和政治策略，女性主义是一种策略，一种决定我们思考与行为的生活原则。中国研究女性主义的学者认为，总的来说，女性主义定义可以从广义和狭义两个方面来概括。从广义来看，它应当包括三个层面：政治层面、理论层面和实践层面。在政治层面上，女性主义是一种社会意识形态的革命，一场提高女性地位的政治斗争；在理论层面上，女性主义是一种强调两性平等，对女性进行肯定的价值观念、学说或方法论原则；在实践层面上，女性主义是一场争取女性解放的社会运动，女性主义实际上是这三个层面的集合体。女性主义可以概括为以消除性别歧视、结束对女性的压迫为政治目标的社会运动。以及由此产生的思想和文化领域的革命。女性主义者指真诚地投身于这一社会运动，参与其思想文化革命的任何男女。从狭义来看，女性主义就是以性别视角来看待和分析事物的世界观和方法论原则。②

一　西方女性主义的观点和视角

美国女性主义运动浪潮可分为两个：第一次女性主义运动浪潮的政治目标是男女平等，争取妇女在政治、经济、法律等一切领域的合法权利。第二次女性主义运动浪潮深入到了意识形态领域，向各个领域中的性别歧视提出挑战，试图建立一种女性主义理论。也可以说，第一阶段的女性主义者试图用伦理学来帮助女性主义，而第二阶段的女性主义试图用女性主义来帮助伦理学，要以女性主义补充、修正和建构伦理学理论。③ 在第一次女性主义运动浪潮中，激进女性主义者的观点有些过激和不切合实际，

---

① 邱仁宗主编：《生命伦理学——女性主义视角》，中国社会科学出版社 2006 年版，第 66 页。

② 肖巍：《女性主义教育观及其实践》，中国人民大学出版社 2007 年版，第 4 页。

③ 肖巍：《女性主义关怀伦理学》，北京出版社 1999 年版，第 67 页。

但在梳理女性主义各派别的思想过程中，从这一派别切入，有利于我们对女性主义立场和发展脉络有一个渐进的了解和把握。当我们把研究的重点转向第二次女性主义运动浪潮和第二阶段的女性主义关怀伦理学时，我们便会了解到女性主义的理论已经非常理性并具有重大意义。

激进女性主义者认为男女不平等是由生理性别差异造成的，并将女性的低下地位归咎于女性的生理结构，他们认为，妇女并不仅仅在资本主义制度下才受压迫，而是在任何经济社会制度中都发生着压迫妇女的现象，那么妇女受压迫的原因只能是妇女的生理结构。这一生理结构导致妇女认为自己应当去做那些从属于男性统治的事情，其中最主要的原因是妇女的怀孕、生育、带孩子等。因此只有通过诸如避孕技术、试管婴儿、人工授精及无性繁殖这类科学技术的进步，把妇女从生育这一压迫她们的生理功能下解放出来。舒拉米斯·费尔斯通（Shulamith Firestone）是这一观点的代表人物，她提出重建生育生理机制，用技术使生育得以在女性体外进行。这可以称为改变生育机制论。[①]

激进自由派女性主义者宣称，生物性的母亲身份使妇女在身体和心理上都精疲力竭。她们说，妇女应该能够根据自己的主张，自由运用旧的生育控制技术和新的生育辅助技术防止或终止不希望发生的妊娠，或者利用那些技术作为选择手段，使她们在想要孩子的时候拥有孩子（更年期前或后），决定如何怀孩子（自己怀孕或者请代母怀孕），跟谁有孩子（和男人、女人或者独自拥有）。某些激进自由派的女性主义甚至走得更远，她们盼望这一天终能到来，这时人们能够在人工胎盘上进行体外受精，由体外的人工培育完全取代自然的妊娠过程。激进自由派女性主义者确信，妇女越少地介入到自然生育过程，她们就有越多的时间和精力参与到社会生产过程里。与激进自由派女性主义者形成对比的是，在激进自由派女性主义者认为，妇女应该以人工生育方式替代自然生育方式的时候，激进文化派女性主义者却认为，生物性的母亲身份是妇女力量的终极源泉。自然生育对妇女才是最有利的。正是妇女决定着人类物种是否延续，她们决定着生死存亡。妇女必须保卫和赞美这种赋予生命的力量，因为如果没有它，男人对妇女尊重和需要甚至会比现在还要少。妇女力量的终极源泉正

---

　　① 张广利、杨明光：《后现代女权理论与女性发展》，天津人民出版社 2005 年版，第 23 页。

是在她们孕育新生命的力量中。剥夺女人的这一力量，就等于拿走她的王牌，让她两手空空，在男人的权力面前完全脆弱无措。①

上述是激进自由主义派女性主义者费尔斯通认为：女性屈从和男性统治这种性/政治的意识形态，它植根于男女的生育角色。仅仅在性/社会性别制度方面做这种改良是不够的，应该进行更有力的变革，这才能使妇女（和男人）的性摆脱生物学的生殖动机，使妇女（和男人）的人格从社会建构的、强求一致的所谓"女性主义"和"男性气质"的监狱里解放出来。应该发动重要的生物学革命和社会革命来促进人类的解放。不但人工（子宫外）繁殖必将替代自然（子宫内）繁殖，志愿的家庭必将取代传统生物学意义上的家庭；在志愿家庭里，其家庭成员因为友谊的原因，或仅是因为方便而互相选择彼此，而传统的、生物学意义上的家庭则是通过它的成员基因的彼此连接而建立起来的。②

激进自由派女性主义者反对生物性母职的例证。一种比较和缓、更宽泛的批评出自安·奥克利（Ann Oakley），她反对生物性的母职，反对母职所基于的三重信仰：凡女人都需要做母亲，凡母亲都需要自己的子女，凡子女都需要自己的母亲。而且认为男人女人都能在养育孩子的过程中起到重要作用，孩子真正需要的是可以与他们建立起亲密关系的成年人。③

绝大多数的古典规范政治理论，试图将政治的领域划分为公共领域和私人领域，家庭的领域则属于后者。之所以有这样的区别是因为家庭是负责生、养、育工作的所在，它的特性是琐碎的、复杂的、现世的、主观的、情感的、片段的，而且千篇一律是由女性负主要责任。显然终日将精力花在生育养工作的女性，不太可能从事其他方面的生活管理。政治理论家从而将其他方面的生活管理视之为一种公共的领域，而且相信，当男性在公共领域活动的时候，必须能够摆脱私人领域里生、养、育的杂务，才能够客观地静下心来从事理性的沟通和交流。为此，当代的一些女性主义者，积极主张要将家务分工"政治化"，力图让人认清公私领域的划分前

---

① ［美］罗斯玛丽·帕特南·童：《女性主义思潮导论》，艾晓明等译，华中师范大学出版社 2002 年版，第 4 页。

② 同上书，第 76 页。

③ 同上书，第 112—114 页。

提上是将家务工作予以"女性化"。① 她们承认男女在生物性别（sex）上的区别，但又认为他或她们各自的本质至少并不完全是生物上决定的，所以还引入"社会—文化性别（gender）"的概念。对政治两分法分析后，女性主义基本相信，这种公私领域的划分以及家务分工的女性化，是性别化的，它使女性边缘化，把女性从公共领域的排斥出去。对此，应对的方法有多种，比较温和的，是希望男性也能在生育养的家务工作上与女性分担责任。比较激进的做法，则认为应该将家务上的生育养工作完全予以社会化，从而使妇女能够完全从家务当中解放出来。还有人主张家务应予以"市场"化，妇女在生育养工作上所负的责任，社会要予以金钱上的报偿。②

大多数激进文化派女性主义者提醒妇女，男性性欲在本质上就是有问题的，女性应该予以拒绝。她们指出，男性的性欲特征是被欲望驱动的，不负责的，以生殖器快感为取向的，恶性的。而女性性欲特性本质上是无声的、散漫的，以人际交流为取向的、良性的。激进文化派女性主义者强调，男人在性里希望得到的是"权力和性高潮"，而妇女要的是"互惠和亲密关系"。她们作出结论说，我们所知道的父权制社会内部的异性恶对妇女来说是灾难。异性恶的性是男性统治与女性的屈从，它是为色情作品、卖淫、性骚扰、强奸、虐待妇女和打击妇女而设置的舞台。因此，根据激进文化派女性主义的观点、妇女解放的关键是铲除"所有的父权社会制度"（举例来说，色情、工业、家庭、卖淫以及强制性的异性恋）和所有性对象化的性实践（虐恋、在公共场所寻找性伴、成人、儿童性关系和扮装男、女同性恋关系）。③

从女性主义知识论出发的话，传统哲学界的研究立场重复了刻板印象中的男女对比。早在希腊时代，古人就把女人与世俗的、细琐的、短暂的情绪相连，而男人则属于抽象的与理性的范畴。西方传统的政治理论家，惯于把男性视为理性的象征，女性则代表感情。男性是正式的、

---

① 石之瑜、权湘：《女性主义的政治批判——谁的知识？谁的国家？》，台湾正中出版社1994年版，第23页。

② 邱仁宗主编：《生育健康与伦理学》，北京医科大学中国协和医科大学联合出版社1996年版，第197页。

③ ［美］罗斯玛丽·帕特南·童：《女性主义思潮导论》，艾晓明等译，华中师范大学出版社2002年版，第92页。

逻辑的、外在的，女性则属于表面的、矛盾的、内敛的。两相比较，男性具有内在自主性，女性则属于附属的、依赖的。男性是独立的、重视分析的，而女性却是被动的、重视容貌的。男性积极富竞争性，女性则脆弱无助。①

某些激进文化派女性主义者认为：问题不在于有女性气质或女性气质本身，而在于父权制分配给那些女性气质特点的价值不高，例如"温和、谦虚、恭谨、支持、同情、怜悯、温柔、爱抚、直觉、敏感、无私"，这些女性气质的特点价值都不受重视；而更高的价值则被指派给了男性气质的特点，如"决断、进取、坚强、理性或逻辑思考、抽象思考和分析能力，还有控制情感的能力"。她们宣称，如果社会能够学会像重视男性气质一样重视女性气质，妇女的受压迫将成为不愉快的回忆。另一些激进女性主义者不同意，她们坚持说：女性气质本身就是一个问题，因为它是被男人建构出来，为父权制目的服务的。为了得到解放，妇女必须给女性气质以新的女性中心的意义。女性气质不应该继续被理解为那些与男性气质相悖的特质，相反，女性气质应该被理解为一种存在方式，它不需要外在的参照点。②

自由主义女性主义在论证了男女具有同等的理性和能力的基础上，提出男性和女性应当在社会生活的各个方面有平等的权利和同等的发展机会。自由主义女权主义的主要策略是强调男女两性的相似性，通过消除男女两性间的差异来实现男女平等。到 20 世纪 80 年代，自由主义女性主义的观点发生了某些转向，认为目前对女性产生危害的不是把女性定义为妻子、母亲、干家务的人，而是现在女性主义者提出的女性人格中的核心不用通过爱、抚养、家庭来实现的观点，因而从追求同样的平等转变为在差异中求平等。20 世纪 70 年代末，激进女权主义不再否定男性，而是在强调男女两性之间的生理差异，提出尊重女性的特殊生理特征并主张对女性应采取必要的保护性措施。③

----

① 石之瑜、权湘：《女性主义的政治批判——谁的知识？谁的国家？》，台湾正中出版社 1994 年版，第 111 页。

② ［美］罗斯玛丽·帕特南·童：《女性主义思潮导论》，艾晓明等译，华中师范大学出版社 2002 年版，第 3 页。

③ 张广利、杨明光：《后现代女权理论与女性发展》，天津人民出版社 2005 年版，第 16 页。

二　中国女性主义的观点和视角

纵观西方女性主义的各种派别，初涉女性主义理论的学者会发现，许多女性主义的观点产生于西方欧美社会的社会背景中，某些派别的观点又相当过激和不切实际。不知这样的女性主义能给中国带来什么样作用和启发。因为从表面上看，在中国这个社会主义国家里，妇女的地位似乎比较高。中国常说的一句话是："妇女能顶半边天"，这句话众所周知，意义深刻。中国妇女在各条战线上，在各个领域都发挥着重大的作用，她们的成绩在一些领域超出了男子，以致有人惊呼"阴盛阳衰"。中国是社会主义国家，已经取消了私有制，用马克思主义女权主义的观点，只有私有制是妇女受压迫的根源，只要女奴仍然被排除于社会的生产劳动之外而限于从事家庭的私人劳动，那么妇女的解放、平等都是不可能的。这种理论将男性对女性的压迫，透过在生产关系中的主导位置来解释，似乎社会主义政权建立后，无产阶级成为了统治者，则性别之间的歧视与差异也应当逐渐消失。[①]

现代中国在解放女性的诉求上，通常是旗帜鲜明的。两性平等意识形态的高举，有利于人们认清社会上性别歧视的现象，也鼓励女性能自觉地正视自己新获得的解放机会。而且，社会主义国家有许多积极的福利政策，的确有效地舒缓了妇女在生育养工作方面的一些负担。为了使两性在生产关系中的位置趋于平等，国家通常有意识地让妇女进入职业工作场合。妇女进入工作场合可以打破传统上男主外，女主内的刻板印象，从而使公与私之间的界限变得模糊。

然而，深入了解和仔细分析我国内在的一些状况后，发现所谓两性平等或妇女解放的实现不过是一个想象而已。首先，据调查女性得到工作的比例少于男性，男孩子与女孩子的工作机会也不平等。一些妇女进入生产工作后因工资低于男性而成为廉价劳力。其次，福利政策的发放，是依附于工作岗位上的。尽管大多数妇女，尤其是劳动的妇女，为了生存，早就在外工作了，但她们大都干的是低收入的体力劳动。这些工作既不能改变她们依赖男人的地位，又无法使她们在经济上独立。同时妇女们在生育养

---

① 张广利、杨明光：《后现代女权理论与女性发展》，天津人民出版社 2005 年版，第 28 页。

方面的责任并未减轻，妇女夹在养育、家务与工作三重压力之间，倍感辛苦。①

　　研究发现，女性在改革开放之后，在市场上能够获得一些新的工作机会，但是她们的工作项目绝大部分是传统上与女性形象相关的，包括如健康、医药、纺织、教育等部门。女性在国家福利最好的大型国营企业当中所占的比例极低。在领导和上层地位的比例很少。对于想要到市场中求职的农村女性而言，她们最容易找到工作的地方是乡镇集体企业。经济改革及对妇女的歧视非常明显，市场化的经济和私人企业的兴起，大多追求利润的资产积累方式，使身体上处于劣势的妇女群体，工作的机会越来越少，工资越来越低。在国家和私人的企业中，女性退休的年龄也大大低于男性。刚刚毕业的女大学生找工作越来越困难，失业率很高。伴随着经济的发展，近1亿多农民工从农村移到了城市。在男性离开农村从事商业活动时，留在农村的女性大部分变成了耕田种地的劳动力，家庭地位相对降低。除了女性流动人口的工作和社会地位较低以外，一段时期内，女性流动人口没办法加入医疗保险，甚至不受国家计划生育的控制，她们可以在传统家庭的压力下通过私人诊所或更多的渠道去生育男孩。

　　女性在生育养工作上的传统角色，使他们在公共领域中的不利地位为人遗忘，实际上在经济意义上说，她们在市场中是作为支援者的次要角色。这些现象束缚了女性在市场上竞争的能力，在讲求快速流动的劳动力市场上，女性因为生、育、养的责任、五十五岁要退休，而无法像男性那样不受家庭的羁绊在社会上可自由流动。如果女性试图摆脱社会连带关系从事公共领域的活动，一旦成功，多会被指称为是因美色而成功，或因不理家务而被指责为带有贬义是第三性的女强人，没有了女性特征和气质。现今社会的女强人是指那些能像男人一样叱咤风云的女人，说穿了就是不像女人的女人。有些积极参与政治活动的男性社团领导人，会公开表示自己从来不上菜市场，也没有兴趣。在这些人的观点中，女性是依附者，但他们都未曾想到，倘若没有女性在从事食品、教育、纺织、侍者等职位，在公共领域中领导与消费的男性根本不可能从容地领导或消费。②

---

　　① 石之瑜、权湘：《女性主义的政治批判——谁的知识？谁的国家？》，台湾正中出版社1994年版，第63页。

　　② 同上书，第256、399页。

　　改革开放之后的社会发展不但证实了儿子不但比女儿好，而且要好得比以前多很多。① 更为严重的是，中国的改革开放打破了"半边天"的神话，使女性重新成为被利用和欣赏的对象。最明显的例子就是改革开放以来出现了暴力、卖淫到拐卖女性、色情业等特种行业，在特种行业中性别歧视的表现是将女性身体当成男性欣赏把玩的对象，女性在被物化的过程中换取金钱。我们还要看到妇女受压迫的种种方面：受剥削、被边缘化、无权、被强奸、婚内暴力和乱伦、保姆、女大学生、农村妇女计划生育、生殖健康、生育权利、外来女工的安全与健康、女性的家务劳动和家庭地位，等等。

　　在寻求妇女解放的途径问题上，现代女性主义主要从解决实际问题出发，具有较强的政治性和实践性，而后现代女权主义主要从文化和思想的角度进行探索。② 中国的女性主义在"市场"的条件下，反对贫困，反对对妇女和儿童权益的侵犯（包括童工），反对经济和社会的两极分化，反对腐败、拜金主义和文化价值的商业化，主张大力加强教育投资特别是解决农村女童失学问题，主张平等就业，公共医疗要包括对妇女健康的保障，主张环境保护，等等。女性主义从她们的视角能够唤起我们的注意，要求我们不仅要注意社会性别问题，而且要注意社会中其他许多结构、制度、文化歧视和不公正。女性主义从许多不同的学科和角度有力地证明不是生物学，而是社会文化和历史决定了妇女较低的地位。

　　女性主义的分析和观点是十分犀利和有独到性的，对我们很有启发。比如：女性主义者指出，一般社会对强奸的惩罚是建立在私人财产不可侵犯的信条之上的。女人的性和身体是属于男人的。处女属于父亲，因此同未婚女子发生性关系就侵犯了父亲的财产权。女子婚后属于丈夫，同已婚女子的性关系侵犯了丈夫的财产权。强奸法从根本上说是保护男性利益的。正是由于女人的性是男人财产的观念，在强奸法上才有了"强奸未遂"的字样，以女性性器官是否被侵犯作为衡量遂与未遂的标准。其实，得逞的

---

　　① 石之瑜、权湘：《女性主义的政治批判——谁的知识？谁的国家？》，台湾正中出版社1994年版，第257页。

　　② 邱仁宗主编：《女性主义哲学与公共政策》，中国社会科学出版社2004年版，第100页。

和未遂的强奸对女人心理上造成的损害同样巨大，应受到同样的制裁。①

　　女性主义者还尖锐地指出，所谓国家安全的观点基本上是男性而非女性的。由于国防部门、军事部门对于女性的轻视，使得女性经常成为占领军的战利品，或奸淫掳掠的对象。为了激励自己的士兵奋勇作战，国家必须把敌人形容成无恶不赦，会侵入家园并奸淫妻女的恶魔。这种用女性在战场上受害角色来激励男性作战的方法，使人们认为女性是战争所要保护的对象，结果虽然战争本身对女性的侵害极大，女性竟被视为是受益者。女性主义心理分析家还深刻地指出，由于男性在生育养活动当中只扮演边缘的角色，使得男性在定义自己生命意义的时候，不能像女性一样用面对生命的方式了解自己，而必须转个头，用面对死亡的方式来定位自己。这也是为什么在所有文化当中，对于男性价值的描述特别强调英勇的气质；男性必须面对死亡的考验，证明自己无惧于死亡，才能够创造出属于他自己的生命。这种死亡考验所带来的生命意义，必然是抽象的、道德的、让人摆脱繁琐的生育养杂务，满足男性心理需要。女性主义这种对男性人格的分析可谓是淋漓尽致。②

　　女性主义还认为，当代公共政策分析的模型反映男性气质颇多，像是对理性与客观分析的强调，带有浓厚的个人主义与自我中心色彩。他们质疑短期的、依附的、机会性的权宜安排，力图把社会团体之间的互斥行径纳入程序规范，极度依赖物质中心的利益分析与策略分析。而女性主义重视主观情感，鼓励公共政策的决策者、执行者与政策对象之间在不同的观点中寻求相互理解，反对所谓个人主义、理性主义所形成的政策，重视微观的知觉与历史背景，并呼吁民众参与。女性主义这种对政府服务对象的关切，重视微观的具体的成长经验与包容性的政策立场，是男性主流公共政策分析中所看不到的，也是女性主义最大的贡献所在。③

第二节　女性主义关怀伦理学

　　美国第二代女性主义学者认为传统伦理学中缺少一种女性主义视角。

---

① 鲍晓兰主编：《西方女性主义研究评介》，生活·读书·新知三联书店1995年版，第9页。

② 石之瑜、权湘：《女性主义的政治批判——谁的知识？谁的国家？》，台湾正中出版社1994年版，第152页。

③ 同上书，第109、129页。

作为对西方道德哲学以男性经验为规范的回应，一些西方女性主义伦理学设法从妇女经验为出发点，发展了关怀伦理学。关怀伦理学出现于 20 世纪 70 年代。当代女性主义讨论的关怀伦理学是建筑在女性主义视角上的，它也使用权利语言，但更关注社会情境。它肯定女性独特的道德体验，强调人与人的情感、关系以及相互关怀，认为需要把人的认识和情感结合起来。女性主义关怀伦理学强调的是整体论、和谐以及复杂性，而不是简化论、统治和直线性。女性主义关怀伦理学的目的在于：重新解释传统伦理学，把它们的边界伸延到女性及女性主义领地，寻求以关怀和责任补充、修正传统的公正伦理学；不把理性与情感，自我与他人，自然与文化区别开来。关怀是基于现实伦理关系的，由道德情感、道德认识、道德意志的行为构成的一种德性。①

一　吉利根的关怀伦理学

关怀伦理学是由心理学家、哈佛大学的卡罗尔·吉利根（Carol Gilligan）《不同的声音》（1982）一书引发的。书中吉利根重新思考和评价女性及其道德发展，对女性道德发展进行了研究。根据她的实验研究报告，通过对女性深入的会谈，吉利根在一系列女性心理状况记录中得出结论，男人和女人得到的推理是不同的。女人的道德发展指向人际关系，并以此为基础。女孩子和女人的道德发展同男人的发展相比具有实质性的差别。女性往往把道德的两难推理构思为人际关系与责任义务的冲突对抗，而不是抽象的权利与伦理原则的矛盾冲撞。男孩子和男人们的道德决定往往求助于抽象的伦理原则。男女更深的差别在于：女性的行为极易被爱的感觉和对人的具体情感所支配；男性则倾向于坚持主张正义的道德理性。② 她的若干研究结果表明，女人的道德推理显示出"相互冲突的责任"意识，"而不是发自竞争的公理"这样的认知能力"决定了它是一种与周围关联的叙述性的思维模式，而不是有条理的、抽象的思维模式"。女人的"道德概念""注重关爱的行动"，并且"道德的发展围绕着对责任和关系的理解，而男人的道德概念注重公平，对他们而言，道德的发展是与人对权

---

① 邱仁宗主编：《女性主义哲学与公共政策》，中国社会科学出版社 2004 年版，第 273 页。
② Ruth Chadwick，邱仁宗主编：《生命伦理学——女性主义视角》，中国社会科学出版社 2006 年版，第 298 页。

利和规则的认识分不开的"。吉利根称女性的道德为"责任道德",与之相对应的是男性的道德为"权利道德",后者立足于"对分离而非联系的强调",立足于对"个体而非基本关系的思考"。对于女人来说,"道德对话的维护决定于持久的人际关系,决定于人际关系网络能否不受损害"。"隐藏在女性关爱伦理之下的是心理学上的人际关系逻辑,它同正规的男性公平逻辑形成了鲜明的对比,后者传递的是公正的方法"。①

　　吉利根进一步根据自己的经验研究来说明存在着关怀和公正两种伦理视角。从下面例子中我们可以发现关怀和公正两种伦理视角的区别。这个事例是,吉利根要求参加访谈的青年人描述自己的道德困境。一个与自己父母宗教信仰不同的年轻人在访谈中强调的是,"我尊重他们的信仰,但我要坚持自己的宗教信念"。然而,另一青年人则把自己的同一困境建构成依恋问题。在信仰不同的情况下,他的道德问题变为如何对自己,对朋友,对父母作出反应,如何保持和加强联系的问题:"我理解他们对我的宗教观念的担心,但他们也应当倾听我的声音,理解我的宗教信念。"从这两个青年人对同一困境做出的两种不同的陈述,吉利根看到,两人使用的道德语言意味着有不同的道德关切。第一个人根据个人的权利来建构问题,认为在关系内必须尊重相互的权利。而在第二个人的思考中,关系成为思考的对象,关系被看做需要倾听和理解不同信仰者的心声,侧重的是关怀和倾听。②

　　这样,吉利根从心理学角度,在对自我以及道德发展的研究中发现了"关怀"的声音。她提出,关怀在女性道德判断中呈现出三个水平:其一,自我保存。对女性来说,自我保存是最重要的,这是因为她们感到自己是孤独的。其二,自我牺牲的善举。从这一水平来看,道德判断取决于共同的准则和期望。这时的妇女通过接受社会的价值观念证实了自己成为社会成员的合法身份,开始把善举等同于对他人的关怀,即以关怀和保护他人的能力来定义自己的价值。其三,非暴力的道德。此时,关怀、不伤害和非暴力成为一种普遍的命令和道德判断的原则。吉利根试图以这种道

---

① [美]约瑟芬·多诺万:《女权主义的知识分子传统》,赵育春译,江苏人民出版社 2003 年版,第 243 页。

② 肖巍:《女性主义关怀伦理学》,北京出版社 1999 年版,第 108 页。

德发展观同以往的"男性"道德发展模式区分开来。①

关怀伦理学尝试为传统伦理学研究提出新的方向。在重新思考传统伦理学后，关怀伦理学提出与传统的"公正"伦理学不同的"关怀"伦理学方向，对传统伦理学的核心概念进行重新解释，如道德中的自我、自主性等问题，打破传统伦理学区分出公共领域和私人领域的二元论，接受"个人就是政治"的口号。关怀伦理学摒弃传统公正伦理学中的利己主义、个人主义（功利论）、原则与权利、主观唯心论的直觉，代之以强调关系和关怀。虽然个人主义一直被视为美国政治、经济、文化、社会发展的思想基础。但不能忽视个人主义把人抽象化后的结果。这种抽象化掩盖了现存的人与人在阶级、种族等方面不平等的现实，引导人们从"自然的"和"生理的角度"，而不是从社会的和人为的角度去寻求不平等的根源。在女性主义不再追求"像男人那样做人"的今天，女性主义将立足点从个人主义移到集体主义这边来，把妇女问题放到社会现实中来考虑，这样才不至于陷入置广大妇女利益于不顾，只为少数妇女服务的误区。为了男女平等的长远目标，女性主义必须摒弃抽象化的个人主义自由独立目标和以男人自我为本的谬误。

关怀伦理学很有它的道理，因为每一个道德困境是特殊的，独一无二的。在这些情境中，所有的人都有自己的认同，自己的生活历史、情感、感觉和关系，道德情境存在于特有的历史和社会背景之下，它们注定是由时间和地点决定的。妇女的反应和关怀的道德评议始于一个完全不同的视角。关怀和关系出现在特有的和具体的人们中间。妇女的道德强调具体的情境、关系网的关怀，人与人之间的交流，不伤害他人，以及反应性。例如医生在治疗乳腺癌时，不仅要把握一系列复杂的技术，也应懂得这种疾病对这位妇女意味着什么。② 但吉利根并没有以关怀伦理来否定公正伦理，而是着重论述了两者的关系。认为这两者分别代表了道德选择和道德判断的两种视角，道德发展上的两种方向。相互平等和依恋的理想的道德关系为公正伦理和关怀伦理的存在奠定了基础。公正伦理要解决的是不平等问题，关怀伦理欲解决的是分离问题。公正伦理在强调个人权利、自

---

① 肖巍：《女性主义关怀伦理学》，北京出版社 1999 年版，第 22—23 页。

② 鲍晓兰主编：《西方女性主义研究评介》，生活·读书·新知三联书店 1995 年版，第 66 页。

主、独立的同时拉开了人与人之间的距离，关怀伦理则以人与人之间的相互依赖缩小和消除这种距离。① 在一篇意义重大的文章中，吉利根通过剖析苏珊·格拉斯佩尔（Susan Glaspell）的著名小说《她的同事组成的陪审团》把她的理论放置在特定的语境中。在小说里，两个女人得知她们的女邻居因长期遭受情感虐待而杀死了丈夫，她们综合考虑了该事件的背景细节，然后采纳了一种公允的观点，如果他们依照普遍化的、中立的道德标准就无法做到这一点。吉利根通过关怀伦理学认识到，在这一事件中，真正的罪犯是"冷漠"；也就是说，这个女人被亲属和社会放弃了。两个女人为她们自己没有尽到邻居的责任，没有尽早照顾那个女人，没有发现她所承受的绝望和孤独而内疚。两个女人在集中思考了这件事的叙事语境后，做出了一个道德判决：宽免她的罪责。吉利根认识到如果依据绝对的公正原则：一切杀人都是有罪的，这样的道德判决结果就不可能产生。换句话说，关怀伦理要求人们考虑具体环境中的偶然情况，在这种伦理中，权利差别植根于阶级、民族、性别和种族的差异，个人的历史不能被忽略。我们可以确切地说，关怀伦理学做出的道德、政治裁决的要素，具有相当的重要性。②

二　诺丁斯的关怀伦理学

像吉利根一样，社会性别女性主义者内尔·诺丁斯（Nel Noddings）指出，与男人不一样，女性似乎是从一扇"不同的门"进入道德领域的。女性和男性讲的是不同的道德语言，而我们的文化却支持男性的公正伦理，而不支持女性的关怀伦理。与吉利根不同的是，诺丁斯不那么关注"原则和命题，还有那些"诸如正义、公平和公正的术语，她所关注的问题更多的是在于"人的关怀和对关怀的记忆，还有被关怀的含义"。③ 诺丁斯认为，在探讨道德时大多数女性同男性相比主要有三个不同特点：女性倾向于联系情境而不愿意抽象讨论；女性倾向于基于关怀，而不是应用原则来推理、判断、证明来解决道德问题；女性注重情感、感觉。作为结

---

① 肖巍：《女性主义关怀伦理学》，北京出版社 1999 年版，第 113 页。

② ［美］约瑟芬·多诺万：《女权主义的知识分子传统》，赵育春译，江苏人民出版社 2003 年版，第 271 页。

③ ［美］罗斯玛丽·帕特南·童：《女性主义思潮导论》，艾晓明等译，华中师范大学出版社 2002 年版，第 226 页。

果，妇女进行道德判断的方式与男人相比远非是"理性的"而是非常
"情感"化的。例如，诺丁斯说，当妇女面对生命垂危的孩子，决定做进
一步治疗时，她不可能像处理一道数学难题那样来对待这个完全个人化的
决定。相反，这位妇女会努力辨析，怎样做对孩子最有利；她宁肯考虑自
己的感觉、需要、印象，个人对理想方案的感觉，而不是什么道德公理和
定律。她的目标是使自己能完全站在垂危的孩子一边，替孩子着想；如
此，她的决定才能真正成为她和孩子的共同决定。[①]

诺丁斯坚持认为，伦理道德就是关于个别具体的关系，这里关系意味
着"一组安排好的对子，这些对子是从描述成员间感情或主观经验的原
则中产生的"。诺丁斯据此解释说，关怀有两种基本含义：首先，关怀与
承担是等同的，如果一个人对某人有一种欲望或者关注，他也是在关怀这
个人。换句话说，如果他注意到某人的想法和利益，他就是关怀这个人。
与男性科学比较，关怀伦理学对于主观价值、微观经验与研究者本身进入
情境的能力多所肯定。研究者的目的，不限于单纯地做抽象分离或思考，
而是要亲身体受行为者在特定的时空中之感受，以能了解其行为的动
机。[②]

诺丁斯认为关怀关系是伦理学的基础。任何关怀关系中都由两个方面
构成：关怀方和被关怀方。关怀方的几个主要特征是：1. 感受性。对关
怀方来说，关怀包括了对他人的感觉，作为关怀方的我并不把"自己置
于他人的位置上，而把他人接受为自己"，在这种状况下我应当如何感
觉？2. 圆圈和链条，内圈是被关怀的朋友、子女、丈夫、亲人，外圈是
引起自己注意的人，关怀方至少要出于三种考虑：自己如何感觉？其他人
希望自己做什么？什么样的境遇需要自己？3. 关怀中的互惠、互相支持。
4. 关怀方的伦理自我，自我也是被关怀方。5. 关怀方的冲突，根据情境
做出选择。[③]

在诺丁斯看来，伦理关怀就是"我应当"，道德命令是一种"我应
当"的命令，那么在这种情况下，如何才能完成"我应当"的作为呢？

---

①　肖巍：《女性主义关怀伦理学》，北京出版社 1999 年版，第 145 页。

②　［美］罗斯玛丽·帕特南·童：《女性主义思潮导论》，艾晓明等译，华中师范大学出版
社 2002 年版，第 227 页。

③　肖巍：《女性主义关怀伦理学》，北京出版社 1999 年版，第 132 页。

诺丁斯认为是通过义务。指导义务的两个原则是：第一个原则基于已有的或潜在的现实关系建立起一种绝对的义务；第二个原则基于关系的潜在发展，义务也会随之发展。关怀伦理学是基于需要和对需要做出反应的伦理学，同传统伦理学相比，它主要有三个特性：首先它拒绝传统伦理学中原则的普遍性；其次它拒绝了传统的功利论；最后它不是德性伦理学，实际上是一种关系伦理学。①

根据关怀伦理学的观点，伦理分析法要求研究者属于行动者，不作抽象分离。要求研究者体会行为者的感情世界，而不是将之视为不重要的因素，所以研究者不只是一个独立的、理性的、客观的分析者，也是一个依赖的、殷切的、关怀的参与者。由此，女性主义可以对一般的政治学领域提出许多批判性的反思。女性主义主张要对微观的个人或长过程进行分析，而且要用被研究者的观点来理解个人心理的调适。女性主义对于个人主义与理性主义的方法哲学，抱着必须解构的立场。女性主义对个人微观分析的主张，是反个人主义的，因为她们不相信脱离实际经验的那种理想的个人，或以追求自我实现为目的的普遍人性，这种以抽象的个人为出发点的方法学，为女性主义所拒斥。②

以上，我们以吉利根的关怀伦理学和诺丁斯的关怀伦理学为例讨论了关怀伦理学的基本内容。关怀伦理学既是伦理学史上两大妇女观斗争的现代成果，又是西方女性主义运动的产物和理论基础，而且伴随它20余年的发展，这一理论已经愈发地显示出超越妇女解放运动和妇女问题本身，成为一种时代的伦理抉择的意义。许多国家认为关怀伦理学反映了妇女社会生活的特点，已经采取积极的行动政策增加妇女在决策位置上的人数，期望能将关怀伦理学带进公共生活。人们认为与公共伦理学相对照的关怀伦理学是情境的，注意到问题的特异性和特殊性，而不是从抽象原则出发，也认为它将个人的，从前认为是私人的关注，个人关系网络的质量置于比公共和结构性关注更优先的地位，认为它将决策者的注意力转向病人和脆弱人群的需要。③

---

① 肖巍：《女性主义关怀伦理学》，北京出版社 1999 年版，第 139—144 页。

② 石之瑜、权湘：《女性主义的政治批判——谁的知识？谁的国家？》，台湾正中出版社 1994 年版，第 42 页。

③ 肖巍：《女性主义关怀伦理学》，北京出版社 1999 年版，第 25 页。

第三节　女性主义遗传伦理观

女性主义理论提供了一个理解社会现实的透镜，她用这个类比来说明女性主义理论在生命伦理学探索中的作用和多方理论视角的重要性。

一　人工流产观

在人工流产的道德伦理问题上，生命伦理学集中于用抽象的价值和概念如：生命的价值、自主权、生命的定义、人的定义、权利范围等对个案进行分析，看流产与不流产是否影响妇女个人的生活，或从社会需求来考虑，看容忍和禁止流产的社会后果。女性主义的分析却不把流产看成单纯的道德问题，而是联系女性的情境，把它看成是女性对于自己生活的选择，着重分析与人工流产相关的社会、法律和政策是怎样影响全体妇女的自由及生活的各个方面，执行某一政策是否将导致他人强迫妇女保留自己不愿意要的胎儿。女性主义认为政策应使全体妇女有自由决定是否保留每一个怀有的胎儿。社会的政治经济不应影响妇女的生育自由。不仅要以社会和政治术语来确定情境，根据实践来考虑行为，而且还要在广泛的政治背景下考虑到女性主义消除一切压迫的共同宗旨。

按照生命伦理学主流的观点，即非女性主义哲学的观点，当人们思考人工流产的伦理学时，人们不可避免地想到权利，因为许多争论使用权利的概念。关于人工流产的争议有如下特点：妇女的权利和胎儿的权利是相对立的，妇女拥有自我决定权，保持身体完整性权利和个人财产权，这些权利也许超过也许没有超过胎儿的权利。分歧产生于对胎儿的道德地位看法不一致。三种基本的观点如下：1. 从怀孕时起胎儿就具有生命权；2. 在怀孕期的某一个阶段胎儿逐渐具有生命权；3. 胎儿在妊娠的任何阶段都不具有生命权，这些分别被称做"保守派"、"中间派"和"自由派"的观点。按照1、2、3的观点，如果，关于人工流产的争论并不是关于妇女权利的争论而是关于胎儿道德地位的争论，那么这场争论就会无休无止，因为胎儿的权利以胎儿的道德地位为基础，而这种地位又能而依赖于"人"的概念。这种讨论在分析妇女的利益和经验时的侧重点不同。非女性主义理论家们，无论他们是支持还是反对，对妇女选择人工流产的权利，都普遍地将几乎所有的注意力集中于胎儿的道德地位。女性主义的分析把非意愿妊娠给妇女个体和群体在生活上造成的影响作为人工流产的道德审查中的核心要素；孕妇是人工流产决定中主要关注的主体，这一点是自明的。女性主义批评在许多非女性主义的论述中，孕妇不仅未被看做中心，而且实际上经常被忽视。这里的差异在于从能适用于任何妇女和任何胎儿的对人工流产的抽象论述，转向承认每一次妊娠的独特性的更情境化的理解。①

　　吉利根迫切希望更深入地理解怀孕妇女做出道德决定的方式，为此，她进行了一项实验研究；有 29 位怀孕妇女参与，其中每个妇女都处在决定是否流产的过程中。吉利根在她们思考决定时与她们访谈，她还访问了其中几位后来做了流产的妇女。吉利根最后做出结论，无论这些妇女的年龄、社会阶级、婚姻状况和种族背景如何，这些妇女中的每一位都表现出对道德问题的思考，但她们的思考不是用一种分析的方法去处理流产问题，好比去解一道数学题那样，"结算"到底谁的权利更重要，是胎儿的权利还是妇女的权利，而是把流产问题当做人的关系问题来处理的。这些女性强调关于胎儿命运的决定将会发生何种影响，认为它不仅影响胎儿，而且会影响到她们和自己的配偶、父母、朋友等人的关系。吉利根也注意到，在她的流产研究中，每个妇女都是在道德判断的三个层次之间变动：首先是寻求决定，然后是证明这样做有道理或者为自己或其他人开脱。在层次一，道德判断的行为人过分强调她自己的利益，在层次二，该行为人过分强调了他人的利益。与之大为不同的是，处在道德判断的第三个水平上的妇女能够平静地接受自己的流产决定——在层次三：道德判断的行为人在自己的利益和其他人的利益间创造了一个平衡。②

　　虽然女性主义在流产问题上看法不一，但大体上除了争取妇女流产权利，还联系关系和具体情境来讨论流产问题。当女性主义把流产问题的争论集中于妇女流产权利问题时，她们主张，这一争论不应集中于是否胎儿与成人具有相同道德价值的问题，而应注意到在妇女的子宫中，受精卵发育成新生儿的事实。女性主义评论家埃伦·威利斯（Ellen Willis）提出这样的问题：无论在什么情况下，让妇女养育一个她并不期望的孩子不道

---

① 王延光：《论干细胞研究中胚胎的道德地位》，《中国医学伦理学》2006 年第 2 期，第 3 页。
② ［美］罗斯玛丽·帕特南·童：《女性主义思潮导论》，艾晓明等译，华中师范大学出版社 2002 年版，第 223 页。

德。如果妇女同男人具有同样的自主的话，她们必须有权利对潜在的生命说"不"。在思考妇女流产权利是否也包括让从流产中流下来的胎儿死亡的权利时，美国女性主义哲学家克里斯廷·奥弗奥尔（Christine Overall）提出四种论述来支持这样一种观点：第一，让违背生物学母亲意愿的胎儿活下去触犯了妇女的生育自主权。第二，挽救母亲并不愿意的胎儿就像迫使她违背自己的意愿去捐献器官、血液或者配子。尽管胎儿具有生命权，但是否挽救胎儿取决于这个胎儿的怀孕妇女，由她决定是否何时如何处理自己的胎儿。第三，由于身体上的联系，生物学意义上的母亲是最适当的，或许是唯一能够决定胎儿安排的人。第四，在妇女怀孕期间法律和医学都不应侵犯她的权利，除妇女本人之外，他人无权决定妇女要采取哪一种方法流产。父亲也没有权利干预母亲的流产决定，其他人如医生和健康咨询顾问也没有权利这样做，因为他们在养育孩子成人的过程中不起什么作用，母亲在养育子女的过程中要承担比父亲更多的责任。①

吉利根指出，在作出流产决定时，男性更多地倾向于把妇女的私人权利和身体完整性与胎儿的生命权利对立起来。而女性更多地思考流产对人际关系的影响。思考谁的利益应当站在首位，她们对关系理解得越充分，关于流产的道德决定也越充分。诺丁斯也以关系模式分析流产，强调作为具体情境的分析。认为，使一个人之所以称其为人并不是由于具有理性能力，而在于能够对他人的关怀情感作出反应。胎儿不能以表明人性特征的方式对他人的关怀情感作出反应，因此妇女有权利流产。其他女性主义学者也在男女不平等的关系中分析流产，认为：一些女性的怀孕是被迫行为引起的，由于这种暴力行为的存在，许多妇女无法拒绝性伴侣和性要求，这种随之导致的怀孕后果并不表明妇女不负责任，在男女不平等的社会中，性关系也同其他男女关系一样被扭曲了。女性主义者，还从大的社会环境思考流产的立法，大多数妇女选择流产是出于对健康和心理因素，以及自己养育子女能力的考虑。如果流产被宣布非法，她们可能冒着生命危险去非法流产。② 女性主义还提出非计划妊娠一旦开始，妇女往往还要终止妊娠的社会条件问题。很明显，女性主义的介入揭示出，许多似乎无性别的问题事实上已经具有性别的层面。女性主义参与流产实践伦理学在若

①　肖巍：《女性主义伦理学》，四川人民出版社 2000 年版，第 153 页。
②　同上书，第 158 页。

干方面一直是令人受到启发的。

二　代孕母亲观

代孕母亲一般是指代为他或她人怀孕生子，女性主义学者对代孕母亲的看法给我们正确认识代孕母亲是否道德有很大的帮助。女性主义学者克里斯廷·奥弗奥尔（Christine Overall）从伦理学角度审察了代孕母亲的实践，把人们对于代孕母亲的分析总结为两种不同的模式——自由市场模式和妓女模式，前者主要代表着非女性主义学者的分析（部分生命伦理学者）后者则是女性主义学者的看法。①

1. 自由市场模式

这一模式强调，代孕母亲是可欲的、有益的和必要的商业服务。贫困妇女做代理母亲并没有受剥削，因为她们并没有更多的工作选择机会。假设这是妇女是知情同意的，剥夺她们做代理母亲的工作机会便是不公正的。例如，在世界的一些地区，出卖身体的组织，如血液和配子或用自己的身体去卖淫或怀孩子是可以接受的。这也许是作为个体的妇女可以解决她们孩子从糊口到大学教育所需的费用。出售卵子和孕育孩子的任何一个也许完全是合理的，甚至为生活所必需。在生命伦理学界，的确有一些人支持这个观点。

2. 妓女模式

这一模式代母认为自由市场模式是对代孕母亲的有意识剥削，代孕母亲与妓女一样受剥削，性和生育却成了商品，代孕母亲出卖子宫是生育的卖淫。女性主义学者玛丽·布莱克利（Mary Kay Blakely）在一篇题为"代孕母亲：她们在为谁工作"的文章中，对代孕母亲进行了道德上的分析。她认为这是一种体现性别歧视的行为，而且延续了生育问题上的父权制观点，把生育作为妇女自我实现的标志，把不孕看成她们的失败。对于"代孕母亲为谁工作"问题女性主义学者苏珊·英斯（Susan Ince）认为，她们实际上是为男人，特别是提供精子的男人工作，父亲是孩子的购买者，父亲这种优于不育母亲的重要地位使人们面临这样一个事实：父亲对代理母亲的安排可以不经过自己妻子同意，而他的妻子则需要面对各种压力：不能生育的压力、被社会排斥的压力、被丈夫情感和经济上限制的压

---

① 肖巍：《女性主义伦理学》，四川人民出版社 2000 年版，第 160 页。

力。因此，代孕母亲的真正使用者并非是所谓的"委托伴侣"而是提供精子的男性。这一模式还提出了几个理由反对代理母亲的商业化。这些女性主义者在担心代孕母亲的商业化的同时，担心把孩子也商业化了。因为在将来，父母会把孩子当成汽车一样去购买，父母对孩子的爱不再是无条件的，因为这要取决于这个孩子是否是一个"优质产品"。如果科学技术允许，父母将卖掉他们有缺陷的孩子，而换成一个完美无缺的孩子。

女性主义者对于妇女自由选择成为代孕母亲的自由市场模式提出了挑战，认为：许多妓女由于经济和情感的压力从事妓女工作，这些压力是她们难以控制的。代孕母亲也是如此，但我们不能批评她们，更多地要批评使妇女生存的社会条件，妇女们在目前的社会条件下，不得不做出这样的选择。马克思主义女性主义者坚持认为，自由主义意识形态维护类似契约的关系，将卖淫和代孕母亲关系都视为人的自由选择，这不是偶然的。这样的意识形态宣称，女人卖淫或做代孕母亲是因为她们更喜欢这些"工作"，而不喜欢其他可以得到的工作。但马克思女性主义者同时指出，当贫穷、没文化、没有技术的女人选择出卖她的性服务和生育服务时，极有可能是，她的选择更多出于迫不得已，而不是自由选择。毕竟，如果一个人除了自己的身体，别无值钱的东西可卖，那么她在市场上的竞争力当然是非常有限的。[①]

从代孕母亲的背景来看，代孕母亲更有可能来自那些工人阶级家庭，这些妇女将做代孕母亲看做是家庭收入的来源，因此她们似乎满足于这个角色。但受到更多教育和有更多工作机会的妇女不会与其他妇女用同样的眼光看待怀孕。但是，这种某些个人的选择的行为模式会对许多妇女不利。它的累积效应是：生殖组织和生殖劳动变成了另外一种可交易的商品。一个私人的选择（利用身体的某些部分去交易）使妇女生命的某一方面（生殖）从非商业化的私人世界成为公共商业世界。女性主义使我们考虑到妇女和儿童仍然具有脆弱性以及市场经济的严峻性，她们作为一个社会群体，我们认为对她们有害。

激进文化派和激进自由派女性主义的关注集中在代理孕母或合同孕母问题上。激进文化派女性主义者普遍反对合同孕母，她们认为，这是在女

---

① ［美］罗斯玛丽·帕特南·童：《女性主义思潮导论》，艾晓明等译，华中师范大学出版社2002年版，第144页。

性中引致毁灭性后果的分工。这是经济上有特权的妇女和经济上处于不利地位的妇女之间的分工。过去传统的做法是，经济上有困难的妇女为经济上优越的妇女养育孩子提供服务，现在这个服务扩大到代孕生子。经济上优越的妇女有能力雇用经济上有困难的妇女来满足她们的生育需求。这第二个分工是卵子提供者、生育者和养育者之间的分工。根据女性主义滑坡论的看法，目前，生育正处在被割裂并且专业化的过程中，似乎人的生育无异于某种生产方式。将来，女人再也不会亲自受孕、生育和养育孩子了。相反，有着遗传优势的妇女提供胚芽在试管内受精，而身强力壮的妇女来怀孕、生出这些试管婴儿，接着由性情温柔的妇女把这些新生儿养育成人。①

激进文化派女性主义者认为，合同代孕的做法会对妇女彼此之间关系以及妇女与孩子的关系产生消极影响，此外，她们还感叹它会强化家长对子女的权利，有人会从遗传方面强调对生育过程的贡献，有人会公开表明养育孩子的意图。如果基于遗传的原则，那就意味着，在代孕母亲和胚胎没有遗传关系的情况下，她没有家长权利。相反如果基于意图原则，家长权利完全基于人的公开声明，而没有声明过的代孕母亲，就因此没有根据去要求对孩子的家长权利，即使她与孩子有遗传关系，她也没有家长权利。根据激进文化派女性主义者的看法，男人有了理由把所有家长权利牢牢抓在自己手里，无论是以遗传还是以意图为依据，但与妻子或女方不同，男人不可能经历怀孕妇女所能体验到的与孩子的关系，由于这一原因，父权制社会不看重受孕关系，认为受孕仅仅是生物性事件。作为替代，父权制社会强调家长和孩子其遗传联系或意图联系的心理价值，突出的是"代代相传"或"光耀门庭"的意义。②体外受精是剥削妇女以补偿男人的不育，生养孩子本身是受社会制约的，所以体外受精加强了对妇女的压迫。根本的问题是，社会中权力的平衡和分配。妇女被迫进入代孕母亲的安排，是因为她们缺少钱。另一些人认为，代理母亲使一个人能"拥有"另一个人的身体，这样将后者视为"客体"。还有人反对整个"代孕母亲"契约概念，因为这是个体论的契约取向，与女性主义认为的

---

① ［美］罗斯玛丽·帕特南·童:《女性主义思潮导论》，艾晓明等译，华中师范大学出版社 2002 年版，第 118 页。

② 同上书，第 119 页。

人类生活的关系性质相对立。①

激进文化派女性主义者承认，一些妇女可能像所有男人一样，在孩子出生之前，她们与孩子的关系只是遗传性或意图性的，但是，这也没有理由否认怀孕联系是父母权利的根源。毕竟，在孩子出生的时刻，只有怀孕者可以证明，通过她的具体行动、有些行动可能还造成了她的不便甚至痛苦，她证明实际上对孩子的健康负责。在激进文化派女性主义看来，尽管作为代孕者的家长对孩子的责任为期有限，而和孩子有遗传关系或养育意图的家长和孩子的责任为期甚长，尽管如此，两者之间依然很难做公平比较。②

相对应的是，激进自由派女性主义者不同意激进文化派女性主义对合同孕母的评价。她们争辩说，合同孕母的安排，如果处理得合适的话，它可以使女人们更密切地联系在一起，而不是驱使她们进一步分裂。她们提到，一些合同孕母和委托她们的夫妇彼此尽可能靠近居住，这样对于她们合作生育的孩子，大家都能分担养育的责任。因此，不必这样看待合同孕母的安排，视其为男性指导、男性操控下的专业化，被割裂的女性生育过程，相反，从这里可以看到女人团结起来，共同努力以成就没有彼此帮助就不能完成的事业。只要是由女人来控制这个合作生育的安排，合同孕母是增加而不是减少了妇女的生育自由。激进自由派女性主义的这种观点也使生命伦理学对代理孕母伦理的研究多了一些思路。③

三 生殖和生育观

女性主义跳出医学的边界来理解生殖和生育，把它们看成是社会关系的一部分，生育既是个人的，也是社会的，是具有社会后果的私人行为。不仅如此，在女性主义看来，生育技术也是社会结构和价值观的产物，它们将对未来的生育态度产生影响。人们应当联系社会背景来考虑这些技术的开发和使用，应当思考到它们对于女性的影响，而不是仅仅为了社会。女性主义认为任何与妇女有关的生育健康问题的讨论都必然联系到妇女在

① Ruth Chadwick、邱仁宗主编：《生命伦理学——女性主义视角》，中国社会科学出版社2006年版，第266页。

② ［美］罗斯玛丽·帕特南·童：《女性主义思潮导论》，艾晓明等译，华中师范大学出版社2002年版，第119页。

③ 同上书，第120页。

社会上的地位，特别是妇女在家庭中的地位和作用，因为妇女的卫生与健康问题绝大多数是由社会问题造成的，小部分可以单纯用医疗卫生手段解决。他们侧重研究与妇女有关的健康问题，批判以男性为主导的医疗体系和认为女性为"弱性"的诊断观，反对医疗体系中的性别歧视。女性主义者促进妇女健康的中心考虑点是：接触信息、参与决策和社会改革。①

　　20 世纪 70 和 80 年代，女性主义哲学家开始批评医学压迫妇女，强化她们的性别角色，如传统医学把妇女的行经、绝经等的正常功能当做疾病对待。女性主义者批评了新的生殖技术，如体外受精，她们说，妇女同意体外受精并没有知情，体外受精加强了妇女的文化定势，促进人类生命和身体的商品化。体外受精剥削妇女以补偿男人的不育，女子要孩子本身是受社会制约的，所以体外受精加强了对妇女的压迫。对于他精人工授精，非女性主义观点担心他精人工授精会对婚姻关系和父母关系造成不良影响，伤害孩子。而女性主义观点认为，他精人工授精是增进妇女生育选择的一种技术。这里主要的问题是，妇女是否对使用这种技术有绝对的权力，还是应当限制。她们认为孩子的幸福并不取决于他们是否有不同性别的遗传学双亲，而取决于父母与子女关系。如果一个妇女有经济、情感和身体上的能力就可以人工授精，这样单身妇女，女同性恋者都可以人工授精生育后代。②

　　全球女性主义者认为，多种压迫形式更清晰的表现是在生育技术方面，没有什么能比传统的生育控制技术（节育、绝育和堕胎）和新的生育辅助技术更能清晰反映多种压迫形式复杂的相互影响了。这些技术及与某些技术形式相关的社会安排（伦理母职）是解放妇女还是压迫妇女，这在很大程度上取决于妇女阶级、种族、性取向、宗教和民族。例如，几乎所有的美国妇女都关心节育、绝育和堕胎的安全、有效、便捷和实用性，大多数白人中产阶级的异性恋妇女相信，如果没有这些生育控制技术，她们远非如现在这么自由和富裕。而黑人妇女却因为种族歧视饱受这一技术的迫害。③

---

　　① Ruth Chadwick，邱仁宗主编：《生命伦理学——女性主义视角》，中国社会科学出版社 2006 年版，第 80 页。

　　② 同上书，第 265 页。

　　③ ［美］罗斯玛丽·帕特南·童：《女性主义思潮导论》，艾晓明等译，华中师范大学出版社 2002 年版，第 338 页。

在美国，女性主义认识到，白人中产阶级异性恋妇女大多正面看待生育控制技术，但是这种观点并非代表所有的美国妇女。通常的情况是，一些怀有种族、阶级、性别偏见的美国保健工作者和政治家利用这些生育控制技术，达到他们的种族歧视和优生目的或节省费用的目的。例如，美国在 20 世纪 60 年代出现了所谓"120"规定，即只有在女人的年龄乘以她现在子女数目等于或大于 120 时才能要求绝育，否则她不能采取绝育措施。许多妇科和产科医生都遵照这一规定执业。当健康的白人中产阶级已婚妇女也受到约束时，这些养尊处优的妇女被激怒了，她们希望医生采取更宽松的绝育政策。但实际上，这些产科和妇科医生虽然不愿意给她们这些人施行绝育手术，但同样是这些医生，他们却非常乐意给有色人种妇女，尤其是穷苦妇女施行绝育术。由此，在美国南方的一些州，对贫穷的黑人妇女施行绝育是如此普遍，以至于人们轻蔑地称其为"密西西比割阑尾"。一些立法者的做法也如出一辙，他们在起草政策法规时，把育龄妇女享受福利救济的资格与她们志愿使用节育工具"诺尔朴浪特（Norplant）"结合在一起。在这些立法者看来，除非妇女同意使用这种长期的内置节育器，否则就不能给她及其现有子女以未成年儿童家庭资助。在许多美国有色人种妇女、特别是那些低收入妇女中，上述这类政策和法规引起了怀疑，她们怀疑这个国家是强制性地在黑人和其他有色人种妇女中推行所谓堕胎"选择"，节育"选择"和绝育"选择"，是"白人"的美国迫不及待地限制黑人人口增长。①

又比如在计划生育和人工流产问题上，美国的第三世界女性主义学者与西方女性主义学者之间存在着很大的分歧。有关人工流产合法化的争论是当代美国社会生活中一场很重要的争论。白人主流社会对此问题分成两大阵营，争论不休。西方女性主义学者也为此做了不少理论上的探讨。对这一事关每个妇女利益的重要讨论，大多数少数种族妇女和第三世界女性主义者保持沉默。黑人女性主义者安吉拉·戴维斯在"种族、计划生育和生育权"一文中讨论了黑人妇女对人工流产争论保持沉默的历史原因。她指出，尽管在理论上，黑人和美国其他少数民族妇女同意妇女控制自己的生育是妇女解放的根本前提之一，但黑人和其他少数种族妇女对主流社

---

① ［美］罗斯玛丽·帕特南·童：《女性主义思潮导论》，艾晓明等译，华中师范大学出版社 2002 年版，第 339 页。

会搞的各种计划生育运动很反感。因为这些计划生育运动从来不考虑大多数劳动妇女和少数民族妇女的切身利益。他们认为这些运动带着强烈的压迫和虐待的色彩。在美国历史上，这种运动是在白人妇女生育率已经降低的情况下开展的，因而被认为是只在减缓了少数民族的人口增长。比如，1905 年美国总统西奥多·罗斯福提倡的计划生育运动就旨在"维护白人人种的纯洁"。又比如在 1970 年的计划生育运动中，不少少数种族的少女在不明真相的情况下被做了节育手术。著名的 1973 年瑞尔夫姐妹一案是一个典型的例了：这对黑人姐妹，一个 12 岁一个 14 岁，在不明真相的情况下被做了绝育手术。从 1964—1987 年间大约有 65% 在北卡罗兰卡州做绝育手术的人是黑人妇女，只有 35% 是白人。美国政府在 20 世纪 60—70 年代发起的"土著印第安人健康服务"运动中，其中一个重要组成部分是控制土著印第安人人口。在这场运动中，1974 年之前有 42% 的土著印第安育龄妇女在不明真相的情况下被做了绝育手术。①

在美国南加利福尼亚大学的洛杉矶县总医疗中心，在没有得到 10 名黑人和拉美裔妇女明确同意的情况下，就给他们实施了绝育手术。在大多数时候，妇女毫不知情。后来是因为有一名实习医生出面指控医院的产科主任是推行这项措施的负责人，即向任何已有三个或三个以上孩子并依靠福利为生的孕妇推荐剖腹产，并同时施行绝育，这件事才得以曝光并成为轰动一时的新闻。在对那个案件的诉讼进行调查的过程中，曾经了解到这样一种情况：四分之一的纳瓦霍（navajo）育龄妇女，准确地说所有曾进过医院的育龄妇女，都被实施了绝育手术。1988 年，在明尼苏达州明尼阿波利斯市的红色国家妇女组织（Woman of All Red Nations Collective）散发了一份题名为"美国本土妇女绝育研究"的说明书，该说明书指出，多达 50% 的美国本土育龄妇女被施行了绝育手术。1983 年，美国疾病控制中心公布了一份报告，即《外科绝育监测：15—44 周岁的女性输卵管绝育和子宫切除情况，1979—1980》，根据这份报告，"在 1980 年，黑人妇女的输卵管绝育率比白人妇女高 45%。而且，在 1984 年，疾病控制中心的一个分支机构，即健康促进中心的生育健康部门发布了一项调查报告，到 1982 年止，年龄在 15—44 岁的波多黎妇女中，48.8% 的人被施行

① ［美］罗斯玛丽·帕特南·童：《女性主义思潮导论》，艾晓明等译，华中师范大学出版社 2002 年版，第 340 页。

了绝育。这体现了一种从奴隶制时代流传下来的东西，延续到了对有色人种的压迫中有一个信念：黑人是无意志的，一旦人被看做是不断地丧失意志，那么，这几乎就意味着他具有了可以随意受人处置的特征"。①

在当代中国，在控制社会残疾人口的政策下，某地也曾在没有知情同意的情况下给呆傻妇女做了绝育手术，这样的错误在较长时间后才被认识到。在我国的计划生育过程中，伤害女性的一些不合伦理的作为，也是逐渐得以认清并消除的。我国由国家发动的人口和计划生育的基本前提是，现代的节育科学已经很先进，而且很简便，能够运用到最贫困、知识程度最低的穷乡僻壤。但节育科技的进步引起了人们许多复杂的变化，因为节育科技的进步象征着国家穿透社会能力的增强，使得国家有能力，而且也有意愿开始对过去被视做纯属私人活动的生育关系进行控制。对于地方的干部而言，他们作为国家干部的责任增加了，权力也加大了，但是所面临的困难与工作的复杂性也随之增加。对于妇女而言，这种新的节育科技也传达了复杂的讯息。一方面她们已经有能力藉由节育的方式来降低自己在生产或生育过程中的不确定性，也增加了她们在市场上活动的能力，和与男性在市场上竞争的潜力，但是另外一方面，欲允许国家直接干预到她们生活当中最属于自己的生育活动。所以一方面节育的科技允许妇女能够到市场上从事如同男性一般的竞争，节育的科技为妇女提供了一个机会，能有三分之一的时间脱离传统的结构，但是必须进入另外一个向来由男性主导的市场领域去竞争。②

女性主义者奥弗奥尔提出一个弱生育权利意识概念，指国家不应干预人们的生育自由，而强生育权利意识指国家不仅不能干预，还应使妇女享受到各种生育服务。一段时间里，我国在执行计划生育过程中，发生了过分重视数量目标而使女性权利受到损害的问题。例如有的地方另外规定申请结婚的女性要有造影证明，证明她没有身孕才能登记，不少地方只管生育指标，很少提供避孕指导和咨询，造成人工流产过于频繁，对妇女身体不利。我国女性主义学者认识到，在推行计划生育的过程中要时时注意调

---

① ［美］佩吉·麦克拉肯主编：《女权主义理论读本》，广西师范大学出版社2007年版，第92页。

② 石之瑜、权湘：《女性主义的政治批判——谁的知识？谁的国家？》，台湾正中出版社1994年版，第237页。

整控制的力度，也就是说，应适时逐渐减少强干预手段，增加弱控制方法。比如随着农村工业化的推进，一些经济文化发达的农村妇女，或因职业身份的改变，或因文化素质的提高，她们的生育观念已产生了很大的改变，她们的生育意愿也越来越接近计划生育的控制目标，她们所具有的文化知识也使之完全有能力自己选择避孕方式，如果对她们也施行"一胎放环，二胎结扎"一刀切的方式就没有必要了，应该改为宣传、咨询为主，并通过签订计划生育合同的弱控制方式。只有强调最低限度地使用强控制原则，才有利于女性在生育过程中的主体化。女性主义强调提高女性的主体意识，提高女性生育自主性，增强自己控制生育的能力，这不仅有利于妇女地位的提高，也将推进家庭有计划地生育。①

看来生育控制并非是一个"中性过程"，无性别观点将不利于女性权利的保护。用女性主义的视角我们可以看到，在我国采取生育的控制措施的已婚夫妇中，由妻子或以妻子为主的占 87.36%，原因仿佛仅仅是出于"防止女性排卵或着床比控制男子产生精子要容易得多"这样一个成本与收益的考虑。实际更深层次的原因来自男性中心主义文化的影响——在很多人心目中，计划生育是女人们的事，全国妇联"人工流产致孕原因"课题组在分析都市妇女人流率高的原因时，发现其中一个原因是男性不配合，男人在潜意识里深恐自己性能力因节育受损，害怕减弱了对女性的控制能力。从女性视角来看，在家庭中以家庭利益出发对女性提出生育要求，不符合这一要求的女性将承受巨大的压力，如果节育不成功，通常是通过人流来补救，此时，女性不但要付出健康的代价，还要承受其他的压力。从另一份对男女不平等现象的调查获知，城市生女孩的妇女中43.6% 妇女感受受到歧视，农村生女孩的妇女中 47.2% 女性感受受到歧视。一些不愿生的妇女为了改善自己在家庭的地位，不得不服从家庭的意志一直生到生出男孩让丈夫和婆婆满意为止。②

在贫困地区的人口控制问题上，一般认为只要控制妇女的生育就能解决社会的贫困问题。而控制生育的一个重要措施是广泛运用避孕知识和技术。但是研究表明，这些人口控制项目优势成效甚少。其原因是妇女的受

---

① 邱仁宗主编：《生育健康与伦理学》，北京医科大学中国协和医科大学联合出版社 1996年版，第 73 页。

② 同上书，第 71 页。

教育程度、家庭的经济状况、就业机会、婴儿与儿童死亡率、子女的经济作用、妇女对年老失去劳动力后的顾虑以及遗产继承方式等众多因素都会影响妇女的生育行为。由于贫困地区的医疗卫生、妇女营养和健康以及消毒技术有限，一些避孕和人工流产手术有严重的副作用，甚至会导致妇女丧生生育力。例如，放置避孕栓在缺乏必要消毒条件的农村地区，尤其是缺铁的农村妇女终会导致大出血。这违背了女性主义学者认可的信念，科学技术的应用和发展应该只有在减少疾病和饥饿，保障妇女身心健康，有利于妇女自主、安全地控制自己的生育的情况下才能应用。①

四　性别歧视

依据 2005 年年底国家有关人口和生殖健康的调查，中国男女出生的性别比已达到了 118.88∶100，即每 100 个女孩出生时，男孩的出生达到了近 120 个。这个性别比率大大地超出了国际男女出生性别比 107∶100。尤其严重的是，我国江西、海南、安徽、河南省的男女出生性别比已经达到了 130∶100。另外，2007 年 7 月的一个报告显示，在我国，男性已多于女性 3700 万，0—15 岁的男性比女性多了 1800 万。北京晚报 2007 年10 月 2 日 26 版报道，根据中国统计局最新调查显示，我国城市男女婴儿的性别比为 112.8∶100，镇为 116.5∶100，乡村为 118.1∶100，而且生的胎数越多，选择生男孩的越多。据估计，在中国每诞生一个新生命，就有2.5 个婴儿被堕胎。每年至少有 30000 个胎儿因为是女婴而被流产。这样一个不正常的男女性别比必须得到纠正，因为性别失衡最终会危及社会的和谐稳定，引起包含女性在内的严重的社会和伦理问题。

女性主义者经研究认为，性别歧视与长期父权制下重男轻女思想的形成与女孩婚后居住夫家、没有土地权、没有家产继承权有关；社会保障制度的不健全和对男性壮劳力的需求是导致养儿防老思想的直接因素；市场经济发展和流动人口的出现使女性遭受了更加严重的不平等；B 超的普及和滥用，遗弃和扼杀女婴也是性别比例失衡的原因；在前述因素的主导下，国家一对夫妇一个或两个孩子的计划生育政策被导致性别选择和流产的人非直接利用，同时多年来"不允许非医学目的的性别选择"的国家

---

① 鲍晓兰主编：《西方女性主义研究评介》，生活·读书·新知三联书店 1995 年版，第 27页。

法规没能很好执行。

　　从家庭血缘关系与男孩女孩的关系来看，中国的传统文化是一个男优女劣的文化，在农村和少数民族地区更是如此。在农村和少数民族地区，重男轻女的文化可表现在对女孩的哺乳和营养弱于男孩，甚至卫生保健服务的供给也更多用在男孩身上。这样做的背后隐藏的是一个男孩会接续家中血缘关系、传宗接代的概念。中国传统重男轻女的概念还来源于女性婚后随夫居的传统，由于女孩婚后随夫居，土地的分配只能直接给予儿子以及通过父系家族传递，这样女孩在家中就没有了地位，不需要受重视。每个家庭生出的孩子也都随父姓，使家庭姓氏和血缘得以传递下去。再加上农村实行包产到户，每一户所分到的田地和该户所拥有的人口十分相关，有的地方甚至是从男性的人口为主要分田的基础。男性社会地位崇高在许多地方都可以看出来，比如当一个家庭必须要分田，在写字据时，家庭中的女性甚至有的会放弃她们的权利，而依赖家庭中的兄弟们来帮助她们决定自己能分到多少田地。

　　一个学者曾访问了中国南方的一个农村，以比较家庭中男孩女孩的地位。村中的居民常常对这个学者说："女孩有什么好呀！她们总是要被嫁出去而不会留到家里。"这种现象不但在中国南方农村发现，几乎在中国农村的所有地方都发现。这个学者还将男孩或女孩对家庭的支持进行比较，他发现，女孩是得不到财产的，女孩仅仅限于送给父母一些礼物、干些家务活或照料有病的父母，而男孩继承的是家庭中父母的财产。[①] 为了得到男孩而做的选择性别流产，不但在农村发生，也发生在城市中，尽管有些人强调性别选择性流产极少发生于大城市，而且女孩会因照料父母而在城市中得到宠幸，但是也存在有一些这样的例子：如果家族这一代人已经生育的都是女孩，生男孩的压力便落在已经结婚的最小的一对夫妻上。如果她/他们还没有生出男孩，便承受着全家没有男性继承血源传宗接代的压力。中国学者还发现这样一种由传统观念导致的现象：儿子是中国人对孩子的一般称呼。一个流过产的妇女在提及自己过去的胎儿时，总以儿子称呼，问她原因时，她回答道，一般我们称自己的孩子为"儿子"而不叫孩子或女儿。对于她个人，她说她喜欢生一个女孩，但她为了迎合丈

---

① Filial Piety, *Practice and Discourse in Contemporary East Asia*, Edited by Charlotte Ikels, Stanford University Press, Stanford, California, 2004, p. 42.

夫和婆家的要求实际上希望生一个儿子。① 有个调查发现，海外中国人也有钟爱儿子的观念，他们一旦查出所怀孕的胎儿是女性，就愿意做人工流产，如果是男性胎儿，则皆大欢喜。②

重男轻女不仅是由于承继家族血脉，传宗接代，而且还有一些社会、文化原因。在我国改革开放以后，家庭中男孩子的地位变得越来越重要。孔子的孝道已经渗透到每一个家庭。孔子的传统是家庭成员生活在一起相互照应，而且家庭对老人的照顾是至高无上的，这种传统尤其在农村得以体现的。③ 因为中国大陆社会上一度没有健全对老年人照顾的制度与设施，尤其是在农村改革进行之后，公社被打散，老年人越来越需要靠子女来照顾他们，这样使得男孩子的地位反而因为改革开放而更加提升。家庭养老的责任大部分都依赖男孩。老年人需要儿子给予经济支持和照料。④ 儿子在父母生前要努力照顾父母，在父母去世后要守灵。女儿则不需要有这样的责任。⑤ 一个学者调查研究了"孝顺"的男孩、女孩在家庭角色中的不同。他从1997—1998年底，在山东省一个叫利加的小村庄进行了调查，他发现男孩的"孝顺"主要地是出钱支持家庭，而女孩的"孝顺"是假期带着礼物去看望父母和照顾父母。⑥ 有时男孩在经济上孝敬父母是要签有契约的，而女孩则不需要签契约。⑦

女性的生育能力不仅受到控制，而且还必须夹在两个互相冲突的力量之间，她们同时面临了国家与社会双重的结构压力。就好像她们生命的目的不是延续女性的生命，而是要延续男性。对于妇女而言，她们作为国家的公民当然要遵行一胎的政策，使用节育科技，协助国家控制总体人口量的增加，但是，作为传统社会的部分，他们又必须在强大家庭压力之下，

---

① Nie Jing – Bao, *Bihind the Silence – Chinese Voices On Abortion*, Rowman & Littlefield Publisher, Inc. , Lanham, New York, Oxford, 2005, p. 138.

② Ibid. , p. 102.

③ Filial Piety, *Practice and Discourse in Contemporary East Asia*, Edited by Charlotte Ikels, Stanford University Press, Stanford, California, 2004, p. 34.

④ Nie Jing – Bao, *Bihind the Silence – Chinese Voices On Abortion*, Rowman & Littlefield Publisher, Inc, Lanham, New York, Oxford, 2005, p. 158.

⑤ Filial Practice, *Prctice and Discourse in Contemporary East Asia*, Edited by Charlotte Ikels, Stanford University Press, Stanford, California, 2004, p. 19.

⑥ Ibid. , p. 36.

⑦ Ibid. , p. 35.

生产男婴，而且是越多越好。许多研究显示，如果新婚的夫妇是与他们的大家庭共居的话，采用节育方式，遵循一胎化政策的可能性就会降低，主要的原因是来自传统父母的压力，要求新婚的夫妇要以传延后代和提供家庭新的生产力为主要考虑。这种传统的考虑反映了对男性的重视，将男孩当做家庭未来繁荣象征的传统想法，所以男孩子代表的是一种家庭的延续性，而女孩子所代表的好似一种断裂性，因为女孩子长大了要出嫁到其他人家。

　　女性一方面占住了半边天，获得表面上跟男性一样的平等地位，但另外一方面在延续家庭生命的角色中，充其量只扮演着附属的角色。美国女人类学家伊丽沙白·克罗尔出版了《从皇天到后土》（Elisabeth Croll, From Heaven to Earth: Images and Experiences of Development in China, London: Routledge, 1994）一书。克罗尔发现在中国农村里，几乎每个女孩子都了解到她们在自己家里的角色只不过是一个临时的过客而已。女孩子对家庭的贡献，就在于能够找到一个好的夫家，或者能生出儿子。在有很多儿子的农家，通常对未来充满了信心而愿意作更多的投资。在农村看到的是，男孩子越多的家庭越可能去建造新房子，有儿子才可能为了未来而投资。作者在她的田野调查期间，看到了生出女孩子的家庭，亲戚们往往在得知消息之后一个个失望地悄悄地离开。对于没有生出儿子的媳妇而言，婆媳之间的关系也会日益恶化。①

　　中国的一对夫妇一至两个孩的计划生育政策绝不是出现不正常性别比的原因，当人们存在有重男轻女思想时，政策与性别比例不平衡才使人有机可乘。由于计划生育的政策和避孕方法的失败，人工流产在中国非常普及，人工流产的胎儿大部分是不想要的孩子，其中许多是为了家庭生男孩而放弃女胎。在中国的20世纪80年代，中国的计划生育政策是一对夫妻一对孩。在这个时期，为了获得想要的男孩，有些人常常限制女孩的出生和存活。那时的家庭几乎形成这样一个模式：夫妇允许第一个孩子的出生，如果第一个孩子是男孩，就不生了，如果第一个孩子是女孩，城市夫妇可能就不生了，而农村的夫妻就想要第二胎。到了80年代末，为了农村劳动力的需要，农村的政策改为一对夫妇一至两个孩的计划生育政策，

---

① 石之瑜、权湘：《女性主义的政治批判——谁的知识？谁的国家？》，台湾正中出版社1994年版，第439页。

如果第一胎是女孩，可以生第二胎，因此，许多家庭夫妇通过 B 超来确定第二胎的胎儿性别，每一胎如果胎儿是女的，就流产掉，直到怀有一个男孩为止。因为主要是父母仍然把儿子当做是延续家庭生命，以及家庭美好未来的标志。

B 超声波技术是几十年来中国进行胎儿常规检查最常用的一种技术方法。伴随着重男轻女的观念，B 超技术的滥用，使重男轻女更加严重，男女性别比更加失常。调查见证了一个残酷的暴行，在一个特殊的村庄里，每一对夫妻都有一个儿子，因为这个村的干部买了一个 B 超机，应用 B 超机查出女婴，可以流产，结果在很多家完成计划生育指标的同时，每一对夫妻都有一个儿子。[①] 杀女婴是从古至今许多国家都有的实践，中国历史很早就有相当程度的弃女婴发生，有理由说除了滥用 B 超诊断技术查出女胎，然后流产外，溺杀女婴的事件常常发生，而且长时间以来，尽管国家实际上有杀婴违法的法律，民间认为杀女婴并不违法。[②] 20 世纪 80 年代溺杀女婴的案例有很多。女婴遭到溺杀的结果，使得存活新生婴儿的比例当中男性超过甚多。因而我们可以预期在未来，当这些婴儿到达适婚年龄的时候，他们会发生配偶选择上的困难，人们可以进一步预期，那些新生婴儿会在适婚年龄之前就设法寻找配偶结婚，以免有生育能力的女性为其他男性娶去了之后，自己失去了延续下一代的机会。

有关禁止性别选择的法规和法律很多，但禁止性别选择的法规和法律没能保证性别比正常。早在 1986 年国家计划生育委员会和卫生部就颁发了禁止非医学性性别选择的有关法规。1989 年 5 月，1990 年 9 月和 1993 年 4 月颁布的法规都有类似内容。1994 年的"母婴保健法"也明确规定禁止出生前非医学性别选择。2001 年国家的人口和计划生育研究所，2002 年国家卫生部和药监局也颁发了此令。1994 年的"母婴保健法"还提出禁止性别歧视，而且如果医生违法就要罚款和关押。但是在临床实际上，胎儿父母可以很容易将胎儿性别弄清楚。医生和做产前诊断的父母可以合作起来共同泄密，医生不用直言胎儿性别，只要用手势和音调来向胎儿父母暗示就

---

① Nie Jing - Bao, *Bihind the Silence - Chinese Voices On Abortion*, Rowman & Littlefield Publisher, Inc, Lanham, New York, Oxford, 2005, p. 102.

② Ibid., p. 150; Diemut Bubeck, "Sex Selection: The Feminist Response", in *A Companion To Genethics*, Edited by Justine Burley And John Harris, Blackwell Publishing, Australia, 2004, p. 217.

行。据悉，有的医生以句号代表男孩，以逗号代表女孩，有的医生以"生男生女都一样"来暗示怀胎是女孩。虽然 2003 年卫生部和科技部联合公布的《人类辅助生殖技术和人类精子库伦理原则》也重申了禁止非医学目的的胎儿性别鉴定，但几年来，男女性别比没有得以改善，说明只靠法规作用并不显著。中华医学会也曾经规定如果医生泄露胎儿性别（非医学目的）会吊销行医执照，但证据很难得到。一些社会学家和法学家认为，只有从根本上消除社会对女孩的偏见，医患才能真正打消性别偏见。

女性主义认为，改变男女性别比的根本办法是打破传统重男轻女观念和行为以及加强各项相关制度的健全和完善。改变中国非正常男女性别比例的主要的方法是公民提倡和接受男女平等的意识，最终战胜重男轻女的传统观念。同时要改变倾向于重男轻女的社会、经济和文化因素，因为社会、经济和文化的因素不改变，将严重限制妇女自主权的选择和行使。还要改变女孩出嫁从夫居的传统习俗，以战胜男女性别的不平等，使男女有同样的经济地位和平等权利。还要加强农村老人的社会福利和保险，使之能在老年时老有所养，老有所依，不依赖儿子而由社会来保障。同时，社会各界都要努力认识女性的社会和家庭价值，从女性主义的视角出发衡量与鉴定与女性相关的一切。

五 处女膜修复术

2007 年中旬，我国一家报纸大篇幅报道了一些较大医院正在开展处女膜修复术，还报道了一些有关处女膜官司、要求处女膜公证等事件的发生，这种相关手术的兴起，引起了生命伦理学界的争论和女性主义的思考。假设有这样的案例呈现出有这样的临床需求，给医生带来了伦理难题，我们应该如何认识和对待呢？两年前，A 女士这名 16 岁的未婚少女被强奸了。A 女士现在已经订婚，她未来的丈夫及家庭期望新娘子是处女，所以 A 女士请求医生进行处女膜修复，使其婚姻不受损害。从医学、伦理学、法律等方面考虑，医生应该不应该做？两年前，当 B 女士这名未婚少女在一时冲动下与前男友发生了性行为。B 女士现在已经订婚，B 女士请求医生进行处女膜修复，从医学、伦理学、法律等方面考虑，医生应该不应该做？C 女士婚前因外伤或事故而使处女膜破裂。C 女士现在已经订婚，C 女士请求医生进行处女膜修复，从医学、伦理学、法律等方面考虑，医生应该不应该做？

女性主义生命伦理学案例分析的一开始首先要弄清楚相关技术的事实。在医学方面，处女膜的形状、大小及坚固度变化极大，它可以有足够的弹性经受插入性交而不破裂，它也可以厚到足以妨碍性交的程度。它可能只在分娩过程中才会完全破裂，也可能在没有性交的情况下，如跌倒、剧烈体育活动或插入月经棉条时破裂。处女膜修复（处女膜缝补术）采用可自然吸收的肠线缝合残留的处女膜，一般在婚礼前几天进行，并临时合并使用一种含有血样物质的胶囊在性交过程中破裂而模拟出血。也可以选择一种更确定的手术，将残留处女膜边缘翻新后小心对合，如果残留膜不够，可从阴道后壁取下一窄条用于修补。

面对这个手术在伦理上该不该做的问题，应用女性主义的情境伦理学对伦理道德方面的问题及分析要从与此事件相关的微观、宏观和中观方面进行伦理分析。首先，在微观伦理分析下，用义务论衡量，手术让一个不是处女的妇女装作是处女，这种做法违反了"不欺骗"的义务，而且使那些对于童贞的期望或要求得到了虚假满足的男人来说是不公正的。医生如果答应A、B、C女士的请求就会构成违背职业道德的作假，所引起的生命伦理问题不仅涉及不公正和不坦诚，而且不尊重丈夫对婚姻伴侣的自主选择权，违背了不伤害或不做错事的伦理义务，由此，这种手术不应该做。

当从宏观伦理范围分析后，我们发现，做处女膜修复，对妇女也是不公正的。公正原则要求，对未来丈夫的评判和对未来新娘的评判相一致。而丈夫、家庭及社会对于婚姻双方纯洁性的要求标准不仅是不同的，而且对另一方提出更高的标准。传统文化要求的只是女方的贞洁，只要求女方提供令人信服的贞洁证据，如果只要求妇女而不是男人来提出童贞的证据，这就是对妇女的一种歧视，是对家庭平等权利的否认。一旦妇女提不出适当的证据，她将在婚姻中和社会中被置于极其不利的境地，

按照女性主义的伦理视角来看，要求处女膜修复的深层原因是对以对A、B女士为代表的妇女的一种不公正和性别压迫的社会期望，这类原因包括：要求妇女在结婚时处于处女状态、让妇女面对不利处境和暴力的脆弱性增加。一些个案可能因被证明或仅仅出于怀疑其在婚前失去童贞而受到生命威胁，或妇女不得不接受其维持或失去童贞的"证据"的非意愿检查等。因此，社会政策和行动必须强调两性平等，将妇女的性生活从社会、族群及父母的压制下解放出来。将妇女从那些由不科学且不现实的社会标准所要求的贞操期望中解脱出来。由此看来，处女膜修复助长的是对

女性的歧视和男女权利的不平等，这种手术不但不应该做，而且还应该从社会上取缔。

然而，从后果论和有利原则分析，在我国大多数男性崇拜处女的传统思想影响下，处女膜修复手术又有做的理由。因为，A 女是被强奸的受害者，她没有有意发生婚前性行为，也没有行为放荡或不端，如果不给 A 女做手术，她在结婚后会处于一个非常不利的家庭和社会地位。同样，C 女因外伤或事故而使处女膜破裂是无辜的，没有任何伦理道德上可谴责的污点。而且，由于寻找婚姻伴侣和爱情发生的非一性，B 女士在未婚少女时的冲动性行为也是可以理解的。如果进行一种医疗手术能够给当事人带来与其道德身份相符的生理状况，那么，这非但不是不道德，而且是有益的，结果是好的。

联合国大会 1999 年 10 月通过的《消除对妇女一切形式歧视公约》（妇女公约）的第 5 条（a）款中规定，缔约国应采取一切措施来修正社会和文化行为模式，以消除那些基于传统男女角色的风俗习惯。在未实行修正前，处女膜修复能够保护妇女的诸项人权，除了不受歧视的基本权利以外，如生命权，不受暴力及非人道和有辱人格对待的权利，婚姻权利，以及享有可及的最高健康水准的权利。

消除歧视妇女委员会有关对妇女的暴力的第 19 条一般性建议中，还强调了保护妇女不受身体掠夺的需要。此外，除了她们对检查其童贞认可之外，该一般性建议还要求各缔约国报告它们如何运用人权来保护妇女免于被剥夺生活机遇的社会暴力，包括婚姻、接受教育，以及类似的项目和职业等方面。消除歧视妇女委员会认为，处女膜修复能够保护妇女不遭受这种检查引起的不公正问题，因而提升了她们的人权。据此，对上述 A、B、C 女做处女膜修复术的要求，医生可以同意，因为目的在于行善，并要给予保密，也可不写入病历中。以这种方法对伦理问题的解决，显然不符合义务论不能通过不良的手段达到善的目的的要求，但后果合宜，而且也符合双重效益的原则要求。双重效应原则是指在某些提供有利效应的行动中允许伴随有害效应。当一个行动具有有利效应和有害效应两种效应时，有害效应不是有意的，而是间接的不可避免的效应。[①]

---

　　① Rebecca J. Cook, Bernard M. Dickens, and Mahmound F. Fathalla, *Reproductive health and Human Rights – integrating medicine, ethics and law*, Oxford Press, 2003, p. 367.

　　应用女性主义的背景伦理来分析，我国的性观念及贞操观已经发生了变化，正朝向对女性贞操更宽容，对婚前性行为较默许的方向发展。处女膜修复术开展的情况可能与一些贫穷落后国家基于某些文化的做法不同。在那些一些贫穷落后国家的某些文化中，对被怀疑不贞节的青年妇女由其兄弟或父母实行"名节处死"是被允许的，或者受到的惩罚。当证据表明这个妇女被强暴，她便失去了婚姻前途和社会地位。同样难以接受的是要求将妇女婚床床单上的血迹公开展示，而医学证据表明妇女在初次性交时并不都会流血。

　　我国目前的情况是：从历年来的调查可以看出：20 世纪 80 年代的大学生对婚前性行为持肯定态度的有 48%，90 年代上升到 76%，如今上升到了 91%。随着时间的推移，大学生的性观念正发生着巨大的变化。专家认为，"91% 的学生肯定婚前性行为"，其比例与西方的比例已经非常接近。因此，笔者推测要求做处女膜修复术的人不会越来越多，而且会逐渐减少。随着社会教育的推动，消除愚昧无知的传统观念，促进婚姻资格上的两性平等，使妇女的社会尊严不是有别于男人的标准，最终取缔这一对女性并不公正的医疗欺骗手段的时间不会太远。①

　　女性主义关系伦理学考虑更多的是处女膜修复术的有害效应及不良后果。处女膜修复术的有害效应不仅仅是对妇女的不公正和对某些男性的欺骗，以及医生有在没有详细病历记载的情况下被起诉的风险外，还可能给女性身体产生伤害、疼痛、感染、心理压力和新婚夜的焦虑和不快。更不幸的是一旦丈夫发现被骗，后果将是医生和女性期望的反面，在一场难以想象的家庭战争中，受害最深的当然还是祸不单行的女性。因此，笔者在肯定了处女膜修复术对相关妇女的好处后，从中观伦理分析，并不主张我国医疗机构和部门加强公众对处女膜修复术的注意和大规模开展。

　　最后，从法律和规范方面分析，对处女膜修复术这种不利因素较多的医疗干预，国家卫生部不宜立法，也不要明文规定哪家医院可以做。立法和指定医院将使欺骗手术大白于天下，不利于保护妇女权益，也不益于单方要求女性贞洁、男女道德地位不公正现象的取缔。正确的做法是，在对男女双方和医生加强教育的同时，当有女性确实要做处女膜修复术时，劝其到医疗技术水平高的大医院，医生在讲明利害的情况下，令其通过知情

---

① 王延光：《艾滋病预防政策与伦理》，社会科学文献出版社 2006 年版，第 217 页。

同意做好自主性选择。医院和医生可在缺乏相应的立法情况下，依据社会性适应证或顺应心志健全妇女的请求，从事这种没有医疗必要性的手术。但医疗领域，尤其是卫生部门要对这种手术进行伦理探讨和行政监测，一旦发现不利大于行善，处女膜修复术有必要规范或取缔。当然，这种结论的作出要依赖功利主义的利益/风险分析和女性主义的进一步探讨。

后　记

本书由 4 人合作完成。2005 年 8 月至 2006 年 6 月前阶段研究"亲子鉴定及其伦理分析"一章由陈慧珍博士完成。2006 年 8 月至 2007 年 9 月中期研究"人类遗传数据库的伦理问题与对策"一章由张新庆教授完成。王延光研究员于 2006 年 1 月至 2009 年 3 月完成了中期、末期研究成果，"胚胎研究的伦理问题探究""西方宗教遗传伦理初探""女性主义遗传伦理观"三章。梁立智博士于 2009 年 3 月完成了"代孕母亲及其伦理问题辨析"一章。在此，我要诚挚地感谢三位课题组成员的大力帮助，感谢他/她们在自己紧张的工作和学习之外，挤出时间完成了这些宝贵而有意义的工作。同时，我也要感谢中国社会科学院及社科界的学术前辈、同仁和朋友们多次给了我研究"中西方遗传伦理"的机会和资助，成就了我十年遗传伦理研究的事业。

目前，本书的社会影响和效益体现在对前中期成果的参会论文和出版物的社会评价中。《医学与哲学》和《中国医学伦理学》等杂志认为中期成果是有关中国遗传伦理研究的专论。研究成果三年来通过多次大会发言（包括世界哲学大会）、培训班讲稿等方式，已被相关人员大量参考使用。这些研究不但可以推动中国遗传伦理学研究，为生命伦理学的理论和应用作出贡献，还可为从事遗传研究的科学家提供参照，为政府部门制定相关决策提供理论依据和参考，为创造和谐社会作出贡献。